AtV

ANNA FREUD-BERNAYS (1858–1955), die älteste Schwester Sigmund Freuds, Examen als Lehrerin, 1883 Heirat mit Eli Bernays, 1892 Auswanderung mit Mann und einjährigem Sohn nach New York, während die beiden Töchter zunächst in Wien zurückbleiben. Geburt zweier weiterer Töchter. Wiederholte Reisen zu den Verwandten in Hamburg und Wien und zu Kuren in die Schweiz, nach Wiesbaden und Piešt'any. Der einzige Sohn, Edward Bernays, der mit knapp 104 Jahren starb, wurde berühmt als Pionier der Public Relations.

CHRISTFRIED TÖGEL, Prof. Dr., geb. 1953 in Leipzig, Leiter des Sigmund-Freud-Zentrums und Direktor des SALUS-Instituts für Trendforschung und Therapieevaluation in Mental Health in Magdeburg. Im Aufbau-Verlag veröffentlichte er unter dem Titel »Unser Herz zeigt nach dem Süden« Sigmund Freuds Reisebriefe und verfaßte »Freud für Eilige«, eine kurzweilige Einführung in Werk und Persönlichkeit des Begründers der Psychoanalyse.

Die Erinnerungen leben ganz vom Temperament der Verfasserin, einer vielseitig interessierten, selbstbewußten Wienerin, die im alten Österreich aufwuchs, als Vierunddreißigjährige mit Mann und Kindern nach New York auswanderte, sich dort einlebte, fortan zwischen Amerika und Europa hin und her reiste und die Sehnsucht nach Wien nie verlor. Das Ehepaar Bernays führte ein offenes Haus – Anna hatte den Bruder von Freuds Frau Martha geheiratet – mit Vortragsabenden und Geselligkeiten, in die die fünf Kinder einbezogen wurden. Voraussetzung dieses materiell und geistig großzügigen Familienlebens waren Eli Bernays' florierende Geschäfte im Getreideexport. Auf ausgedehnten Reisen genoß Anna das Flair der großen deutschen und Schweizer Kurorte. Durch ihre Auswanderung entging sie dem Schicksal der anderen vier Freud-Schwestern, die, hochbetagt, 1942/43 in Theresienstadt und Treblinka ermordet wurden.

Anna Freud-Bernays

Eine Wienerin in New York

Die Erinnerungen
der Schwester Sigmund Freuds

Herausgegeben
von Christfried Tögel

Aufbau Taschenbuch Verlag

Mit 24 Abbildungen

ISBN-10: 3-7466-2226-3
ISBN-13: 978-3-7466-2226-2

1. Auflage 2006
Aufbau Taschenbuch Verlag GmbH, Berlin

Umschlaggestaltung Preuße & Hülpüsch Grafik Design
unter Verwendung eines Fotos
aus dem Freud Museum London
sowie eines Fotos von akg-images
Druck und Binden Ebner & Spiegel, Ulm
Printed in Germany

www.aufbau-taschenbuch.de

Inhalt

EINE WIENERIN IN NEW YORK

ANHANG

EINE WIENERIN
IN NEW YORK

Annas Geburtsort Freiberg in Mähren

1. Kapitel
Langersehntes Mädchen

Wohl selten ist die Geburt eines Mädchens mit mehr Freude begrüßt worden als die meine. War ich doch nach vier Söhnen als erste Tochter gefolgt, denn mein Vater hatte drei Söhne aus erster Ehe, und auch der Erstgeborene aus der zweiten Ehe mit meiner Mutter war ein Sohn gewesen.

Mein Vater hatte eine Tuchfabrik in der kleinen Stadt Freiberg, im sogenannten Kuhländchen[1] in Mähren. Unser Hausherr[2], ein alter zuwiderer Hagestolz, der niemals Sylvester feierte, war auch damals, wie jedes Jahr, zeitlich zu Bett gegangen. Da ich mir nun gerade den Sylvesterabend für mein Erscheinen in dieser Welt ausgesucht hatte, war er sehr ungehalten und soll erklärt haben, wenn ich etwas weniger neugierig gewesen wäre, wäre es für uns beide besser gewesen, denn er hätte dann in Ruhe schlafen können und ich wäre um ein Jahr jünger gewesen.

An die ersten Wochen meines Lebens kann ich mich natürlich nicht erinnern, aber aus den Erzählungen meiner Mutter weiß ich, daß ich, sechs Wochen alt, mit meinem Vater und meinem ältesten Bruder nach Leipzig kam.[3] Dort im Hotel hatte ich einen unerkannten Scharlach und als Folgekrankheit Wassersucht, die mit Selleriewasser geheilt wurde; meine Mutter behauptete, daß ich durch diese Kur gegen alle Krankheiten gefeit sei.

Meine ersten Erinnerungen reichen bis zu meinem fünften Jahr zurück, wo ich bereits die älteste von vier Mädchen und der Liebling unserer Großmutter war, die mich für den Sommer zu sich nach Grinzing nahm. (Wir waren ja inzwischen nach Wien übersiedelt.) Die Großeltern[4] wohnten

Annas Geburtshaus

den Sommer über bei einer Dame, die eine Strickschule hatte, und trotz meiner Jugend lernte ich dort das Stricken und Häkeln. Der Sohn der Hausleute war mein erster Verehrer, mein steter Freund. Einmal brachte er mir aus einem am Fuße des Kahlenberges[5] gelegenen Weingarten eine große Traube mit, und als ich ihn fragte, wieso er sich getraut habe, sie zu pflücken, gestand er mir errötend: »Für dich werde ich auch zum Diebe!«

Trotzdem ich durch die Liebe der Großeltern eine sehr schöne Zeit hatte und viel Freiheit genoß, gab es doch täglich Tränen, da ich nach alter Art immer Brot zum Fleisch essen sollte – und das wollte ich nicht tun.

2. Kapitel
Volksschule am Karmeliterplatz

Als ich im Herbst ins Elternhaus zurückkehrte, hatte meine Mutter mit uns fünf Kindern so viel zu tun, daß sie daran dachte, mich bereits im Herbst in die Schule zu schicken, trotzdem ich erst zum Jahreswechsel sechs Jahre alt wurde. Die Volksschule im zweiten Bezirk war am Karmeliterplatz. Als meine Mutter mich dort anmeldete, erkannte sie in dem Direktor ihren ehemaligen Lehrer, der sich auch gleich ihrer erinnerte und nicht nur mich, sondern auch meine fünfjährige Schwester[6] in die Schule aufnahm.

Damals gingen noch Knaben und Mädchen in dieselben Klassen, und die Prügelstrafe wurde noch ausgeübt; nach Schluß der Schule bekamen die schlimmen Buben ihre Schläge. Mich regte das so auf, daß ich unter die Schulbank kroch. Einmal aber war ich Zeuge, wie der Lehrer einige Windeln aus der Hose eines Buben herauszog, der sich aus Angst vor den Prügeln damit ausgestopft hatte.

Wir waren sehr stolz, daß wir auch an Samstagen schreiben durften und trotz aller Feiertage unserer Religion die Schule besuchen durften. Mein größtes Vergnügen aber war, bei den katholischen Religionsstunden zuzuhören, und von diesen Jugenderinnerungen blieb mir das Neue Testament immer als vorbildlich im Gedächtnis. Übrigens war der Wahlspruch unseres Vaters »Sittlich denken und moralisch handeln« unsere beste Religion, trotzdem wir die tiefe Weisheit dieser Worte noch nicht ganz verstehen konnten. Da wir niemals unsere Religionsstunde besuchten, war mir der Unterschied zwischen Jude und Christ eigentlich unbekannt. Ich weiß noch genau, wie ich mit acht Jahren mit einer Schulfreundin von der Schule nach Hause ging und ich sie in meiner Naivität fragte, ob der Kaiser in einem Monat Katholik, im nächsten Jude, im dritten Protestant sei, weil er doch über alle regiere.

Wir waren sehr einfach erzogen, daß uns selbst der Besitz eines Klaviers als Zeichen eines großen Reichtums erschien. Wir selbst lernten nicht Klavierspielen. Unsere Mutter hatte aus Liebe zur Musik einmal ein Klavier gemietet, um uns unterrichten zu lassen, aber mein Bruder Sigmund war über die ersten Skalen und Fingerübungen so entsetzt, daß er drohte auszuziehen. Darum unterblieb der weitere Unterricht, und zu unserem großen Leidwesen verschwand das Klavier wieder.

Zu Weihnachten erhielt der Lehrer in unserer Schule von allen Schülern Geschenke, nur wir durften nichts bringen, denn unser Vater erklärte, daß diese Einflußnahme unrecht sei und nur unsere tatsächlichen Leistungen in der Schule belohnt und klassifiziert werden sollten. Wir hatten auch trotzdem immer gute Noten. Ich erinnere mich, daß ich mich einmal bitter kränkte, weil eine wohlwollende Lehrerin, um mir mein Zeugnis nicht zu verpatzen, mir in »Zeichnen« ein »Sehr gut« gegeben hatte, trotzdem ich es nicht verdient hatte. Ich empfand es als Ungerechtigkeit, denn von unserem Vater war uns ein wahrer Gerechtigkeitssinn eingeimpft worden.

Mit den Buben der Klasse sympathisierte ich immer sehr. Ich schrieb damals mit neun Jahren ein Tagebuch, das ich immer im Strohsack versteckte, damit es niemand sehen könne. Darin war folgender Satz enthalten, den ich in späteren Jahren beim Durchlesen fand: »Ich weiß nicht, was die Männer von mir haben wollen, aber sie lieben mich alle.«

Als ich zwölf Jahre alt war, errichtete der Lehrer unserer Schule, Direktor Bernhard, anschließend an unsere Schule eine Bürgerschule[7] nur für Mädchen, die wir auch besuchten. Dort hatten wir einen idealen Lehrer, Alois Lach, der von allen geliebt wurde. Er war auch die Ursache, daß ich schon mit vierzehn Jahren fest entschlossen war, Lehrerin zu werden, da ich so viel wissen wollte wie er. Einmal nahm

Annas Mutter Amalia Freud mit Sohn Sigmund, 1872

er eine Woche Urlaub. Bei seiner Rückkehr erschien er uns verändert, und wir erfuhren bald, daß er sich während seines Urlaubes verheiratet hatte. Diese Nachricht erregte unsere Gemüter aufs höchste, da wir ja alle in ihn verliebt waren.

Ich muß noch einmal zu meinem achten Jahre zurückkehren, um dem Milieu unserer Kinderstube gerecht zu werden. Als älteste von vier kleineren Geschwistern hatte ich immer mit gutem Beispiele voranzugehen. Meine Mutter hielt, trotzdem sie noch jung war, strenge Zucht. Nach Vaters Prinzip, daß der Ältere immer der Gescheitere sein müsse, hatte ich immer dem Willen der Kleineren nachzugeben. Und so ging, trotzdem wir sechs kleine Menschenkinder waren, alles in schönster Eintracht vor sich.

Der Älteste unter uns, mein Bruder Sigmund, hatte immer sein eigenes Zimmer, während wir fünf Mädchen in zwei Zimmern zu je zwei und drei untergebracht waren. Wenngleich es für unsere Mutter eine Erleichterung war, daß wir zwei Älteren schon trotz unserer Jugend die Schule besuchten, so blieben doch noch immer drei herzige kleine Mäderln zu Hause zu versorgen, und wenn wir am Donnerstag und Samstag – unsere schulfreien Tage – zu Hause waren, so betreuten wir gerne die kleineren Geschwister und halfen so der Mutter. Sigmund kam bereits mit zehn Jahren ins Gymnasium. Im selben Jahr erschien ein neues Baby, das den herrlichen Namen Alexander erhielt. Ich erinnere mich heute noch sehr gut, wie Vater die Geschichte Alexanders des Großen mit meinem Bruder studierte. Er bewunderte den großen Helden so sehr, daß er dem Neugeborenen stolz diesen Namen gab. Mein Bruder Sigmund kam damals mit der Bibel zu meinem Vater und verglich unsere Familie mit diesem Buche. Auf die verwunderte Frage meines Vaters antwortete er: »Unsere Familie gleicht einem Buch; die zwei starken Deckel sind die Buben und dazwischen die losen Blätter, das sind die fünf Schwestern.«

Mein ältester Bruder war überhaupt der Stolz der Familie. Meine Mutter unterrichtete ihn während der ganzen Volksschulzeit selbst zu Hause, so daß er, als er mit zehn Jahren ins Gymnasium kam, zum ersten Male eine öffentliche Schule besuchte. Seine kindliche Klugheit wurde immer besprochen, doch blieb er stets sehr bescheiden, trotzdem er immer der Erste in der Klasse war. Dafür war ich um so stolzer auf ihn und erzählte meinen kleinen Schulfreundinnen immer von meinem großen Bruder.

3. Kapitel
Lehrerinnenseminar bei den Ursulinerinnen

Schon mit zwölf Jahren hatte ich manchmal die ganze verantwortliche Aufsicht über meine kleinen Geschwister zu übernehmen. Mutter begann jedes Jahr nach Ostern zu husten und ging dann, um sich zu erholen, für drei Monate nach Rožnau, einem Molkenkurort in Mähren, und nahm immer das schwächste Kind mit sich, während ich mit den anderen und Vater den Sommer über in der Stadt verbleiben mußte. Der war ein glücklicher Optimist und Naturschwärmer. An unseren Sonntagsausflügen in den Wiener Wald durften wir herumtollen wie die jungen Füllen. Jedes Würmchen und jedes Blümchen oder Blatt machte uns Stadtkinder damals glücklich. Einmal schickte Vater uns fünf Kinder mit einer alten Köchin nach einem Dörfchen Prinzendorf in der Nähe von Lundenburg[8] auf Ferien. Die ganze Reise machten wir in einem alten Omnibus. Wir fuhren um sieben Uhr abends von Wien weg und landeten um vier Uhr früh, ganz zerrüttelt und verschlafen, in einem Einkehrgasthaus. Dort legten wir uns auf die harten Bänke der alten Wirtsstube. Das Sprichwort »Ein gutes Gewissen ist das beste Ruhekissen« bewährte sich bei uns, denn wir schliefen bis um sieben Uhr früh ganz fest und herrlich.

Um diese Zeit wurden wir von einem Leiterwagen abgeholt, der uns an unseren Bestimmungsort brachte.

Das waren glückliche fünf Wochen der Freiheit! Wir durften, wie die Bauernkinder, barfuß herumlaufen, im vorbeifließenden Bächlein baden und die Ziegen weiden. Letzteres bekam uns freilich nicht sehr gut. Wir hatten uns die Stricke, an denen wir die Tiere führen sollten, um den Leib gebunden und mußten nun – nolens, volens – mit der Ziege bergauf und bergab klettern, wie es ihr beliebte. Zerschunden und zerrissen, aber vergnügt und hungrig kamen wir von diesem Abenteuer zurück, zu unserer Liese, die schon mit dem Essen auf uns wartete. Das sind Jugenderinnerungen, die niemals aus dem Gedächtnis verschwinden.

Ich weiß auch noch, daß eine alte Bäuerin, zu der mich Liese geschickt hatte, um frische Erdäpfel zu holen, mir von den Preußen im Krieg 1866 erzählte und mich diese Geschichten so sehr interessierten, daß ich ganz vergaß, daß ich rasch zurückkommen sollte. Die arme Liese, die für uns fünf Kinder das Essen kochen sollte, regte sich über mein langes Ausbleiben so sehr auf, daß es beim Nachhausekommen Schläge gab. Aber das kümmerte mich wenig, hatte ich doch wahre Geschichte gehört und die Schläge bald vergessen.

Zum Gabelfrühstück hatten wir die ganze Ernte eines großen Birnbaumes zur Verfügung, die Liese für einen Pappenstiel gekauft hatte und die wir in kürzester Zeit vollständig vertilgt hatten. Ich, als die Älteste, bekam immer sechzehn Stück, die ich mit großem Appetit verspeiste und mir niemals damit eine Magenverstimmung holte. Die Heimreise wurde von neun Uhr früh bis sechs Uhr abends auf einem holprigen Leiterwagen, der statt Sitzbänken nur Strohbündel hatte, zurückgelegt. Pausbackig und vergnügt kehrten wir zu Vater zurück; aber als Mutter aus ihrem noblen Kurort zurückkehrte und wir nicht aufhören konnten von unserer Freiheit und unserem Leben auf dem Lande zu erzählen, war sie ganz entsetzt, daß ihre wohlerzogenen Stadtkinder so richtige Bauern geworden waren.

Im Jahre 1870 war mein Bruder Sigmund vierzehn Jahre alt. In seinem Zimmer lagen die großen Landkarten mit Fähnchen besteckt, und jeden Abend hörte ich das kluge Gespräch von Vater und Sohn über der Stand des Krieges. (Als ich später mich in Goethes Werke vertiefte, gefiel mir der Satz »Ich höre gern, wenn weise Männer sprechen« besonders, denn er erinnerte mich an meine Jugendzeit.) Jeden Tag hörten wir von Siegen und Kämpfen, und trotzdem wir als Österreicher eigentlich vom Krieg verschont geblieben waren, machten die Erzählungen von all den Schrecknissen einen so tiefen Eindruck auf mich, daß ich schon als zwölfjähriges Kind mir fest vornahm, nie die Mutter eines Sohnes zu werden, wenn er unter österreichischer Wehrpflicht Soldat werden müßte. So schlugen bei mir die pazifistischen Ideen schon in der frühesten Kindheit Wurzel. Der Fall von Paris entlockte mir bittere Tränen, und der Friede von Versailles,[9] der das Ende des Krieges bedeutete, war mir ein Feiertag.

1873 war die große Weltausstellung in Wien, und ein amerikanischer Konsul wollte für diese Zeit unsere Wohnung mieten; wir sollten inzwischen alle mit Mutter aufs Land. Leider brach eine große Cholera-Epidemie aus. Die große Zahl der Todesopfer,[10] die vielen Begräbnisse, die wir täglich vorbeikommen sahen, veranlaßten die Eltern, in Wien zu bleiben, weil es da noch am verhältnismäßig sichersten war. Die aufmerksame Sorge, mit der sich meine Mutter dem Haushalte widmete, und ihre strenge Aufsicht über alles, was wir aßen, erhielt uns alle gesund. Wir besuchten oft die Weltausstellung, in der mich am meisten die amerikanischen Schulräume interessierten. Ich war ja mitten im Studium für meine Prüfungen. Ich sollte von der Bürgerschule in die Vorbereitungsklasse des Lehrerinnenseminars eintreten, die von Direktor Heller geleitet wurde. Er war das Ideal eines Menschen und Lehrers. Als er uns mitten im Schuljahr verlassen mußte, da er die Leitung des Blindeninstituts auf der Hohen Warte übernommen und damit einer ihn ehrenden Berufung Folge leistete, gab es viele Tränen. Mir blieb er ein Freund fürs ganze Leben.[11] Als sein Institut im Jahre 1914 durch die Kriegsverhältnisse schwer betroffen wurde, veranstaltete ich in der österreichischen Kolonie in New York eine Sammlung, deren Resultat, vervollständigt durch eine Spende meines Mannes, imstande war, das Institut über Wasser zu halten und weiterzuführen.

Im Jahre 1874 machte ich die Aufnahme in das Lehrerinnenseminar bei den Ursulinerinnen in der Johannesgasse.[12] Bis 1878 war ich dort als Halbpensionärin, das heißt, ich war zu Tisch dort, kam aber täglich um fünf Uhr nach Hause. Den Unterricht erteilten Professoren, aber immer saß eine von den vielen Nonnen dabei, um uns zu beaufsichtigen. Der Verkehr mit fünfundvierzig gleichaltrigen Mädchen aller Stände war sehr nett. Es waren lauter Katholikinnen, nur fünf Jüdinnen. Wir waren alle ein Herz und eine Seele, und niemand hätte geglaubt, daß in Österreich der Antisemitismus herrschte, wenn er uns beisammen gesehen hätte.

Ich hatte mir als Freundin ein feines, tiefveranlagtes Mädchen gewählt, bei der meine Freundschaft Widerhall fand. Sie hatte eine bigotte protestantische Stiefmutter; da sie selbst Katholikin war, litt sie unter den seelischen Konflikten, die der Kampf zwischen Religion und Pflicht heraufbeschwor. Um zwölf Uhr, nachdem der Unterricht beendet war, flüchteten wir vom Schulzimmer in die Kirche und saßen dort, versteckt unter der großen Figur eines Heiligen, und flüsterten uns in der leeren weiten Kirche unsere geheimsten und tiefsten Gedanken zu. Wir nannten das Philosophieren. Vom Geist der Ruhe und dem Weihrauch waren wir so benommen, daß wir ganz verträumt zum gemeinsamen Essen zurückkehrten. Zum Glück litt unser Appetit nicht unter der Philosophie. Hunger ist der beste Koch. Ich aß alles, was man mir vorsetzte, denn ich sah damals mehr auf die Quantität als auf die Qualität.

Auf dem Heimweg setzten wir unsere philosophischen Gespräche fort und schworen uns, alle Gefahren gemeinsam zu bestehen und nach Afrika oder China zu gehen, um dort die wahre Religion zu predigen.

Eines Tages erschien dann sogar ein wirklicher Missionär in der Klasse, erzählte von seinen Erlebnissen und begeisterte uns durch seinen Vortrag so sehr, daß wir beschlossen, Vater, Mutter und Geschwister zu verlassen, um den schwarzen Negerkindern das wahre Heil zu verkünden. Nach einer schlaflosen Nacht gingen wir beiden Schwärmerinnen zu unserer geliebten Klosterfrau und teilten ihr unseren Entschluß mit. Aber sie nahm uns alle unsere Illusionen und dämpfte unsere Begeisterung gewaltig und meinte dann, es wäre gar nicht notwendig, daß wir alle diese Opfer und Gefahren auf uns nehmen, wir sollten einfach hier im Kloster Nonnen werden und würden einen genügend großen Wirkungskreis haben. Aber uns hatte ja nur das Märtyrertum gelockt, und wir waren aus allen unseren Himmeln gerissen und erstickten betrübt den jugendlichen Wunsch. Der Zwiespalt zwischen Phantasie und Wirklichkeit blieb uns für das ganze Leben.

4. Kapitel
Zwischenfall in der Oper

Mit sechzehn Jahren unterrichtete ich bereits. Ein kluges sechsjähriges Mäderl, das einzige Töchterchen eines reichen Hauses, erblickte in mir ihr Ideal. In vier Monaten lernte sie vollkommen lesen. Die Dankbarkeit der ungebildeten Eltern war rührend. Da ich keine Geschenke von ihnen annehmen wollte (mir erschienen die verdienten achtzehn Gulden wie ein Vermögen), war ich jedesmal, wenn ich zur Stunde kam, zu Tisch oder zur Jause geladen. Die Befriedigung meines guten Appetits war mir Belohnung genug.

Eines Tages ging ich mit meiner Schülerin und ihrem alten Onkel nach Schönbrunn, die Menagerie zu besuchen. Der alte Onkel des Kindes war von meinem Wesen und der Art, wie ich dem Kinde Affen und Giraffen erklärte, so entzückt, daß ich schon beim Nachhauseweg sein Benehmen mir gegenüber unangenehm empfand. Am nächsten Tag erzählte der Vater bei Tisch, daß der alte Krax um meine Hand angehalten habe. »Der wird kein Glück haben«, war alles, was ich darauf zu sagen hatte.

Überhaupt scheine ich auf ältere Männer eine besondere Anziehungskraft ausgeübt zu haben, denn schon früher hatte ich ein ähnliches Erlebnis gehabt. Ein Onkel meiner Mutter, der in Rußland lebte,[13] kam zu uns zu Besuch und war von den fünf Mägdelein im zarten Alter von sechzehn Jahren abwärts sehr entzückt. Vorerst brachte er uns Zukkerln, und schließlich bat er mich, ob ich nicht als Älteste mit ihm und der Mutter ins Theater gehen wolle. Natürlich sagte ich mit Begeisterung »Ja«. Es wurde »Wilhelm Tell« gegeben. In der großen Liebesszene zwischen Berta und Rudenz flüsterte er mir plötzlich zu: »Willst du mein Weib werden?« Selbstverständlich sah und hörte ich von dem Augenblick an nichts mehr von dem ganzen Theaterstück, auf das ich mich schon so gefreut hatte. Auf dem Nachhauseweg, als wir auf der Ringstraße gingen (meine Mutter wäre gerne in einem Wagen nach Hause gefahren, aber der Onkel wollte durchaus gehen), wiederholte er mir seinen Antrag, versprach mir ein Reitpferd, die schönsten Toiletten, schwärmte von den Schönheiten Rußlands und versicherte, daß seine sechs verheirateten Kinder mich mit offenen Armen aufnehmen würden. Nach einer schlaflosen Nacht ging ich zu meiner Mutter und erzählte ihr alles. Sie war äußerst überrascht und sah mich schon in meinem Glücke strahlen, wollte aber doch zuerst mit ihrem Ratgeber, meinem Bruder, ohne den sie keinen Entschluß faßte, alles besprechen. Der war weit weniger entzückt von der ganzen Sache und machte meiner Mutter ganz entsetzt klar, was es bedeutet, wenn ein schon 59jähriger Mann eine Mädchenblüte von noch nicht sechzehn Jahren heiraten würde, und ich wurde durch ein paar kräftige brüderliche Ohrfeigen aus allen Himmeln gerissen. So habe ich Rußland nicht kennengelernt, bin nie zu einem Reitpferd gekommen, und auch die Diamanten und Perlen sind ausgeblieben, und der Alte mußte enttäuscht heimfahren.

Die Ferien verbrachte ich in der Nähe Wiens, wo ich die Aufsicht über zwei kleine Buben und ein Baby von sieben Monaten übernommen hatte, während deren Eltern, zum ersten Male nach zehnjähriger Ehe, eine gemeinsame Reise unternahmen. Da es am Tage der Abreise im Hause sehr viel zu tun gab, ging ich mit den drei Kindern und der Amme auf den benachbarten Rebenhügeln spazieren. Den beiden Knaben erlaubte ich, Erdbeeren zu suchen, während ich die Aufsicht über das sieben Monate alte Baby übernahm. Noch heute übermannt mich der Schreck, wenn ich daran denke, wie das kleine Kind plötzlich zu ersticken drohte und schon ganz blau im Gesicht wurde. Ein paar alte Lotterieschwestern, die zum heiligen Bründl[14] wallfahrten wollten, blieben stehen und prophezeiten mir den baldigen Tod des Kindes, während ich verzweifelt nach der Amme schrie. Zum Glück kam diese bald dahergelaufen und schüttelte das Kind so lange, bis es wieder zu sich kam und ich von meiner Angst befreit wurde. Das Kind hatte beim Spielen ein Blättchen in die Luftröhre bekommen und wäre beinahe daran erstickt. Das Ganze machte einen tiefen Eindruck auf mich; der Vorfall brachte mir zum Bewußtsein, wie groß die Verantwortung war, die ich übernommen hatte, als ich mich verpflichtete, mit siebzehn Jahren über drei mir anvertraute Kinder zu wachen. Die sechs Wochen gingen aber glücklich ohne weiteren Zwischenfall vorüber, und ich konnte die Kinder gesund den zurückkehrenden Eltern übergeben. Ein merkwürdiger Zufall wollte es, daß das kleine Kind, knapp nach der Rückkehr der Eltern, neuerdings einen solchen Erstickungsanfall hatte. Ich erschrak darüber so sehr, daß ich in Ohnmacht fiel und ein Arzt geholt werden mußte. Dieser untersuchte auch gleich das Kind und konstatierte eine Verengung der Luftröhre, welches Übel dann durch die ärztliche Behandlung behoben wurde. Aber das große Verantwortlichkeitsgefühl für Kinder verließ mich nie mehr. Als ich später selbst Mutter wurde, verstand ich die Stellung der Kindermädchen sehr gut und wußte, daß die Aufgabe einer Erzieherin nie mit Geld allein bezahlt werden kann.

5. Kapitel
Stolz auf die bestandene Lehramtsprüfung

Im Jahre 1878 war eine schwere Arbeit zu bewältigen. Die schriftliche und mündliche Prüfung für das Lehramt war abzulegen. Der große Tag kam schließlich heran und war reich an Aufregungen. Bei der mündlichen Prüfung hatte ich die Frage »Der Unterschied zwischen der ›geschichtlichen‹ und Schillers ›Johanna von Orleans‹« zu behandeln und erzählte mit schwungvoller Begeisterung den Inhalt des Schauspieles. Nun wohnte unserer Prüfung eine Klosterschwester bei, und als ich bei meiner Erzählung zu der Liebesszene zwischen Lionel und Johanna kam, wollte ich wegen der anwesenden Klosterfrau die Liebesszene umschreiben. Aber als ich sagte, »Johanna fühlte ein menschliches Rühren«, wurde ich von allen ausgelacht. Da ich das Gelächter nicht verstand, wurde ich unsicher und verstrickte mich so sehr, daß ich fürchtete, in diesem Gegenstand durchgefallen zu sein. Aber dafür war ich in Rechnen die Beste, und schließlich konnte ich mich mit Stolz zu denen zählen, die die Prüfung mit Auszeichnung bestanden hatten. Von den fünfundvierzig Mädchen, die an der Prüfung teilnahmen, machten zwölf die Prüfung mit Auszeichnung, und unter diesen zwölfen waren die fünf Jüdinnen, die sich unter den fünfundvierzig Schülerinnen befanden. Als der Professor diesen großen Prozentsatz konstatierte, sagte er: »Ja, ja, die Jüdinnen sind pfiffig.«

Siegesbewußt und stolz kam ich mit der gestempelten Bestätigung meines Wissens nach Hause. Meine Eltern freuten sich sehr über meinen Erfolg, und mein Vater wollte mir die nach den Anstrengungen der letzten Wochen wohlverdienten Ferien verschaffen. Eine reiche Familie, deren vierzehnjährige Tochter die Aufnahmeprüfung ins Gymnasium machen sollte, wollte mich für den Sommer nach Aussee mitnehmen.

6. Kapitel
Brand im Ringtheater

Ich war noch niemals aus dem Weichbilde Wiens herausgekommen, und die Aussicht, ins Gebirge zu kommen, war so verlockend, daß ich mich, trotz meines guten Zeugnisses, noch einmal von dem Lateinischen Professor prüfen ließ. Alles ging natürlich gut vorüber, und am nächsten Tag erhielt ich die Bestätigung, daß ich mitgenommen werden sollte. Meine Aufgabe war, Deutsch zu lehren und dem Mädchen mehr Freundin als Erzieherin zu sein.

Der Herr des Hauses war ein sehr lieber, einfacher und kluger Ungar, der eine Bahn gebaut hatte und dafür geadelt worden war,[15] der aber sein Bürgertum mit Stolz zur Schau trug, während seine Frau sich sehr fein dünkte und sich bemühte, das neugewonnene Prädikat »von« mit Würde zu tragen, und die kleine Helene sich vor Hochmut nicht auskannte. Der Vater faßte eine große Sympathie für mich und bat mich, sein Kind – sie war das jüngste Kind neben zwei verheirateten Schwestern und einem Bruder – möglichst von der herzlichen und gemütvollen Seite zu beeinflussen. Er bestand darauf, daß wir, da ja nur vier Jahre Altersunterschied zwischen uns war, wie Schwestern behandelt wurden, und ging darin so weit, daß wir auch gleich gekleidet sein mußten, um den Unterschied von Lehrerin und Schülerin möglichst zu verwischen. Unter so günstigen Auspizien kam ich mit achtzehn Jahren in die Fremde. Wir hatten einen besonderen Zug und ich mein eigenes Schlafkupee. Nachdem alles gut vorbereitet war, ging es, mit Tränen beim Abschied, fort. Ich fühlte mich in dem Luxuszug, in meinem eigenen Kupee, wie eine Prinzessin, denn ich war ja noch nie in einem Eisenbahnzug gefahren.[16] Alles war wie ein Traum, und ich hielt die Wolken am Himmel für die Alpen. Als wir am nächsten Morgen in dem Alpendorf einfuhren und in die auf einem Berg gelegene Villa kamen, als ich zum ersten Male das herrliche Gebirgspanorama vor mir ausgebreitet sah, konnte ich mich gar nicht fassen und dünkte mich als der glücklichste Mensch der Welt. Ich hatte in der Villa zwei Mansardenzimmer zur Verfügung, Helene wohnte im unteren Stockwerk mit den Eltern. Unser erster Spaziergang führte die Traun entlang, und als plötzlich der herrliche Ausseersee vor uns lag, begeisterte mich dieses Bild so, daß ich in die Knie sank und ausrief: »Gott, ist das schön!« Aber aus allen Himmeln riß mich meine Schülerin, die blasiert war und ganz Europa kannte und mir sagte: »Aber Fräulein, das ist doch gar nichts, Marseille ist noch viel schöner.« Ich hatte noch niemals einen solchen Menschen getroffen, der so gescheit war und dabei so berechnend stolz, bar jeder Sentimentalität und ohne Gefühl. Wir verstanden uns aber trotzdem sehr gut, und ein wirkliches Freundschaftsverhältnis entstand – die Mischung war eben sehr gut –, da wir zwei so entgegengesetzte Pole waren. Der Vater sah mit Freuden, wie Helene menschlicher und demokratischer wurde. Ich genoß alle Vorteile meiner Stellung, wurde wie eine Tochter behandelt, und selbst, als der ältere Sohn aus Scheveningen kam und mich wegen meiner Schwärmereien hänselte, konnte mir dies nichts anhaben. Der Hausherr litt an Asthma, und wenn er einen seiner Anfälle hatte, gab es Reisepläne, und ich sah mich öfters schon am Meer, einmal sogar in Italien, dem Lande meiner Sehnsucht, aber schließlich blieben wir doch in Aussee. Dort gab es viel Besuch aus Wien. Der Schauspieler Barnay[17] kam einmal für eine Woche. Ein Schwiegersohn, Präsident einer ungarischen Bank, kam und ist mir noch in Erinnerung durch sein Gespräch über Macaulay[18]. Petőfys[19] Gedichte wurden einmal im Mondenschein auf der Veranda vorgelesen, und trotzdem ich kein Wort Ungarisch verstand, glühte der Liebeszauber dieser herrlichen Gedichte in meinem jugendlichen Gemüt. Wir blieben bis spät in den Herbst hinein in Aussee. Wenn es uns für den Aufenthalt im Freien zu kalt war, lasen wir in gebundenen Jahrgängen der Neuen Freien Presse[20], lasen die ausgezeichneten Feuilletons, und die alten Leitartikel erschienen uns wie interessante Geschichten. Endlich ging es wieder nach Wien zurück. Da meine Eltern mich wieder zu Hause haben wollten, gab ich meine Stelle auf und kehrte, um viele neue Eindrücke reicher, ins Elternhaus zurück.

Im Oktober fand ich eine neue Stelle in einer Privatschule in der Währingerstraße, wo ich die zweite Normalklasse übernahm. Es waren süße, liebe, reizende Mäderln von sieben bis neun Jahren, die ich an mich zog, und trotz des langweiligen Schulmeisters Teuerkauf konnte ich den Unterricht frei gestalten. Nur sonntags war keine Schule, und da die Entfernung von unserer Wohnung zur Schule

Anna (Mitte) mit den Schwestern Paula und Adolfine,
dem Bruder Sigmund und der Mutter, um 1876

schrecklich weit war,[21] blieb ich unter der Woche dort zu Tisch; die geizige Frau des Direktors ließ uns arme Lehrerinnen beinahe verhungern, trotzdem wir ihr von unserem kargen Honorar sehr gut zahlen mußten.

Aber am 6. April – ein bedeutungsvoller Tag für mich – bekam ich eine Privatstunde und verdiente nun genügend. Unsere freie Zeit am Samstag und Sonntag verbrachten wir meist im Theater oder Konzerten. Daran war ja damals in Wien kein Mangel und bot genügend Zerstreuung. Besonders im Stadttheater unter der Leitung Laubes[22] erlebten wir schöne Stunden. Einen Zyklus von Schillers Dramen: »Die Räuber«, »Maria Stuart« und »Wallenstein«, besuchten wir alle und begeisterten uns so, daß wir alle Monologe daraus auswendig konnten. Von der vierten Galerie des Burgtheaters hörten wir für vierzig Kreuzer die großen Koryphäen wie Sonnenthal, die Wolter, Krastel, Robert, die beiden Gabillons.[23] Niemals beneidete ich das auf Samtplätzen und in Logen sitzende Publikum, im Gegenteil erklärte ich meiner Schwester, die lieber auf Sperrsitze gehen wollte, wie großartig es sei, daß man alle diese Herrlichkeiten für nur vierzig Kreuzer genießen konnte. Eine Vorstellung der »Räuber« ist mir besonders in der Erinnerung geblieben, wo plötzlich im dritten Akt, als die Gemüter schon aufs äußerste erregt waren, die Kunde von der Ermordung des Zaren Alexander[24] verbreitet wurde und die Jugend, meist Studenten, nicht im Theater zu halten war.

Ich selbst studierte mit einer jungen gescheiten Russin Französisch. Sie übersetzte Tschechow und erzählte mir viel von ihrer Heimat. Rußland war mir das Land der Rätsel und Mysterien. Nach dem Bekanntwerden dieses politischen Mordes hofften wir, daß die Zeit der Freiheit nähergerückt sei. Ich hatte damals die meisten Bücher der Russen gelesen, und die »Auferstehung« Tolstois erschien mir wie der Ruf zur Erlösung Rußlands.

Der 8. Dezember 1881 war ein Feiertag,[25] und wir hatten fürs Ringtheater zur Premiere von »Hoffmanns Erzählungen« Karten genommen, aber durch Gottes und Mutters Ratschluß durften wir nicht gehen. Wir waren bei Freunden eingeladen, und Mutter erklärte, daß wir das Theater aufgeben müßten. Als wir spätabends von unserer Gesellschaft nach Hause gingen, sahen wir zu unserem Erstaunen, daß es hinter der Augartenbrücke glühendrot war, und bekamen auf unsere Fragen die Antwort, daß das Ringtheater in Flammen stehe. Wir jubelten ein Dankgebet, daß wir durch einen Zufall vor dem schrecklichen Geschick bewahrt geblieben waren.[26] Wir gingen zum Brandplatz, standen dort bis tief in die Nacht hinein und waren Zeugen der schrecklichsten Szenen. Als ich am nächsten Tag zur Schule ging, war der ganze Schottenring durch einen Kordon abgesperrt, und noch immer wurde an der Brandstätte gearbeitet, und mit Entsetzen sah ich, wie noch verkohlte Leichen geborgen wurden. Als ich in die Schule kam, gab es Jammer und Wehklagen. Die Eltern eines der süßesten meiner kleinen Mädchen waren im Theater gewesen und verbrannt, und es blieben vier kleine Waisen zurück. Alle Menschen waren ganz verstört, alle Schichten der Bevölkerung waren von einem tiefen Weh erfüllt. Ein Freund meines Bruders hatte Mutter und Schwester verloren, und stündlich hörte man von neuem Jammer.

Weihnachten 1881 war ein trauriges Fest. In der ganzen Welt wurde für die Hinterbliebenen gesammelt, und jeder, der irgend konnte, steuerte bei. Die Familie, bei der ich vor zwei Jahren in Aussee gewesen war, nahm einen siebenjährigen Knaben, der beide Eltern verloren hatte, ganz zu sich und ließ ihn aufs beste erziehen und nahm zu diesem Zweck auch einen Hofmeister auf. Schließlich kam ein Fonds von Millionen Gulden, die gestiftet worden waren, zustande. Der Kaiser ließ an der Stelle, an der das Theater gestanden hatte, ein Haus – das sogenannte Sühnhaus – errichten, dessen Mieterträgnis auch dem Fonds zufließen sollte. Aber vorerst wollte niemand in dem Haus, das auf der Stätte des Grauens errichtet war, wohnen. Mein Bruder Sigmund gehörte zu den ersten, die mit diesem Vorurteil brachen, als er dort eine Wohnung nahm, um mit seiner jungen Frau – der Schwester meines Mannes – dort zu wohnen.[27] Als dann im Jahre 1887 die erste Tochter[28] in diesem Hause geboren wurde, kam vom Obersthofmeisteramt des Kaisers eine Delegation, um im Namen des Kaisers zu gratulieren, daß auf der Stätte des Verderbens wieder neues Leben erwacht sei. So wurde der Aberglaube besiegt, die schönen Wohnungen wurden vermietet, und für die Erben der Brandkatastrophe flossen reichlicher Gelder ein.

Im Jahre 1881 war meine jüngere Schwester nicht wohl,

und der Arzt verordnete ihr Landleben. Da mein Vater in Rußland war, zog meine Mutter mit der Kleinen nach Mödling[29], wo wir sie jeden Sonntag besuchten. Da erlebten wir zum ersten Male das Erwachen der Natur und sahen buchstäblich das Gras wachsen.

Ich hatte den ganzen Sommer über Lektionen in der Umgebung zu geben. Damals war aber der Verkehr noch sehr schwierig, und man war auf einzelne Stellwagen angewiesen. So machte ich die weiten Wege auf Milch- und Brotwagen, deren Kutscher ich bat, mich aufzunehmen, damit ich rechtzeitig nach St. Veit komme. Da ich jung und gesund war, waren dies keine Strapazen für mich, sondern nur ein Vergnügen. Die kleine Welt, Knaben und Mädchen, liebte mich, das war mir genug. In Pötzleinsdorf, gerade entgegengesetzt von St. Veit, hatte ich zwei Jungen zu unterrichten, die heute beide geachtete Ärzte in Wien sind, mir das schönste Andenken bewahren und sich noch gerne der jungen Lehrerin erinnern.

7. Kapitel
Liebelei

In späteren Jahren waren meine Träume immer mit Schule und Lektionen verknüpft, und wenn, nach meines Bruders Theorie, Träume Wunscherfüllungen bedeuten, so waren meine glücklichsten Jahre die meiner Arbeit gewidmeten. Die vier Jahre Klostererziehung waren eigentlich die Jahre der Entwicklung, wo das schlummernde Weib erwachte.

Ein Freund meines Bruders war meine erste Liebe.[30] Er unterrichtete mich in Stenographie, und ich setzte meinen Stolz darein, alle Vorträge der Literatur- und Geschichtsstunden mitzustenographieren, denn erstens erleichterte dies das Studium ungemein, und zweitens konnte ich beim Durchlesen an meinen geliebten Lehrer denken. Ich hatte damals ziemlich viel von der neuen Romanliteratur gelesen und mir natürlich ein Ideal gebildet. Der Held meiner Träume war dieser Lehrer, dem meine erste innige Liebe gehörte. Ins Tagebuch schrieb ich damals mit sechzehn Jahren, als ich Scherers »Dichterwald«[31] von ihm zum Geschenk erhalten hatte: »Nicht das Buch macht mir Freude, sondern die Hand, die es mir gab.« Unter den geringen Festen, die wir das Jahr über feierten, war immer Sylvester eines der größten. Ich war fest überzeugt, daß sich mein Schicksal zu Sylvester – an meinem Geburtstage – entscheiden müsse. Unsere Mutter verstand unser Innenleben nicht. Als ich ihr an einem freien Sonntag das Gedicht von Uhland »Abreise«: »So muß ich denn die Stadt verlassen, wo ich gelebet lange Zeit«, vorlas, bis ich in Tränen schwamm, sah sie mich betroffen an und dachte, ich sei verrückt geworden. Sie konnte ja nicht ahnen, daß sich wirklich zu Sylvester mein Schicksal entschieden hatte, als sich mein Held in meine Freundin verliebte und nicht in mich. Als ich in der nächsten Stenographiestunde zu weinen anfing, weil mir plötzlich alles zum Bewußtsein kam, tröstete er mich und wollte den Namen desjenigen wissen, der mich zum Weinen gebracht, unwissend, daß er selber die einzige Ursache meines Kummers war. Ich hatte ihn verloren. Am selben Tag bekam ich von seinem Vetter einen Brief, in dem er mir sagte, daß er um meinen Kummer wisse, und mich bat, mit ihm in schriftlichen Gedankenaustausch zu treten, um vielleicht hier Linderung für meinen Schmerz zu finden und unsere Ferien durch diese geistige Freundschaft zu verschönern. Da unser Briefwechsel ein Geheimnis war, holte ich die Briefe poste restante ab. Er war den Sommer über in Rumänien gewesen. Als er im Herbst zurückkam, war er in heißer Liebe für mich entflammt, während ich kühl bis ans Herz hinan blieb. Der lange Ideenaustausch hatte mich gereift, aber ihm nicht nähergebracht; es war zwischen uns nicht einmal zu einem Kuß gekommen.

8. Kapitel
Aufregung um die Hochzeit

Nun muß ich erzählen, warum mir, wie ich schon früher erwähnt habe, der 6. April so bedeutungsvoll geworden ist. Ich hatte damals, als ich das erste Mal bei meinem neuen Zögling war, einen jungen Mann kennengelernt.[32] Er kam dann zufällig öfters, wenn ich zu meinem Zögling kam, und vom 27. Juni an trafen wir uns fast täglich, denn immer, wenn ich aus der Stunde kam, hatte er auf mich gewartet und bat mich, ob er mich begleiten dürfe. Durch seine interessanten Gespräche wurden mir meine Wege angenehm verkürzt. Einmal fragte er mich, ob ich denn niemals einen Mann gekannt habe. Da erzählte ich ihm ganz naiv, daß ein entfernter Verwandter von mir so halb und halb mit mir verlobt sei und daß ich als älteste von fünf Mädchen ihn wohl heiraten würde, damit der Stein ins Rollen komme. Er war entrüstet über diesen Gedanken und, trotzdem es schon lange her ist, klingen mir noch seine wichtigen Worte im Ohr: »Aber Fräulein, ihre Glückseligkeit werden Sie doch nicht ihren Schwestern zum Opfer bringen!« – Es hatte sich damals eine lustige Gesellschaft gebildet, der wir beide und unsere Geschwister angehörten. Beim Abschied machte er mir die heißeste Liebeserklärung. Ich sollte damals die Abschiedsrede halten, aber mein Gefühl übermannte mich derart, daß ich, statt eine Rede zu halten, nur in heiße Tränen ausbrechen konnte. Der Sommer trennte uns.

Der Konflikt meiner Seele, der entstanden war, einesteils durch meine große Liebe, anderseits durch das Halbgebundensein an einen anderen, löste sich bei mir in den furchtbarsten Zahnschmerzen aus. Ich mußte mir vier Zähne ziehen lassen und kam nach dieser Operation an Leib und Seele gebrochen zu meiner Mutter nach Mödling. Aber die Schönheit der Natur und mein jugendlicher Optimismus halfen mir bald über diese Krise hinweg, und ich fand das verlorene Gleichgewicht wieder. Im Herbst, als ich nach Wien zurückkehrte, trafen wir uns wieder, und er gestand mir, daß er den ganzen Sommer nur an mich gedacht hatte. Er bat mich, ob wir uns wieder, wie im Frühjahr, täglich sehen könnten, und so setzten wir fort, was im Juni durch unseren beiderseitigen Landaufenthalt unfreiwillig unterbrochen worden war. Und so sahen wir uns täglich. Er holte mich von den verschiedenen Unterrichtsstunden ab, und der Zufall wollte, daß ich in derselben Straße zu tun hatte, wo er bei einer Druckerei beschäftigt war. Zwei Tage vor Weihnachten, als wir durch den Donaupark gingen, zog er ein Kästchen mit einem Ring hervor, beschwor mich, ihn anzunehmen, er habe ihn schon vor Monaten für mich gekauft. Die beschneiten Bäume, eine kalte Winternacht, warm schlagende junge Herzen – er war auch noch nicht dreiundzwanzig Jahre alt – waren die Zeugen dieses Verlöbnisses. Der Ring war sehr hübsch mit Perlen besetzt. Als ich nach Hause kam, mußte ich lügen und erzählte meiner Mutter, daß der Ring ein Weihnachtsgeschenk einer Familie sei, bei der ich drei liebe Mäderln unterrichtete. Die Mutter glaubte mir. Nach wenigen Tagen verlor ich eine Perle aus dem Ring, und als ich ganz untröstlich darüber war, glaubte meine Mutter, mich damit trösten zu können, daß sie mir erklärte, es sei sicher ein ganz wertloser Ring, »denn für Geschenke für Lehrerinnen geben die Leute nie viel aus«. Ich aber wußte, daß Perlen Tränen bedeuten, nahm es als böses Omen. Und ich hatte recht damit, denn die Tränen blieben mir nicht erspart. Mein Bruder Sigmund hatte sich inzwischen heimlich mit der Schwester meines heimlichen Bräutigams verlobt. Und wieder wurde Sylvester zu einem Schicksalstag für mich, denn als Geburtstagsfeier wurden die beiden Verlobungen im engsten Familienkreis bekanntgemacht. Kein Fremder störte unser Glück und unseren Frieden.

Aber um so mehr brodelte es draußen. Als ich achtzehn Jahre alt war und alle meine Freundinnen mit jungen Burschen flirteten, hatte ich sie immer von oben herab angesehen und erklärt, daß ich mit einem Mann, der jünger als achtundzwanzig Jahre wäre, überhaupt nicht sprechen würde. Und nun war ich mit einem verlobt, der noch nicht dreiundzwanzig Jahre alt war. Trotz seiner Jugend war er das Oberhaupt seiner Familie. Sein Vater war vor drei Jahren einem Herzschlag auf der Straße erlegen, und der damals Neunzehnjährige übernahm die Stellung seines Vaters.[33] Er füllte den von ihm übernommenen Posten, den der 59jährige Mann innegehabt hatte, glänzend aus. Er war ernst, schien gereift und machte einen viel ernsteren und gesetzteren Eindruck, als seiner Jugend zukam. Seine Familie war natürlich nichts weniger als entzückt, daß der junge Mann, der schließlich ihr Ernährer und das Haupt der Familie war, einen eigenen Hausstand gründen wollte. Und endlich erlag er den Einflüsterungen, daß er mit dreiundzwanzig Jahren zu jung war, um zwei Familien zu erhalten.

So verlebten wir nur einen Monat in Ruhe. Alle nahen und fernen Freunde nahmen Anteil und gaben gute Ratschläge. Während wir mitten in den Vorbereitungen für die Hochzeit waren (sogar die Möbel waren schon gekauft), holte er mich an einem Februarabend aus einer Stunde ab. Er war schrecklich verstört. Als ich ihn um die Ursache seiner Aufregung fragte, eröffnete er mir, daß er mich nicht heiraten könne und sein Wort brechen müsse. Sprachlos vor Schrecken, niedergedrückt von dem Gedanken, daß all die Liebesworte und Schwüre, die ich seit Jahren von ihm gehört und an die ich so fest geglaubt hatte, nun nichts als Lüge sein sollten, sank ich bewußtlos zu Boden. Ein Wagen brachte mich zu seiner Mutter. Geknickt und krank, schlaflos und zerschmettert, brachte ich dort eine furchtbare Nacht zu, und Goethes Worte:

»Wer nie sein Brot in Tränen aß,
Wer nie in kummervollen Nächten
Auf seinem Bette weinend saß,
Der kennt euch nicht, ihr Schicksalsmächte!«[34]

habe ich in dieser Nacht erkannt und verstehen gelernt. Gebrochen, mich gegen mein Schicksal auflehnend und gegen das, was mir geschehen war, und doch wissend, daß nicht er der Schuldige war, kam ich am nächsten Morgen heim.

Die Bestürzung in meiner Familie war groß. Die Demütigung, die ich erlitt, machte selbst meinen gerechten Vater böse. Die Eltern und Geschwister waren in hellem Aufruhr über die Schmach, die man der Ältesten angetan hatte Er wurde von der ganzen Familie verflucht, und sein Name durfte nicht genannt werden. Da ich ihn noch immer liebte und wußte, daß er nur dem Zwange der Familie folgte und eigentlich schuldlos war, konnte ich alle diese Schmähungen nicht mehr mit anhören. Darum schnürte ich mein Bündel und ging zu der Familie, bei der ich ihn vor drei Jahren bei meiner ersten Stunde, die ich dort gab, kennengelernt hatte. Ich übernahm dort die Stelle als Erzieherin der beiden Kinder. (Heute, nach so vielen Jahren, habe ich von dieser edlen, lieben Frau einen Brief erhalten.) Sie verstand mein tiefes Weh und war so lieb und gut zu mir, daß ich hoffte, bei ihr alles zu vergessen.

Zu Ostern ging ich mit ihr in die Stadt auf den Hohen Markt, wo sie Toiletten kaufen wollte. Sie ging mit dem größeren Mädchen in das Geschäft, während ich mit dem kleinen Jungen draußen auf der Straße auf sie wartete. Ich hatte ja damals so gar keinen Sinn für Kleider und dergleichen. Als ich so weltvergessen stand und wartete, grüßte mich plötzlich ein Herr, der mit einem älteren Herrn in angeregtem Gespräch vorüberging. Ich sah auf und erkannte sein Gesicht und wußte, daß mein Schicksal besiegelt war.

Ich war einer Ohnmacht nahe, aber da ich den kleinen Jungen an der Hand hielt, blieb ich aufrecht. Als die Mutter des Knaben aus dem Geschäft herauskam und meine furchtbare Blässe sah, wußte sie sofort, daß ich ihn gesehen hatte, und mit zitternder Stimme beantwortete ich ihre dahin gehende Frage.

Am selben Tag noch suchte er mich bei meinen Eltern zu treffen, aber es wurde ihm nicht geöffnet. Dann kam er zu der Familie, bei der ich als Erzieherin lebte. Aber er sah mich nicht. Dann ging er zu meiner Freundin und bat sie, zwischen uns zu vermitteln, und sie kam auch gleich als Fürsprecherin zu mir. Aber ich war so tief gekränkt, daß ich nichts von ihm wissen wollte. Schließlich machte mich seine tiefe Reue doch weich, denn ich fühlte ja doch in meinem Innern, daß wir fürs Leben zusammengehörten. So verabredeten wir eine Zusammenkunft um sechs Uhr früh beim zweiten Rondeau im Prater. Er sah elend und verstört aus. Man hatte ihn nach Italien geschickt, damit er auf andere Gedanken komme, aber er machte einen ganz zerbrochenen Eindruck. Ich stand da als Siegerin, aber ich war nicht stolz auf diesen Sieg, auch ich war ganz zermürbt. In beredten Worten bat er mich um Verzeihung, versprach alles zu tun, um seine Schuld zu sühnen und gutzumachen, was er mir angetan. Ich wußte, daß nur seine Mutter schuld an allem gewesen war, und verlangte, daß sie sich selber von dieser Anklage reinigen solle. Und da erlebte ich den größten Triumph meines Lebens, als am nächsten Morgen, wieder in der Früh, seine Mutter selber kam und mir versicherte, wie sie mich liebe, fast mehr als ihre eigene Tochter, und daß ihr Sohn niemals eine bessere Wahl treffen könne, als wenn er mich zur Frau nähme. Diese Demütigung der alten kleinen Frau tat mir so weh, daß ich keinen Widerstand mehr leistete, sondern ihr das Versprechen gab, ihn wieder aufzunehmen. Nun genossen wir im vollen Maß das Glück unserer jungen Liebe. Besonders er war glückselig, während ich

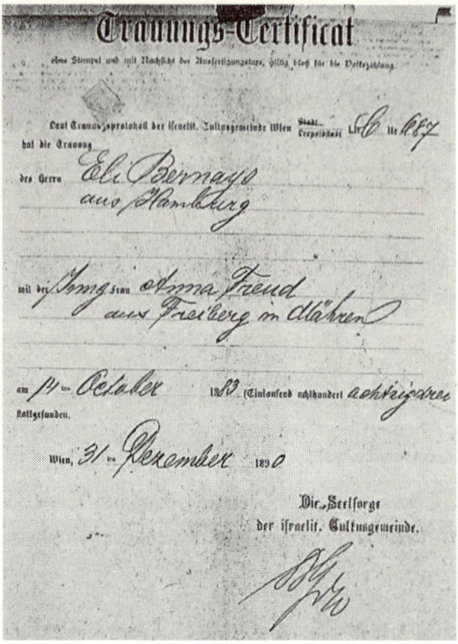

Trauungs-Certificat

ohne Stempel und mit Nachsicht der Ausfertigungstaxe, giltig bloß für die Volkszählung

Laut Trauungsprotokoll der israelit. Cultusgemeinde Wien Stadt / Leopoldstadt Lit. C Nr. 687 hat die Trauung

des Herrn Eli Bernays aus Hamburg

mit der Jungfrau Anna Freud aus Freiberg in Mähren

am 14ten October 1883 (Eintausend achthundert achtzigdrei) stattgefunden.

Wien, 31ten December 1890

Die Seelsorge der israelit. Cultusgemeinde.

Trauungszertifikat

noch unter dem Stachel der früheren Wehmut litt. Ich ging mit der Familie, bei der ich als Erzieherin war, nach Weißenbach am Attersee. Die Brautzeit in Sonnenschein und dieser Umgebung war herrlich und jeder Sonntag, den er herauskam, ein doppelter Feiertag. Auch sonst war der Aufenthalt voll Schönheit und sehr anregend. Wir sahen die Wolter mit ihrem Mann wie gewöhnliche Menschen herumspazieren, Sonnenthal und Gabillon kamen täglich, und auch sonst wohnten viele Burgschauspieler am See. Sogar die Kaiserin Elisabeth kam hie und da nach der Jagd ins Hotel speisen. Die Besitzer des Hotels, in dem wir wohnten, waren sehr nette Naturmenschen. Am Abend, wenn die Kinder schliefen, ruderten sie uns auf den See hinaus und sangen Schnadahüpfel und Jodler vor. Mein Bräutigam hatte damals im Handelsministerium zu tun, und es war ihm ein leichtes, als der deutsche Kaiser mit dem österreichischen Kaiser eine Zusammenkunft in Ischl hatte,[35] uns eine Loge in der Galavorstellung im Ischler Theater zu verschaffen. So konnten wir bei diesem großen geschichtlichen Ereignis zugegen sein. Es wurde »Martha« von Flotow aufgeführt. Das ganze Wiener Ballett der Oper war nach Ischl gekommen, um bei dieser Galavorstellung mitzuwirken. Es machte mir einen besonderen Spaß, zu beobachten, wie der deutsche Kaiser die hübschen Wiener Mädel fixierte.

Im September kamen wir gesund und erholt nach Wien zurück, wo der Tag für unsere Hochzeit für den 14. Oktober festgesetzt wurde. Das war nach den großen jüdischen Feiertagen, die ich zum ersten Male im Tempel verbrachte. Das erste Mal in meinem Leben wohnte ich dem ganzen langen Gottesdienst bei.

9. Kapitel
Ein offenes Haus

Wir zogen in die Wohnung, in der mein Verlobter mit seiner Mutter gewohnt hatte,[36] und wir behielten auch das Mädchen, das sechs Jahre lang im Hause gewesen war. Wir waren religiös sehr frei erzogen worden, aber er stammte aus einer strenggläubigen Familie und hatte immer streng nach den Vorschriften seiner Religion gelebt. Ich war im Kloster erzogen und hatte keine Ahnung von unseren jüdischen rituellen Gebräuchen. Aber wie Ruth in der Bibel schrieb ich ihm einst: »Dein Glaube soll auch der meine sein, und wo du hingehst, führt auch mein Weg«, und ähnliches. An irdischen Gütern habe ich nie gehangen, und so nahm ich nichts als meine persönliche Ausstattung aus dem Elternhause mit. Alles war von ihm allein besorgt worden und eingerichtet. Als ich nun am 14. Oktober in das Heim kam, das jetzt das meine sein sollte, war alles da, vom Staubtuch bis zum Champagnerglas. Wir heirateten im orthodoxen Tempel, wo die Männer und Frauen separiert saßen. Ich wurde mit einem Tuch verhüllt, denn die keusche Braut soll nicht gesehen werden. Aber das alles sind ja Kleinigkeiten. Er wollte es so haben, und mir war alles recht, da ich ihn ja hatte. Von der Trauung gingen wir direkt in unsere Wohnung. Da er als Beamter in seiner Stellung freie Fahrt auf allen Bahnen hatte, sollten wir eigentlich eine lange Hochzeitsreise machen. Aber ich hatte mir gewünscht, die sogenannten Flitterwochen im eigenen Heim zu verleben. So sagten wir allen, daß wir auf einer Hochzeitsreise wären, und fuhren vergnügt nach Hause. Bei den Eltern wurde das Fest ohne Brautpaar gefeiert. Uns hatte das alte Mädchen ein herrliches Hochzeitsmahl bereitet. Wir kamen heim, »enfin seul«[37] – wie das bekannte Bild, und die Schwingen eines jungen Glückes umflatterten uns bis in den kommenden Morgen.

Drei Tage blieb mein Mann bei mir zu Hause, und wir verlebten sie froh in Zukunftsträumen. Dann ging er wieder ins Bureau, und ich blieb mit dem Mädchen zu Hause und ließ mich von ihr in die Geheimnisse des jüdischen Ritus einführen. Samstag durfte nicht einmal gekocht werden. Mein Mann hatte sich seine Stellung so einzurichten gewußt, daß er am Samstag nicht ins Bureau gehen mußte und auch an allen Feiertagen frei hatte. Diese Tage wurden dann mit Lesen und Gedankenaustausch verbracht. Jeden Dienstag besuchten wir die Eltern, aber ich habe dort nie mehr einen Bissen angerührt, denn mein Versprechen, ganz rituell zu leben, war mir heilig, obwohl mich mein Mann oft wegen meiner Unwissenheit in bezug auf die Gebräuche quälte.

Im Mai machten wir dann unsere Hochzeitsreise nach Venedig. Dort wurden drei Wochen in seliger Stimmung verlebt. Am ersten Juni wohnten wir der großen Unabhängigkeitsfeier Italiens[38] in einer Gondel bei Vollmond bei. Nach Wien zurückgekehrt, verlebten wir frohe Zeiten und hatten in unserem trauten Heim jede Woche reizende Gesellschaften. Damals ging der Stern Richard Wagners auf, Bayreuth wurde gebaut.[39] Ibsens Dramen erregten die jungen Gemüter derart, daß kaum von etwas anderem gesprochen werden konnte und man auf die Einladungen schrieb: »Von Nora darf nicht gesprochen werden.«

Jung-Österreich[40] verkehrte in unserem Heim, und unsere Samstagabende waren wirklich anregend. Wir unterhielten uns ohne Kartenspiel und ohne Musik, nur mit kluger Konversation, da unsere Gäste, lauter strebsame Gelehrte, Doktoren und Juristen, Freude daran fanden. Meine Schwester, die wir immer dazu einluden, fand hier ihren Mann.[41]

Eli Bernays kurz nach der Hochzeit, 1884

Im ersten Jahr unserer Ehe war mein Mann immer schon um drei Uhr mit seinem Bureau fertig. Damals gründete er als erster ein Reisebureau, das so gut ging, daß er oft bis spätabends zu tun hatte. Da er so beschäftigt war, daß er nicht abkommen konnte, und meine Familie bereits am Lande war, entschloß ich mich, allein nach Hamburg zu fahren, um die Familie meines Mannes kennenzulernen. Seine Mutter lebte mit ihren beiden Töchtern – deren eine mit meinem Bruder Sigmund verlobt war – in Wandsbek, einem Vorort von Hamburg. Als ich bei der Abreise in den Zug stieg, wollte mich mein Mann im Damenkupee unterbringen, aber zwei alte Damen mit einem siebenjährigen Kind, die bereits darin saßen, waren sichtlich so erschrocken darüber, daß jemand ihre Nachtruhe stören könnte, daß ich mir einen anderen Platz suchte, und so fand ich noch ein Kupee, in dem nur ein junger Mann untergebracht war, der nicht so unglücklich war, daß ich mit ihm das Kupee teilen sollte. Der schrille Pfiff der Lokomotive gab das Zeichen zur Abfahrt, und oben weinte ich, und am Perron weinte die junge Frau meines Reisegefährten, als wir Abschied nehmen mußten. Das gleiche Los brachte uns bald ins Gespräch. Er war erst sechs Wochen verheiratet. Ich trocknete meine Tränen, und bald unterhielten wir uns so gut und waren derart in unser Gespräch vertieft, daß, als an der Grenze noch jemand zu uns einsteigen wollte, der Schaffner in seinem sächsischen Dialekt sagte: »Nu, da gönnen Se nich rein, das ist ja ein Hochzeitspaar.« So gefährlich war es aber doch nicht. Doch hatte ich eine sehr angenehme Reise, da der junge Mann sehr aufmerksam und galant war. Bei jeder Station brachte er mir etwas zu essen. Da ich noch nie in Deutschland gereist war, wußte ich nicht, daß alle die Teller und Gläser im Preis für die Eßwaren eingeschlossen waren und behalten werden konnten und Eigentum des Empfängers wurden. Dies machte mir großen Spaß, und ich behielt alles. Natürlich wurde ich ausgelacht, als ich um fünf früh von meinen Schwägerinnen am Bahnhof abgeholt wurde, denn ich hatte neben meinem Gepäck auch noch alle diese billigen Sachen in der Hand. Mutter Bernays fand es naiv, daß ein Mensch aus einer Großstadt so kindische Gedanken haben konnte. Dabei erinnere ich mich, daß ich früher einmal auch solch kindliche Unbefangenheit gezeigt hatte. Das war, als ich siebzehn Jahre alt war. Damals war eine Tante aus Odessa[42] in Wien, die mich, als die Älteste, in die Oper einlud. Ich war damals zum ersten Male in einer Oper. Es wurde »Die Jüdin« von Halévy[43] gegeben. Wir saßen in einer Loge; das erste Mal in meinem Leben! Das wunderbare Schauspiel – die Bühne –, alles wie aus »Tausendundeine Nacht«. Ich konnte die Wirklichkeit von dem Schauspiel nicht trennen, und im letzten Akt, als der Ofen glühte und Recha hingeopfert werden sollte, lehnte ich mich über die Brüstung der Loge und schrie mit lauter Stimme. »Das kann nicht sein! Verbrennt sie nicht! Verbrennt sie nicht!« Die Entrüstung der feinen Tante, die Bestürzung meiner Mutter werden mir immer unvergeßlich bleiben. Als ich dann, fünfundvierzig Jahre später, Caruso in dieser Oper hörte, fühlte ich genauso wie damals mit sechzehn Jahren.

Eine Woche nach dem 25. Geburtstage meines Mannes wurde unsere älteste Tochter geboren. Trotzdem er sich einen Jungen gewünscht hatte, war er als junger Vater mit dem schwarzen gesunden Mäderl sehr zufrieden. Da ich trotz guter Gesundheit nicht nähren konnte, nahmen wir eine Amme, und die ist wohl daran schuld, daß er die strengen Gebräuche des Judentums zu lockern begann. Es war Ostern. Kein Brot im Hause. Die Milchspenderin weigerte sich, das ungesäuerte Brot zu essen. Um die Gesundheit des kleinen Kindes zu erhalten, gestattete mein Mann, daß sie ihr gewohntes Brot bekommen durfte. Aber wenn man von einem großen Bau nur einen Stein lockert, so fällt nach und nach alles zusammen. Ich kann heute nach so vielen Jahren beschwören, daß ich nicht die geringste Schuld daran habe, daß mein Mann nach und nach alle Gebräuche des Judentums fallenließ und, obwohl er im Herzen immer ein guter Jude war, nicht einmal den Yom Kippur[44] hielt.

Das Reisebureau ging das zweite Jahr so gut, daß er bis in die Nächte hinein arbeiten mußte. So ging ich mit dem Kind nach Rožnau zu meiner Mutter, wohin ich als Mädchen nie mitgenommen worden war, weil ich ja immer gesund gewesen bin. Mein Mann war Sekretär des berühmten Nationalökonomen Lorenz von Stein.[45] Als dieser mit siebzig Jahren seine Wirtschafterin heiratete und mit ihr auf eine ausgedehnte Hochzeitsreise ging, stellte er meinem Mann seinen prachtvollen Besitz in Weidlingau, in der Nähe von Wien, für den Sommer zur Verfügung.

In Rožnau fühlte ich mich sehr wohl. Das Kind gedieh ausgezeichnet, und ich hatte gar keine Sorgen. Da ich einen Kreis junger Literaten um mich hatte, war der Aufenthalt für mich sehr angenehm. Plötzlich rief mich aber mein Mann zurück. Wir sollten ja die Villa des Professors Stein mit drei Dienern übernehmen. Es war bereits Juli und sehr heiß. Die fünf Stunden Reise verliefen, im Gespräch mit einem katholischen Geistlichen aus Melk, höchst interessant. Bei meiner

Rožnau

Abreise von Rožnau war ich von meinen Freunden mit Blumen überschüttet worden, und ich wollte meinem Mann diese Pracht zeigen. Der Geistliche hielt mich der vielen Blumen wegen für eine erfolgreiche Sängerin und erzählte mir von seinen Erfahrungen, die er in Wien bei Schauspielerinnen gemacht hatte. Es war sehr heiß, und leider konnte ich meinem Mann meine Trophäen nicht zeigen, denn fünf Minuten vor Ankunft des Zuges in Wien warf ich alle zum Fenster hinaus, weil sie ganz verwelkt waren. So kam ich nur mit meinem Kind an.

Der Einzug in die große Villa war sehr schön. Dort war eine große Bibliothek, in der man auf eine Leiter steigen mußte, um sich die Bücher herunterzuholen. Aber bald stellte sich heraus, daß die Einladung ein Danaergeschenk war, denn ich saß den ganzen Tag in dem großen Haus und Garten allein und hatte die Sorge für die Verpflegung der ganzen Dienerschaft.

Kurze Zeit darauf hatte mein Mann geschäftlich in Pest zu tun und bat mich, mit ihm mitzufahren, da ja genügend Aufsicht für das Kind da war. Aber ich konnte mich doch nicht entschließen, es allein zu lassen. In derselben Nacht ließ die Amme im Schlaf das Kind fallen, glücklicherweise ohne daß etwas geschehen war. Wir schickten sofort den Diener mit einer Fackel zum Arzt, der zu meiner großen Beruhigung nach genauer Untersuchung konstatierte, daß gar nichts geschehen war. Aber was für Vorwürfe hätte ich mir gemacht, wenn in meiner Abwesenheit irgend etwas geschehen wäre. Zu seinem ersten Geburtstag ließ ich das Kind von einem jungen Mädchen, das in der Akademie den Schillerpreis gewonnen hatte, modellieren. Am 6. Februar, zu meines Mannes Geburtstag, wurde die Büste enthüllt. Sie war sehr gut, und ich hatte eine große Freude daran gehabt, zu sehen, wie das Kunstwerk langsam entstand. Die junge Künstlerin kam jeden Vormittag und sah das Kind nur spielen. Ich saß dabei und bewunderte, wie aus einer formlosen Tonmasse sich das Bild meines Kindes herauslöste.

Ich hatte auch die Kindergärtnerinnen-Prüfung gemacht und beschäftigte mich mit dem Kinde so viel, daß es mit vierzehn Monaten bereits jedes Tier in Pokornys Buch über das Tierreich[46] kannte und auch eine Reihe von Gedichten auswendig hersagen konnte. Ein Onkel meines Mannes, der Arzt war, bat mich, doch ja aus dem Kind kein Wunderkind zu machen. Ich sah die Berechtigung seiner Befürchtungen ein und ließ die Lernerei bleiben.

Im Mai ging ich mit der Kinderfrau und dem Kind nach Pottenstein[47], während mein Mann mit einer Bedienerin zu Hause blieb. Ich erwartete das zweite Kind und hoffte sehr auf einen Knaben. Mein Mann kam jede Woche zu uns heraus und brachte auch oft sehr nette Freunde mit, so daß ich einen sehr angenehmen Sommer verbrachte.

Die vier Monate, die ich in dem Tannenwald in der Umgebung von Pottenstein verlebte, las ich meist russische Literatur. Da ich das Kind bei seiner älteren Kinderfrau ausgezeichnet versorgt hatte, fand ich genügend Muße, die schöne Natur zu genießen. Mein Mann kam jede Woche, und unsere größte Freude war, das Erwachen des Geistes unseres sechzehn Monate alten Menschenkindes zu besprechen; unbewußt studierten wir dabei Psychoanalyse, denn wir wollten das Seelenleben der Kleinen ergründen. Sie sprach vollständig deutlich, aber nicht viel. Jedoch hatte jeder Satz seinen Inhalt. Wir waren keine verrückten Eltern und glaubten nicht, daß unser Kind klüger sei als alle anderen; aber es erschien uns doch mit seinen einundeinhalb Jahren ein ganz prächtiges Geschöpf, das mit Eifersucht das neue Geschwisterchen erwartete.

An einem Sonntag, als mein Mann zu Besuch da war, bat er mich, mit ihm zur Stadt zu fahren und die Kleine der Kinderfrau zu überlassen. Da war wieder der Konflikt zwischen Mann und Kind. Ich kämpfte einen schweren Kampf, aber schließlich siegte doch wieder das Kind. Ich weiß nicht, wie es im zwanzigsten Jahrhundert zugeht. Die Erfahrung zeigt, daß im Jahre 1926 nur das eigene Ich in die Waagschale fällt. Die jetzige Freiheit fragt nicht nach Mann oder Kind (zuerst kommt die Glückseligkeit des eigenen Ichs), daher die erschreckende Statistik der Scheidung so vieler Ehen, die keine Heiligkeit mehr in sich fassen. Die Liebe kennt heutzutage keine Opfer mehr. Die erste Frage und deren Lösung betreffen immer nur die Befriedigung des eigenen Ichs. Ich hatte, als mein Mann ohne mich zur Stadt gefahren war, kein Auge geschlossen, sosehr ich auch versucht hatte, das Richtige zu tun, war ich noch immer voller Zweifel. Den nächsten Tag aber überfiel mich eine solche Bangigkeit, daß ich rasch entschlossen die Kinderfrau bat, unsere Sachen zu packen. So fuhren wir denn alle zusammen in die Stadt.

Der Arzt hatte als Zeit für meine Niederkunft die Tage zwischen dem 10. und 15. September bestimmt. Aber als ich am 25. August heimkam und die hohen Stockwerke hinaufgeklettert war, inmitten der Aufregung und Wirtschaft der Heimkehr nach viermonatiger Abwesenheit, schrie plötzlich das zweite Mädchen in die Welt hinein. Ich hatte während meines Zustandes vorher so viel von einem Buben gesprochen und mich in die Sicherheit hineingeredet, daß wir einen Sohn bekommen würden, und mir vorgenommen, ihn Lorenz zu nennen, daß ich bereits alles mit einem »L« gemerkt hatte. Die Ältere wollte ihre Alleinherrschaft nur ungern aufgeben und zeigte nur wenig Interesse für das neue Schwesterchen, sie wurde sogar noch verschlossener. Der Winter ging leidlich vorüber, aber als die schönen Tage kamen und die Kinder viel an die Luft sollten, machten mir meine Dienstmädchen Schwierigkeiten. Schon damals verstanden sie, ihre Rechte geltend zu machen. Sie weigerten sich, die Kinder die vier Stockwerke hinauf- und hinunterzutragen, und so mußte ich mit ihnen die hohen Stockwerke hinauf- und hinunterklettern. Wir beschlossen daher, in einem der Vororte Wiens eine Sommerwohnung zu nehmen.

Ich fand eine Wohnung mit einem großen Garten in Döbling, wo die Kleinen jetzt ohne Mühe den ganzen Tag frische Luft schnappen konnten. Die Jüngere war zart, aber gesund und mit ihren hellen Locken ein herziges, geliebtes Wesen.

Döbling war so schön, daß der Gedanke, ganz in den äußeren ländlichen Bezirken Wiens zu wohnen, immer festere Form annahm. Durch einen glücklichen Zufall fand ich auch ein herrliches Haus mit einem großen Garten und einer gerade für uns passenden Wohnung. Die duftenden Linden kommen mir noch heute, nach neununddreißig Jahren, immer in den Sinn, so stark war der Eindruck, so wach ist die Erinnerung. Da man in Wien nur alle drei Monate kündigen kann, hatten wir diesen Sommer drei Wohnungen zu gleicher Zeit. Die Stadtwohnung stand drei Monate leer. Die Sommerwohnung in Döbling überließen wir Freunden, die gerade geheiratet hatten, um dort die Flitterwochen zu verleben, und wir zogen in unsere neue Wohnung. Wir waren glücklich mit unseren im ersten Stock gelegenen Räumen, von denen vier auf die Straße gingen und vier in den prachtvollen Garten. Vor dem Fenster von Vaters Zimmer war ein Apfelbaum, dessen blühende Zweige man in das Zimmer hereinziehen konnte.

Da ich meine Kinder sehr gut versorgt wußte, entschloß ich mich, meine Mutter in Rožnau zu besuchen, um mich von den Anstrengungen der Übersiedlung zu erholen. Aber ich hatte dort keine Ruhe, und die Sehnsucht nach den Kleinen trieb mich bald nach Hause. Ich blieb nicht einmal bis zu Mutters Geburtstag, am 18. August. Als ich zu Hause ankam, war ich sehr bestürzt, ein Telegramm aus Rožnau vorzufinden. Meine Schwester, die auch mit mir bei meiner Mutter zu Besuch gewesen, hatte dort ihr erstes Kind, viel früher, als sie es erwartet, zur Welt gebracht.[48] Ich fürchtete sehr für das Kleine und glaubte, es werde nicht lebensfähig sein, aber bald beruhigte mich ein zweites Telegramm mit der Nachricht, daß es dem Kind gutgehe. Mein Bruder Sigmund fuhr nach Rožnau, um meine Mutter zu beruhigen und zu sehen, ob alles wirklich richtig in Ordnung sei. Und als ich nach sechs Wochen die heimkehrende Mutter und Schwester am Bahnhof abholte, kam sie mit einem reizenden Kind und einer riesigen böhmischen Amme, die in ihrer bunten Nationaltracht riesiges Aufsehen am Bahnhof machte.

Leider wurde unsere Freude an dem Leben in dem ländlichen Hause gestört, das Haus wurde verkauft, und wir mußten ausziehen, um den Winter wieder in unserer Stadtwohnung zu verbringen. Aber ich träumte Tag und Nacht davon, aus der Stadt herauszuziehen, und fand endlich doch die richtige Wohnung für uns. Sie war im Hochparterre gelegen und hatte sechs Fenster auf die Straße und sechs in den Garten, und so konnten wir glücklich im Mai übersiedeln und unsere Stadtwohnung ganz aufgeben. Wir waren hochbeglückt, die Kinder gesund. Die Ältere war zweieinhalb Jahre und Kleinchen neun Monate. Außerdem hatte ich eine gute Köchin gefunden, die den Ansprüchen meines verwöhnten Mannes Genüge tun konnte. Da wir mehr als genügend Raum hatten, nahm ich ein Ehepaar in die Wohnung. Der Mann ging der Arbeit nach, während die Frau zu Hilfeleistungen herangezogen werden konnte. Den Verkehr zur Stadt vermittelte damals die Pferdebahn und war nicht beschwerlich, wenngleich die Fahrt in die Stadt zirka eine Stunde dauerte. Aber man wurde für diese kleine Unannehmlichkeit reichlich entschädigt. Wir aßen draußen im Garten im Lusthause zu Mittag, und die Obstbäume und Blumen dufteten im Frühling und Sommer. Da hatten wir auch viel Gäste, und zu unseren Samstagabenden kamen oft fünfundzwanzig bis dreißig junge Leute, die sich sehr gut unterhielten, bis sie mit der »blauen« Pferdebahn nach Hause mußten, denn um halb zwölf Uhr ging der letzte Wagen in die Stadt. Im Winter stand ein großer Füllofen im Vorraum und heizte das ganze Haus; nach Tisch gab es schöne und einsame Spaziergänge auf dem knirschenden Schnee, denn damals dachten nur ganz wenige Menschen daran, die Schönheiten des Winters zu genießen. Außerdem hatten wir eine interessant gewählte Bibliothek und immer Gäste, die uns das Neueste erzählten. An einem Januarabend, ein Onkel meines Mannes war gerade zu Besuch bei uns, stürzte die Hausmeisterin mit der Nachricht vom Tode des Kronprinzen Rudolf[49] ins Zimmer. Bald bestätigten die Extraausgaben der Zeitungen die furchtbare Nachricht. Ich konnte meine Tränen nicht zurückhalten. Immer hatte ich großes Interesse für unser Kaiserhaus, und eine Episode aus der Schulzeit kam mir in die Erinnerung. An einem Karfreitag besuchten wir vier Mädel die Kirchen, da erkannten wir unter den Vorübergehenden den Kronprinzen mit seinen Begleitern und liefen ihm nach, bis einer seiner Adjutanten uns fragte, warum wir ihnen folgten. Wir verstummten, aber die Keckste blickte dem Mann ins Gesicht und sagte: »Wir haben unseren Kronprinzen erkannt!« In der Menge des Gottesdienstes entschwand uns die Gesellschaft, wir aber waren begeistert von unserem interessanten Abenteuer. Das war im Jahre 1877. Nun sollte der junge Erbe des kaiserlichen Thrones, der vor kurzem die elektrische Ausstellung mit den Worten »Es werde Licht« eröffnet hatte, den ich in seiner Glorie gesehen, nicht mehr sein! Die Morgenzeitungen brachten die Nachricht, der Kronprinz sei ermordet worden, dann hieß es wieder, es sei ein Jagdunglück gewesen; nahe von Meyerling hatte sich ein Trauerspiel abgespielt, wie es nur je ein Dichter hätte ersinnen können. In späteren Jahren fand ich in Wiesbaden ein Buch, das in Österreich verboten war, in dem die schreckliche Liebesgeschichte des Kronprinzen und der unglücklichen Baronin Vetschera beschrieben war. Als mein Mann im Jahre 1889[50] nach Amerika kam und ich mit meinen Kindern in Baden lebte, fuhr ich hinaus in das Jagdschloß, in dem sich die Tragödie Kronprinz Rudolfs abgespielt hatte und wo das Grab mit der Inschrift noch immer zu sehen ist. Die Kaiserin Elisabeth war bis ins Herz getroffen, sie zog sich nach Korfu zurück, in Heines Werken Trost suchend. Tiefunglücklich war sie der Welt entronnen, und erst ihr trauriges Ende endete den tiefen Mutterschmerz. Was hatte sie alles erleben müssen, und wie wahr ist der Spruch, kein Mensch ist vor seinem Ende glücklich zu preisen. Ich hatte sie im Glanz bei der Feier des fünfundzwanzigjährigen Hochzeitstages, als der Maler Makart den herrlichen Festzug veranstaltete,[51] gesehen. Ich erhielt damals von einer befreundeten Familie einen Tribünensitz in der Praterstraße und sah den Festzug in seiner ganzen Pracht! Alle Zünfte und Gewerbe zogen in ihren alten Trachten vorüber, und herrliche Bilder, die an uns vorüberzogen, hinterließen einen unauslöschlichen Eindruck.

Unsere Samstagabende wurden immer mehr ein Versammlungsort für die an geistigen und literarischen Dingen interessierte Jugend. Jeden Samstag versammelte sich die Gesellschaft; nach dem Abendessen wurden alle neuen literarischen und musikalischen Ereignisse besprochen und kritisiert. Und da zum geistigen Genuß auch Magenfreuden gehören, sorgte ich immer aufs beste dafür. Mein Hering- und Hühnersalat und die Wiener Bäckereien waren sehr geschätzt. Vanille-Kipferl, -Stangerl und so weiter wurden mit ebensolcher Begeisterung zur Kenntnis genommen wie die neuesten geistigen Genüsse. Die Unterhaltungen waren immer interessant. So schienen die ersten Jahre unserer Ehe sorglos, nur Glück in sich zu fassen.

Oft erzählte mir Mutter, die ja sieben Kinder aufgezogen hatte, wie schwere Sorgen eine Frau oft erleben könne. Oft lag ich traumverloren und dachte über Mutters Worte nach und sann über das Wort »Sorge«, das ich noch nicht kennengelernt hatte. Jung, gesund, wunschlos nach Weltfreuden, wie Kleider, Schmuck und dergleichen mehr, war ich zufrieden und beneidete niemand.

10. Kapitel
Schwere Erkrankung

So war unsere Älteste viereinhalb Jahre geworden und das Kleine noch keine drei Jahre alt, als unter meiner Dienerschaft Streit ausbrach und ich meinen Mann bitten mußte, er solle mich mit den Kindern nach Rožnau zu meiner Mutter fahren lassen, um diese Sache zur Lösung zu bringen. Es sollte dann in meiner Abwesenheit das Verhältnis zu unserer Köchin, die mit dem Diener verheiratet war, friedlich gelöst werden. Die Geschichte war folgende. Ich hatte eine sehr nette Person als Köchin. Als sie kurze Zeit bei mir war, bemerkte ich, daß ein junger blonder Mann täglich vorbeiging und in den Garten schaute, wenn ich dort mit den Kindern spielte. Ich machte darüber der Köchin gegenüber eine Bemerkung, die mir gestand, daß es der Vater ihres Jungen sei, den sie verlassen, weil er sie betört und dann nicht geheiratet hatte. Ich war jung und unerfahren und wollte helfen. Ich ließ mir den Mann kommen, redete ihm ins Gewissen. Er flehte mich an, ihn aufzunehmen, er werde als Diener brav und fleißig sein, das Mädchen heiraten und alles tun, um uns zufriedenzustellen. Nach einer Rücksprache mit meinem Mann nahm ich ihn als Bediensteten auf. Wir fuhren mit den beiden in die

Stadt, als Zeugen bei der Hochzeit, und übergaben ihnen das Haus, und sie blieben als Ehepaar bei uns. Ich hatte nicht vorausgeahnt, daß sich diese Ehe, die ich gestiftet hatte, so schrecklich gestalten würde. In der Früh fand ich Marie fast immer in Tränen. Eines Nachmittags, als ich mit den Kindern im Garten war, hörte ich einen fürchterlichen Schrei, und als ich erschreckt ins Haus eilte, sah ich gerade, wie der Mann Marie ein schweres Bügeleisen nachschleuderte. Mein Entsetzen wich auch nicht, als er mir erklärte, daß das Ganze nur ein Eifersuchtsanfall gewesen war, daß er sie wieder getäuscht. Ich wollte sie überreden, den Ungetreuen zu verlassen, da gestand sie mir, daß sie das nicht könne, da sie ein zweites Kind erwarte. Der ewige Streit im Hause wurde so unerträglich, daß ich die Idee hatte, nach Rožnau zu meiner Mutter zu fahren, den Haushalt für den Sommer aufzulösen, so daß sich das Dienstverhältnis zu dem unglücklichen Paare von selber löse. Mein Mann war damit einverstanden, wollte aber, da ich das dritte Kind erwartete, daß ich die Kinderfrau mitnehmen solle. Da ich aber meine Mutter und zwei Schwestern, die mir helfen konnten, in Rožnau wußte, setzte ich meinen Willen durch und fuhr mit den Kindern allein nach Rožnau. Meine Mutter brachte mich in zwei schönen Zimmern in einer Gastwirtschaft unter, wo die älteste Tochter meine Kinder behütete, wenn ich abends noch zu meiner Mutter und deren Freunden gehen wollte. Die Kleinen waren so lieb und gut erzogen, daß ich nur Freude erntete, wenn ich mich mit ihnen zeigte. Ich hatte wieder nette Freunde und einen angenehmen Verkehr, und in Gesprächen über Erziehung und andere interessante Dinge verging die Zeit rasch und angenehm. In dem Park, in dem ich mit den Kleinen spazierenging, kam jeden Tag eine Frau mit den schönsten Kuchen. Einmal sah dies die Kleine und sagte: »Mutter, den Kuchen will ich haben.« Und ich als junge Mutter meinte: »Kind, du kannst ihn nicht haben, denn ein Kind hat keinen Willen.« Darauf antwortete mir das zweieinhalbjährige Kind: »Dann mag ich ihn, denn ein Kind hat doch einen Magen.« Ein junger Student, der diesen Ausspruch hörte, bat mich, ob er ihn als Witz an die »Fliegenden Blätter« einschicken dürfe. Sehr stolz war ich auch auf den Ausspruch der Größeren: »Mutter, wo geht denn das Licht hin, wenn die Kerze auslischt?« Die heutige Pädagogik anerkennt meine Theorie, daß ein Kind keinen Willen haben dürfe, nicht, aber ich weiß nicht, ob die Menschheit bei dieser Freiheit der jetzigen Kindererziehung besser und klüger geworden ist.

Am 25. August sollte unsere Kleinste drei Jahre alt werden. Dem zurückgelassenen Vater war es einsam geworden, und er bat mich, den Geburtstag der Kleinen bei ihm in Wien zu feiern. Wie aber Frauen oft kleinlich sind, wollte ich das Geld, das ich im vorhinein für den Zins bis 1. September gezahlt hatte, nicht aufgeben und schrieb daher meinem Manne, daß wir sicher am 1. September in Wien eintreffen würden. Am Vorabend der Abreise gaben die Damen in Rožnau mir zu Ehren ein Abschiedsessen. Als ich ermüdet davon nach Hause kam, bat ich meine Schwester, mich noch auf den Marktplatz zu begleiten, da ich vergessen hatte, für das Kind der Köchin ein Geschenk einzukaufen. Auf dem Weg hatte ich schreckliche Schmerzen, und als ich dies meiner Schwester klagte, meinte sie, ich hätte mich vielleicht beim Einpacken etwas überanstrengt. Wer hätte auch daran denken können, daß dies die Vorboten einer so schweren Krankheit seien! Die Kleinen schliefen schon, als ich nach Hause kam. Da das Bettzeug schon eingepackt war, verbrachte ich die Nacht nur ungenügend versorgt und war die ganze Zeit von Schüttelfrost gepeinigt. In der Früh wollte ich meine Mutter und Schwester holen, aber auf der Stiege wurde ich ohnmächtig. Dort fand mich das Mädchen, alarmierte alle, und ich wurde zu Bett gebracht. Der Arzt wurde geholt, und ich erholte mich rasch. Als ich erzählte, wie ich die Nacht verbracht hatte, beruhigte mich der Doktor, nannte das ganze eine Verkühlung, verlangte aber, daß ich mich meines Zustandes wegen schonen müsse, und veranlaßte mich, mit Rücksicht darauf, meine Reise zu verschieben. Da ich meinen Mann nicht beunruhigen wollte, telegraphierte ich ihm nur: »Schreckliche Gewitter, komme morgen.« Von den Schüttelfrösten in der Nacht ermüdet, lag ich auf einem Feldbett in der Sonne und war ganz sicher, am nächsten Tag reisen zu können. Aber der Arzt ließ mich auch am nächsten Tag nicht fort, und ich wurde immer kränker und kränker. Meine Hand fing an, schmerzhaft anzuschwellen, dies ging aufs Knie über. Fürchterliche Schmerzen mit hohem Fieber hielten mich Tag und Nacht in Aufregung. Am 15. September verließ der Arzt Rožnau, da die Saison zu Ende war, und übergab mich der Behandlung des Landarztes. Die Kinder wurden zu meiner Schwester gebracht, und meine Mutter blieb bei mir. Selbst mein Bruder Sigmund kam aus Wien, um zu sehen, ob alles richtig für mich geschähe, und erklärte, daß an eine Übersiedlung nach Wien nicht zu denken sei. Der Arzt mußte oft bei Nacht mit Fackeln geholt werden; so lag ich todkrank bewußtlos in einem Bauernhaus, wo alles so primitiv war wie möglich, bis endlich mein Mann kam und darauf bestand, daß ich mit aller erdenklichen Sorgfalt nach Wien transportiert werde. Ich litt an den fürchterlichsten Schmerzen. Wenn ich das Bein anzog, um mir durch eine andere Lage etwas Erleichterung zu verschaffen, konnte ich es vor Schmerzen nicht mehr geradebiegen. In viele Kissen gebettet, mit dem ewigen Schrei »Nicht biegen!« und mit hohem Fieber wurde ich Mitte September in einem Krankenwagen nach Wien gebracht. Mein Mann hatte inzwischen unsere schöne Wohnung in Döbling aufgegeben und eine sehr schöne Wohnung in der Stadt im vierten Bezirk gemietet und auf den Glanz hergerichtet. Am 19. September, nach einer schweren Reise, begleitet vom Arzt, seiner Frau und meiner Mutter, kam ich mehr tot als lebendig in Wien an. Ich hatte sehr hohes Fieber und wurde von der Rettungsgesellschaft auf einer Bahre in den vierten Stock hinaufgetragen. Ich weiß noch heute, daß ich die Träger in einem fort fragte, ob sie mich auch wirklich nicht fallen lassen würden.

Mich verließ dann das Bewußtsein; doch erinnere ich mich heute noch, daß ich einen schönen alten Herrn mit langem Bart sich neben mein Bett setzen sah und daß ich an das Märchen vom Gevatter Tod denken mußte, in dem es heißt, daß, wenn der Arzt beim Kopfende des Bettes sitzt, es ein Zeichen ist, daß der Patient leben wird, steht aber das Gerippe Tod am Fußende des Bettes, dann muß der Kranke sterben.

Am 14. Oktober war unser fünfter Hochzeitstag, und die Wärterin brachte mir ein Brett voll Blumen und blühenden Pflanzen, die man mir geschickt hatte. In meinem Fieberzustand sah das alles ganz unwirklich aus. Als ich später gerettet schien, wollte ich die vielen Blumen von meinem Hochzeitstag sehen. Ich sah in dieser schweren Krankheit alles drei- bis zehnfach.

Mein krankes Bein mußte immer gestreckt sein, und so mußte ich mit einem Gewicht am Fuße liegen. Das Kind mußte mir genommen werden (es soll ein Mädchen gewesen sein), und wieder fiel mir ein altes Märchen ein, wo der Gevatter Tod mit einem Kind sehr lange wandert, um eine Stelle zu finden, wo er das Kind unterbringen kann … Eine Schwester vom Rudolfinerhaus war Tag und Nacht bei mir. Nach Jahren fand ich ein Büchlein mit der Krankengeschichte, und da stand: 10. November (Schillers Geburtstag). Gott helfe, Menschenhilfe ist nicht mehr möglich.

Neun Doktoren hatten mich aufgegeben. Die Idee eines bekannten Arztes, Dr. Breuer,[52] der mit meinem Bruder Sigmund das erste Buch über Hysterie geschrieben hatte, rettete mich mit einem alten Hausmittel. Er setzte mir Blutegel an den Hals, die das Gift aus dem Gehirn zogen.

Vier Wochen war ich bewußtlos dagelegen, alle Funktionen waren gestört, nur der Herzschlag zeigte, daß ich noch am Leben war. Vier Wochen hatte ich nicht gesprochen, da plötzlich schlug ich die Augen auf und sagte: »Da drüben war es schön.« Von da an ging es besser. Ich war so abgemagert, daß ich nur mehr fünfundfünfzig Pfund wog. Das Bein war in einen Gipsverband gebracht, und eine Mastkur mit sechzehn Glas Milch täglich machte schön langsam wieder einen Menschen aus mir. Aber das Bein war so schwer, und ein fürchterliches Jucken machte mir den Gipsverband unerträglich, so daß ich den Arzt mit aufgehobenen Händen bat, mich davon zu befreien.

Anfangs Mai brachte man mich in einem Rollwagen nach Baden, wo ich die Schwefelbäder nahm, täglich massiert wurde und meine Besserung infolgedessen fast stündlich Fortschritte machte.

11. KAPITEL
Elis plötzliches Verschwinden nach Amerika

Mein armer Mann war durch diese schweren Monate der Krankheit an Leib und Seele gebrochen. Und wie ein Unglück selten allein kommt, war auch unser Geschäft in der Zwischenzeit zugrunde gegangen. Als ich außer Lebensgefahr war, fuhr mein Mann nach Rumänien, kehrte aber ohne Erfolg zurück. In unserer Wohnung im vierten Stock konnten wir nicht bleiben, da ich nicht mehr Stiegen steigen konnte. Wir fanden im zweiten Bezirk eine entzückende Wohnung, die mein Mann vollständig neu herrichten ließ. Als ich von Baden heimkehrte, zogen wir glücklich dort ein. Ich erwartete wieder ein Kind, ein Beweis dafür, daß ich wieder ganz hergestellt war, denn die Ärzte hatten bezweifelt, daß ich je wieder ein Kind werde bekommen können. Dort kam unser einziger Junge zur Welt. Er war in schweren Zeiten geboren.

Ein Freund meines Mannes, der amerikanischer Konsul war, redete ihm sehr zu, er solle doch nach Amerika gehen, wo er mit seiner Jugend und Tatkraft wunderbar hinpasse. Und er, jung, rasch von Entschluß, ging allein in die Neue Welt, um dort das Glück zu suchen, das er in der Alten Welt verloren hatte.

Aus Schonung oder aus Feigheit ließ er mich ganz im unklaren über unsere Verhältnisse. So mußte ich bei meinem ersten Aufstehen die Überraschung erleben, daß überall Siegel angelegt waren und daß kein Stück mehr uns gehörte. Alles mußte zu einer Auktion. Es wurde uns alles, bis auf das Notwendigste, genommen. Nur die Betten, Kasten, Tisch, Sessel und Küchenzeug blieb, und die früher so schön eingerichtete Wohnung, die mir wie ein Palast vorgekommen war, gähnte mich nun leer und öde an. Ich mußte mit hundert Gulden monatlich mich und die Kinder versorgen. Zu Weihnachten kam ein Kabel, daß mein Mann glücklich in Amerika gelandet war. Mein Bruder schickte mir zu Weihnachten einen geputzten Baum für die Kleinen, mit einer Schokoladetafel, auf der mit weißem Zucker geschrieben stand: »Sei glücklich.« Die Kleine brachte sie mir und sagte: »Ich stelle sie zu Vaters Bild, er braucht es am meisten.« Das waren wohl traurige Weihnachten. Ich hatte meinem Mann um Aufklärung geschrieben, da er mich ja ganz in Unwissenheit über unsere Lage zurückgelassen hatte, aber ich bekam wochenlang keine Antwort. Meine Schwiegermutter, mit ihrem alten Pessimismus, sagte mir immer als Trost, daß ich mich ganz als Witwe betrachten solle und daran denken müsse, wie ich mich und meine Kinder erhalten könnte.[53]

Aber mein Vertrauen verließ mich nicht, ich entließ das Mädchen und behielt nur die Amme für den Jungen; die Ältere brachte ich zur Schule; ich schrieb viele Briefe und erhielt Briefe, die von dem neuen Leben und Hoffnungen berichteten. Im März des nächsten Jahres kam dann mein

Mann plötzlich überraschend wieder zurück. Er war wohl überrascht, was aus seiner schönen Wohnung geworden war, aber doch glücklich, daß ich und die Sprößlinge wohlauf und gesund waren. Die Aussichten waren selbst in der Neuen Welt nicht sehr rosig. Es war schwer für einen verheirateten Mann mit einer Frau und drei Kindern in Europa, drüben in Amerika ohne Mittel ein neues Leben anzufangen. Es waren trübe Aussichten. Aber gute Freunde versprachen, uns ein Darlehen zu geben, damit wir uns in New York eine neue Existenz aufbauen könnten.

Wir gaben nun die Stadtwohnung auf, und mein Mann brachte uns nach Baden, damit ich auch die Schwefelbäder nehmen könnte. Wir hatten eine kleine Wohnung mit einem großen Garten, zwei Zimmer und eine Küche. Ich behielt nur die Amme meines Jungen, eine treue anhängliche Person. Am 1. Mai zogen wir hinaus, und schon am 4. Mai wollte mein Mann wieder in die Neue Welt fahren. Er nahm am Nachmittag Abschied von mir. Als ich die Kinder am Abend zu Bett gebracht hatte, saß ich mit meinen schweren Gedanken allein im Gärtchen. Auf einmal hörte ich einen Ruf, der mir bekannt erschien, aber ich dachte, es wäre eine innere Stimme, die mir die Erfüllung eines Wunsches vortäuschte, und ich hätte nur geträumt. Aber mein Mann war wirklich wieder zurückgekommen; eine solche Bangigkeit nach uns hatte ihn erfaßt, daß er nicht den Abendzug genommen hatte, sondern zu mir allein zurückgekommen war, um noch die letzte Nacht mit mir zu verleben. Im Morgengrauen fuhr er nach Wien und nahm einen anderen Zug zu seinem Schiff. Niemand wußte, daß er dagewesen war, aber ein lebendiges Andenken blieb.

Mitte Mai hatte ich die sicheren Anzeichen, daß ich das vierte Kind erwarte. Ich schrieb verzweifelt meinem Mann hinüber, da ich doch die Absicht hatte, ihm im Herbst mit den Kindern ins weite Land zu folgen, und fürchtete, daß dieses Ereignis den Entschluß zunichte machen könnte, da ja auch die anderen Kinder noch so klein waren. (Der Junge sollte erst im November ein Jahr alt werden.) Ich war verzweifelt, aber mein Mann schrieb mir einen tröstenden, beruhigenden Brief und erklärte, daß dieses Kind uns das erhoffte Glück bringen werde.

Mit den drei kleinen Kindern hatte ich vollauf zu tun. Aber die Leute im Hause waren so lieb und halfen mir aus und erleichterten mir mein Los. Meine Jugend und der dazugehörende Leichtsinn trösteten mich über so manche schwere Stunde hinweg, so daß ich trotz alledem einen heiteren Sommer hatte, da die Kinder so gut gediehen und besonders der Bub mir eine Riesenfreude machte.

12. Kapitel
Abschied von den Eltern und Geschwistern

Mein Mann kam im Oktober wieder zurück. Ein großer Familienrat wurde abgehalten, ein Konsilium von Ärzten befragt und schließlich, da ich darauf bestand, beschlossen, daß ich diesmal mit hinüberfahren sollte. Wir entschieden uns dahin, daß ich den Jungen mitnehmen sollte und die beiden Älteren vorderhand in Wien zurückbleiben müßten.

Man muß wahrhaftig jung sein, Selbstvertrauen besitzen, um sich mit einem solchen Entschlusse einverstanden zu erklären. Hieß es doch, sich von den Kindern zu trennen, die Winterreise mit dem einjährigen Baby und einer Frau, die jeden Tag niederkommen konnte, dazu die fremde Sprache, die fremden Sitten, andere Gewohnheiten, dabei ohne alle Mittel, nur im Vertrauen auf des Mannes Gewandtheit, seine Bildung, seine Fähigkeiten, die auf Erfolg schließen ließen.

Mein Mann fuhr voraus, um alles für uns vorzubereiten.

Annas Vater Jacob Freud
um 1890

Die Älteste gab ich zu den Eltern[54] und die Jüngere zu meinem Bruder, in dessen Kinderstube bereits drei kleine Kinder waren.[55] Am 1. November, zu Allerheiligen, ging ich noch in Baden mit meinen Hausleuten auf den Badener Friedhof, gleichsam als wollte ich nicht von den Lebenden, sondern auch von den Toten Abschied nehmen. Die Nacht vor der Abreise verbrachte ich bei den Eltern. Am nächsten Abend brachten mich Vater und mein Bruder Sigmund zum Bahnhof. Mutter und Geschwistern hatte ich schon früher Lebewohl gesagt, um den letzten Abschied nicht zu schwer zu machen. Mit blutendem Herzen, aber mit froher lachender Miene ging ich. Kein Mensch wußte, wie es in meinem Inneren wühlte. Am Nordwestbahnhof, von dem ich abfuhr, waren sehr große Spiegel. Als mein Vater in seinem langen Havelock, frei und aufrecht, an so einem Spiegel vorbeischritt, sagte er, um mich auf andere Gedanken zu bringen und mir den Abschied zu erleichtern: »Na, Annie, würde jemand glauben, daß ich schon sechsundsiebzig Jahre alt bin?« Das sind die letzten Worte, die ich von ihm gehört habe, und noch immer habe ich die Klangfarbe dieser lieben Stimme im Ohr. Er beneidete mich, daß ich das große freie Land sehen sollte; ich küßte ihn und versprach ein baldiges Wiedersehen. Er starb im Alter von zweiundachtzig Jahren.[56] Aber in diesen acht Jahren konnten wir, mit dem Aufbau unserer Existenz beschäftigt, die Mittel zu einer Europareise nicht aufbringen, um meine tiefe Sehnsucht zu stillen. Und als wir endlich die Mittel dazu hatten, hatte mein Vater bereits das Zeitliche gesegnet.

13. Kapitel
Aufbruch nach Amerika

Mein Bruder hatte mir ein Schlafkupee genommen, damit ich in meinem Zustande und mit dem zwölf Monate alten Kinde die Reise leichter überstehe. Mein erstes Reiseziel war Frankfurt am Main, aber kurz vorher, in Aschaffenburg, mußten wir noch umsteigen, aber mitleidige Seelen erbarmten sich meiner, zwei unbekannte Herren schleppten mein Handgepäck und brachten mich in das richtige Kupee.

In Frankfurt erwartete mich mein Mann. Wir blieben acht Tage dort. Wir hatten dort viele Verwandte, die meinem Mann mit Rat und Tat zur Hand gingen. An einem bitterkalten Wintertag fuhren wir nach Belgien und kamen um zwei Uhr nachts in Antwerpen an. Wir hatten an ein Hotel telegraphiert und Zimmer bestellt, um eine sichere Unterkunft zu haben. Aber in dem uns reservierten Zimmer war ein offener Kamin geheizt, der derart rauchte, daß wir zu ersticken glaubten und in der Nacht noch mit dem schlafenden Baby in der Stadt herumfuhren, um ein Zimmer ohne Stickluft zu finden. Am nächsten Tag, mit dem schweren Kind am Arm, besuchten wir die Kirche, wo die Bilder von Rubens hängen. Ich dachte, der Anblick dieser Bilder würde mir über die Schwere des Abschieds von Europa hinweghelfen. Wir wollten uns von Antwerpen einschiffen, aber in absehbarer Zeit ging kein großes Schiff, und so beschlossen wir, nach Liverpool zu fahren und dort das erste Schiff zu nehmen, damit wir noch vor dem Winter hinüberkämen. In Manchester lebten zwei meiner Stiefbrüder. Der eine kam mit seiner Tochter Berta nach Liverpool, und so hatte ich doch eine weibliche Hilfe und konnte meine müden Beine ein wenig ausruhen. Mein Bruder bestand darauf, mir einen warmen Mantel zu kaufen, da ich kein derartiges Kleidungsstück besaß. Er führte mich in das größte Mantelgeschäft in Liverpool, aber ich konnte mir nicht in Ruhe etwas aussuchen, weil der kleine Bub die ganze Zeit wie am Spieß schrie. Ich nahm nur ein hellgraues Cape, da ich dachte, daß es am besten meinen Zustand verbergen würde. Ich dachte nicht im entferntesten daran, daß ich »smart« aussehen sollte. Dort sah ich auch zum ersten Male die großen Chrysanthemen, die, da das Wetter so schön und warm war, auf der Straße feilgeboten wurden. Mein Kleiner streckte seine Ärmchen nach den Blumen aus, und so zog ich mit dem Buben und einer großen Blume einher.

Wir wählten ein Schiff mit dem Namen »City of Berlin« (ich weiß nicht, ob es heute noch existiert).[57] Ich war glückselig, nun endlich einen Raum zu haben, aus dem ich nun vierzehn Tage nicht herausmußte und den ich sicher nicht wechseln mußte.

Mein Bruder begleitete uns noch in die Kabine, und als die Glocke zum Verlassen des Schiffes mahnte, nahm ich von Europa und leider auch von ihm Abschied.

Es war ein kleines Schiff, aber es hatte Gasbeleuchtung, während die Schiffe in Antwerpen nur Öllampen gehabt hätten. Es waren sechzig Passagiere erster Klasse, von denen mir der Schauspieler Frances Wilson[58] und seine Frau besonders im Gedächtnis geblieben sind, da wir öfters zusammen sprachen. Frau Wilson ermunterte mich und riet mir, in New York eine »schwarze Mammy« für den Buben zu nehmen, da sie für solch ein Kind das beste wären und viel Treue und Anhänglichkeit bewiesen. Alles war englisch an Bord, nur ein junger Russe sprach deutsch. Er hielt sich auch meistens in unserer Gesellschaft auf. Unser Kind war ein richtiges »Schiffsbaby« und wurde von allen verwöhnt. Im Speisesaal machte er seine ersten Schritte, indem er sich an jeden festen Stuhl anklammerte und sich von einem zum anderen fortbewegte. Ich lag meist in der Kabine, denn es war sehr schlechtes Wetter. Der Bub krabbelte um mich herum. Wenn der Vater in die Kabine kam, um uns beide zu versorgen, lag das Kind still und ruhig da, aber im Moment, wo er den Rücken kehrte, stand der Kleine wieder auf zum Spielen, am geeignetsten fand er dafür meine Haare.

Passagierliste der »City of Berlin«

So waren zwölf Tage unserer Reise glücklich überstanden, und da ich mich wohler fühlte und das Wetter gut war, saßen wir auf Deck. Da erzählte mir eine geschwätzige Dame, daß das Schwesterschiff unseres Bootes, die »City of Chicago«[59], im Sturm gekentert sei, und gerade in der Gegend, in der wir gerade fuhren. Aber mir konnte man nicht bange machen, denn wir fuhren ja unserem Glück entgegen. Und wirklich landeten wir am 28. November glücklich im Hafen von New York.

14. Kapitel
Schwerer Start in New York

Das Auslösen des Gepäcks war auch damals mit Schwierigkeiten verbunden, darum ließ mich mein Mann in der Hütte des Zollbeamten, während er sich um die Koffer kümmerte. Allein der Beamte, der in diesem Warteraum hantierte, huldigte der Unsitte des Ausspuckens sehr ausgiebig, ja, er trieb es so weit, daß er über mich hinweg zielbewußt in den Spucknapf spuckte. Dies verursachte mir solchen Ekel, daß ich trotz der schneidenden Kälte lieber am Dock draußen wartete und mich mit dem Kind ins Freie flüchtete.

Der erste Eindruck der Neuen Welt war schrecklich ... flatternde Wäsche überall von den Höhen, grauenhafte schmutzige Straßen, das ungeheure Getriebe in der unteren Stadt ... Da wir für einen Privatwagen kein Geld hatten, stiegen wir in eine Straßenbahn, und nach zwei Wochen schwerer Schiffsreise mit einem einjährigen Kind landeten wir an der neunten Straße und dem Broadway ...

Die ganze Zeit hatte mir mein Mann von Freunden erzählt, die sich unser annehmen würden. In London hatten wir uns sogar zu einem Kabel aufgeschwungen und gebeten, daß die Freunde für Unterkunft sorgen sollten, da wir doch dreieinhalb Mann hoch ankommen. Natürlich war niemand am Pier gewesen, um uns abzuholen. Daher fuhren wir in das Geschäft des Freundes. Da lernten wir nun den echten Amerikaner kennen. Er saß ruhig an seinem Pult, und als mein Mann ihn fragte, ob er denn unser Kabel nicht erhalten habe, bejahte er es und sagte: »Hier in Amerika sucht jeder allein seine Wohnung.«

Als dann mein Mann auf meinen Zustand und das kleine Kind hinwies, erzählte er, daß er jetzt mit einer Spanierin verheiratet sei und bei einer Hamburger Familie wohne, bei der wir eventuell auch unterkommen könnten.

So saßen wir in dem Bureau und warteten, bis unser Freund Zeit hatte und mit uns in der Straßenbahn in die 84. Straße und Lexington Avenue fuhr. Das war mein Eintritt in das Gelobte Land!

Vier enge Treppen mußten wir hinaufsteigen, mein Mann trug das Kind. Da waren wir nun in einem richtigen New Yorker »Flat«, wo der Freund meines Mannes drei Zimmer innehatte. Die Frau, die die Zimmer vermietete, begrüßte uns mit Freuden, da ihr unser Name von Hamburg her bekannt war. Ich versuchte die Tränen zu verschlucken, die mir unwillkürlich über die Wangen liefen. Das tiefste Heimweh hatte mich mit solcher Macht gepackt, daß mein Mann mich fortführte, in Fleischmanns Restaurant,[60] das ganz auf deutsche Art geführt wurde, und hoffte, daß mich das deutsche Milieu und die deutschen Speisen, man erhielt sogar Wiener Küche, erheitern würden. Es war schon ziemlich Nachmittag geworden. Wir gingen dann wieder zu unseren Freunden. Das arme Kind krabbelte am Boden herum. Nach dem Abendessen gingen die beiden Männer hinunter, um eine Unterkunft für uns zu suchen, da wir die Gastfreundschaft unserer Freunde nicht mißbrauchen [wollten] und da ja auch in der kleinen Wohnung, in der die befreundete Familie wohnte, kein Platz für uns war. Ich wartete mit dem Jungen im Arm, bis er schlief und bis mein Mann zurückkam und Unterkunft gefunden hatte. Es war neben dem großen Apartmenthaus ein kleines Holzhaus, wo eine deutsche Frau ein Boardinghaus für Arbeiter hielt. Vorne war das sogenannte Parlour mit einem Balkon auf die Gasse, und das rückwärtige Zimmer mit einem »Folding«-Bett vermietete sie uns.

Um acht Uhr abends stieg ich wieder die Stiegen herunter, um meine neue Wohnung zu besichtigen. Dieses Unikum von einem Bett war ein Spiegelkasten, den man herunterlassen konnte und aus dem so ein Bett wurde. Das Kind betteten wir auf zwei Stühlen. Wer kann ermessen, mit welchen Gefühlen ich die erste Nacht verbrachte. Bei jeder Bewegung krachte der Spiegel, und man schwebte in beständiger Angst, daß er in Scherben geht, denn dann hätten wir nach dem Aberglauben sieben Jahre kein Glück gehabt. Dieses Gefühl machte die Nacht nicht angenehmer. Das Wetter war sehr angenehm, und die deutsche Frau schien gutherzig, eine echte Frau aus dem Volke. Sie kam öfter herein, um mir behilflich zu sein. Da Vater gleich in der Früh wegging, saß ich mit dem Kind auf dem Balkon und ließ die Bilder der Stadt an mir vorüberziehen. Ich sah zur Mittagszeit Männer, Weiber und Kinder in einem Haus verschwinden. Jeder hatte ein Blechgefäß, wie wir sie für Milch benützen, in der Hand. Ich fragte meine Hausfrau, ob die New Yorker so viel Milch trinken, da lachte sie und erklärte mir, daß da drüben ein »Saloon« sei, in dem man gutes Bier bekomme, und daß sich die Leute alle das frisch gezapfte Bier holen.

Um sechs Uhr abends kam Vater immer heim, fand mich aber meistens in Tränen aufgelöst, da ich untertags die »Staatszeitung«[61] studierte und ganz entsetzt war über die Greuel, die hier geschehen konnten. Zum Essen waren wir wohl immer oben bei unseren Freunden geladen, aber die Stiegen waren so schwer für mich zu steigen, daß sie mir das ganze Essen verleideten. So hieß es überlegen, wo wir unterkommen sollten. Auf der Westseite war es zu teuer. Allein Vater kannte ja die Stadt, und so sahen wir uns verschiedenes an. Er hatte schon viel gesehen und zeigte mir von der Auslese, die er getroffen, eine Wohnung in der 116. Straße in einem »Elevator«haus (das heißt ein Haus mit Aufzug); hoch oben vermieteten eine Mutter und Tochter, die uns aufnehmen wollten. Während mein Mann draußen wegen des Preises verhandelte, setzte sich die alte irische Frau zu mir und sagte: »He has such a good look; he will not leave you.« Ich sah sie mit Staunen an, da ich nicht verstand, was sie meinte, aber sie drückte mir die Hand und war so teilnehmend, daß ich sie fragte, was sie eigentlich meine. Und da erklärte sie, daß sie glaubte, daß mich mein Liebhaber nach Amerika gebracht habe, damit ich hier das Kind zur Welt bringe, und daß er aber so ehrlich aussehe, daß sie nicht glaube, daß er mich dann verlassen würde, wenn das Kind da sei. Ich war sehr betroffen und erzählte ihr zu ihrem grenzenlosen Erstaunen, daß ich bereits zehn Jahre verheiratet sei und noch drei Kinder zu Hause habe.

Sie hatte wohl schon viel derartiges gesehen. Mir aber gab sie das Gefühl einer armen Verlassenen, und ich wollte nicht mehr in diese Wohnung ziehen. Um das Suchen zu erleichtern, setzte mein Mann eine Annonce in die »Times«, und wir erhielten bei hundert Antworten. Mein Mann benutzte den Sonntag, um sie zu ordnen und zu sichten. Von allen den vielen Briefen, die wir erhalten hatten, stach ein Brief besonders heraus. Es war ein deutscher Brief, voll echtem Gefühl und intelligent geschrieben. Eine Witwe mit drei Töchtern und einem Sohn bot uns ihr Haus als Heim an. Und als wir es sahen und mit dem Preis einig wurden, mieteten wir bei ihnen. Es war ein Privathaus in der 62. Straße und Lexington Avenue. Wir hatten Parlour und Backparlour zur Verfügung. Alle im Haus sprachen deutsch. Die beiden reizend schönen Töchter, Irma und Felicitas, hatten Stellen und verließen das Haus zeitig in der Früh, die jüngste Tochter ging noch in die Schule, ebenso ein Knabe zwischen sieben und acht Jahren. Es war eine deutsche adelige Familie, deren Geschichte ich nicht kannte, aber die Frau war so nett und bescheiden, daß ich ganz glücklich war, Ansprache zu haben. Wenn die Töchter abends nach Hause kamen, war unser kleiner Junge das Nesthäkchen und wurde von allen verwöhnt. Wenn Vater nach Hause kam, lag der Kleine bereits mit Hilfe der beiden Mädchen im Bett, und wir konnten fortgehen, um zu Abend zu essen. Dann waren in dem Haus außer den fünf Familienmitgliedern noch fünf andere Menschen, die sie als Verwandte vorstellte, natürlich entpuppte sich das Ganze später als Boardinghouse (Pension), allein wir fühlten uns so wohl und zahlten nur sechzehn Dollar die Woche, daß wir uns nicht weiter darum kümmerten. Wir hatten ein Heim, und ich war für die erste Zeit ganz glücklich. Zu Weihnachten kaufte Vater für fünfzig Cent einen großen Baum, und die Mädchen putzten ihn auf. Wir feierten Weihnachten, alle um den Tisch herum, und lasen die

Briefe, die aus der Heimat gekommen waren und die uns von den zurückgelassenen Kindern erzählten, denen es, Gott sei Dank, gutging. Die Zeit meiner Niederkunft rückte heran. Alle Bekannten rieten mir, in ein Spital zu gehen, aber mir war der Gedanke, daß ein Mensch das Licht der Welt in einem Spital erblicken sollte, so schrecklich, daß unsere Hausfrau mir versicherte, ich könnte ganz gut das Ganze im Hause absolvieren.

Anfangs Dezember kam Vater einmal freudestrahlend nach Hause und erzählte ganz glücklich, daß er eine Stelle in der Produce Exchange (Produktenbörse)[62] in seinem Fach angenommen habe. Als ich nach der Höhe des Gehaltes fragte, erklärte er mir, daß er ein Drittel vom Reingewinn erhalte von allen Geschäften, die er bringe. Wir hatten von zu Hause aus so viel Geld mit, daß wir im Monat hundert Gulden oder vierzig Dollar auszugeben hatten. Damit fingen wir unser Leben in der Neuen Welt an. Das erste, was wir kauften, war ein Bettchen für den Jungen für achtzehn Dollar und einen hohen Stuhl für zwölf Dollar, so daß für den ganzen Monat nur zehn Dollar übrigblieben. Aber das Vertrauen in meines Mannes Tüchtigkeit ließ mich zuversichtlich in die Zukunft blicken. Tag und Nacht bat ich den lieben Gott wie ein frommes Kind, daß die schwere Stunde, der ich entgegensah, nur an einem Sonntag kommen sollte, damit mein Mann zu Hause sein könne, denn was sollte ich in der Zeit mit dem dreizehn Monate alten Buben anfangen, wenn ich allein wäre? Eine alte Freundin in Wien hatte mir die Adresse ihrer beiden in New York lebenden Brüder gegeben. Die Frau des einen hatte mir einen Arzt und eine Wärterin empfohlen. Samstag, den 14. Januar, kam Vater ganz glücklich heim, mit der frohen Botschaft, daß er das erste Geschäft abgeschlossen habe, daß der Reingewinn 2400 Dollar betrage und ihm laut Vertrag davon 800 Dollar gehörten. Wir dünkten uns die reinen Vanderbilts.[63] Und am nächsten Morgen, richtig an einem Sonntag um acht Uhr, weckte ich meinen Mann, und um neun Uhr war das Kind geboren. Zur Erinnerung an unser Leben in dem Boardinghouse nannte ich das Mädchen nach der schönen Tochter unserer Hausfrau.[64] Mein Mann fügte noch Felicitas hinzu. Ich war so wohl, daß ich am vierten Tag nach Hause schrieb: Hier ist ein neuer Zug eingeführt, der die Reise von Chicago nach New York statt in vierundzwanzig Stunden in achtzehn Stunden macht. Mit dem Zug muß auch mein amerikanisches Kind gekommen sein. Das Wochenbett war ideal, aber die Wärterin war schrecklich. Sie saß den ganzen Tag unten in der Küche und ließ mich mit den zwei Kindern allein. Am zwölften Tage schickte ich sie weg und machte mir lieber alles selber. So schwach ich war, schleppte ich den Jungen immer mit, wenn ich hinunterging Milch für das Baby wärmen. Ich hatte auch versucht, mir ein Mädchen zu nehmen, aber ich mußte es wieder aufgeben, da es zu viel Unruhe im Hause gab. So verlebte ich mit den zwei Kleinen schwere Tage, aber ich klagte niemals, damit mein Mann, frei von allen Sorgen, seiner neuen Arbeit nachgehen konnte. Wir hatten sehr nette Freunde, die uns mit Rat und Tat beistanden. Nachdem wir wieder eine Annonce aufgegeben hatten, fanden wir eine möblierte Wohnung in der 84. Straße zwischen Lexington und Park Avenue. Ein Flat, eine Wohnung, die uns ein annehmbares Heim bieten sollte. Mich hatten zwei Gummibäume bestochen, die im sogenannten Parlour standen. Die Wohnungsverhältnisse waren damals sehr primitiv und die Anordnung der Zimmer ungewohnt. Zuerst kam ein Zimmer mit zwei Fenstern auf die Gasse, dann ein langer Gang, der in drei Räume abgeteilt war, deren letzter, das Backparlour, meist dunkel war und meines Mannes Schlafraum wurde, dann ein kleines Loch, in dem der kleine Junge schlief, anschließend ein helles Zimmer, meist Schlafzimmer, aber von uns als Kinderzimmer benützt, und dann kam die Küche. Die Wohnung war so verschieden von dem, was ich in Wien gewöhnt war, daß ich mir eine neue Krankheit andichtete: die »Flatstimmung«. Alles war anders als in Wien, der Ofen, der Herd war derart, wie ich es noch nie gesehen hatte. Man mußte zuerst mit kleinen viereckigen Holzstücken unterzünden und dann einen Kübel Kohle daraufschütten; aber trotz aller Versuche war ich nicht imstande, ein Feuer zu unterhalten. Überfluß hatte ich nur an Wäscheklammern, und die verbrannte ich jetzt alle, um die Milch für das Kleinste zu wärmen. Eine Dame, bei der mein Mann zuerst gewohnt hatte, schickte mir eine Frau, die mir helfen sollte und die vormittag zu mir kam. Am Samstag abend sah mein Mann diese Bedienerin und lud sie ein, auch sonntags zu kommen und ihre zwei Kinder mitzubringen, damit wir das erste Sonntagsessen im neuen Heim abhalten könnten. Ich fragte sie, ob sie wirklich am Sonntag kommen wolle, worauf mein Mann hinwarf: »Warum soll sie nicht kommen, sie hat ja dann auch das Essen für die Kinder.« Und so gingen wir beruhigt und glücklich zu Bett. Wir freuten uns auf das erste Sonntagsessen in der Neuen Welt im neuen Heim und wußten, daß es mit unserer Aushilfe gut geraten würde. Die Kleinen weckten mich am nächsten Morgen zeitig. Ich wartete bis acht Uhr, dann bis neun Uhr, aber die Frau erschien nicht. Ich war beunruhigt, fürchtete, daß eines ihrer Kinder vielleicht krank geworden, richtete das Frühstück und bat meinen Mann nachzusehen, was die Ursache sei, daß die Frau ihre Zusage nicht eingehalten hat. Alles war eingekauft. Ich hatte alle Hände vollauf mit den zwei Kindern zu tun und wartete mit Ungeduld auf die Rückkehr meines Mannes, hoffend, daß er die Frau mitbringen würde, und doch wieder fürchtend, daß der armen Frau etwas zugestoßen sei. Aber wie erstaunt war ich, als mein Mann allein zurückkehrte und mir erzählte, er habe die Frau seelenruhig mit ihren Kindern beim Frühstück sitzend vorgefunden, ohne irgendwelche Gewissensbisse, daß sie mich in meiner Bedrängnis so treulos im Stich gelassen hatte. Sie hatte sich über die Bemerkung meines Mannes, daß sie um des Essens der Kinder willen kommen würde, beleidigt gefühlt und wollte uns ihre Unabhängigkeit beweisen. Andere Länder, andere Sitten.

Am nächsten Morgen gaben wir wieder eine Annonce in der »Times« auf. Wir nahmen ein nettes deutsches älteres Mädchen auf, das den für damalige Zeiten enormen Lohn von zwanzig Dollar erhielt. Ich verzichtete gern auf jeden Genuß, wenn ich nur die Kinder gut versorgt wußte. Da die Kinder auch in New York viel frische Luft brauchten, das Wetter schön war und ich nicht imstande war, den Doppelwagen mit den beiden Kindern zu führen, ging die treue Marie den ganzen Vormittag mit ihnen im Park auf und ab. Ich wusch, kochte, räumte auf und hielt alles in Ordnung, so daß Vater in Ruhe seinen Geschäften nachgehen konnte. Ich bekam zehn Dollar wöchentlich für den Haushalt und bestritt damit meine Ausgaben, stolz darauf, wenn ich noch einige Cent davon ersparen konnte. Für die ersten acht Dollar, die ich so erspart hatte, kaufte ich meinem Mann ein Solinger Etui für Handpflege, das heute noch in meinem Besitz ist.

New York war wirklich das Land, wo Milch und Honig floß. Alles war billig, und wenn ich an einem Bau vorüberging und zur Mittagszeit beobachtete, woraus das Mittagessen der Arbeiter bestand, sah ich mit Freude, daß zu einem gewöhnlichen Mittagbrot Sardinen, frische Wurst, ein Liter Bier und noch gar manches andere gehörte, was sich bei uns ein Arbeiter nicht leisten konnte. Sardinen waren damals in Wien noch ein Luxus gewesen, und wenn ich Mutter eine Freude machen wollte, so brachte ich, die damals Siebzehnjährige, ihr von dem selbstverdienten Geld eine Büchse Sardinen, und es war immer für uns ein Feiertag, wenn jedes von uns eine Sardine erhielt. Ähnlich war es mit der Ananas. Einmal hatte ich als junge Frau als Geburtstagsgeschenk eine

Ananas zu schenken bekommen, von der ich wußte, daß sie einen ziemlichen Wert repräsentierte. Ich hatte sie als Schmuck auf meinem Speisezimmertisch stehen und konnte mich nicht entschließen, sie zu verspeisen, bis sie verfault war. Hier kostete eine Ananas acht Cent, und die Kinder aßen sie wie bei uns die Äpfel. Hier war alles gesegnet, jeder konnte von dem Segen der fruchtbaren Erde genießen. Arm und reich kann sich nach Herzenslust satt essen. Wie verwundert war ich, den weißgedeckten Tisch mit dem reichlichen Essen bei der Hausmeisterin unseres Hauses zu sehen, und verglich damit in Gedanken, wie bei uns in Wien diese Leute leben müssen. Hier ist die Demokratie wirklich zu Hause. Jeder Mensch ist anständig und nach der Mode gekleidet. Nie sah ich ein Kind, auch aus den ärmsten Kreisen, barfuß gehen. Nie sah ich ein Elend wie bei uns in den Vorstädten. Ein gesegnetes Land und doch wie anders als zu Hause. Wie oft saß ich in Tränen aufgelöst, wenn ich die Schaudergeschichten in der Zeitung las. Der 4. Juli[65] mit seinem Geschieße, Neujahrsabend mit dem ohrenbetäubenden Lärm, mit der Schießerei um Mitternacht, Freudenbezeugungen durch Lärm, alles wild wie in unseren Indianergeschichten – Amerika, du bist anders! Die Worte Goethes »Amerika, du hast es besser als unser alter Kontinent«[66] sind sicher richtig – aber für ein österreichisches Herz voll Gefühl und Sentimentalität fehlt so manches, deshalb ist es so unendlich schwer, sich einzugewöhnen, und man bleibt doch irgendwie ein Fremder in der Neuen Welt.

15. KAPITEL

Ankunft der beiden ältesten Töchter aus Wien

Zu allem kam die Sehnsucht nach den Kindern, die wir in Wien zurückgelassen hatten. Nur alle vierzehn Tage konnten wir uns freimachen und den Sonntag am Meer oder in der Umgebung verbringen. Einmal sahen wir da ein großes Plakat, auf dem ein Mädchen mit langen Zöpfen abgebildet war, das unserer Ältesten so ähnlich sah, daß uns die Sehnsucht übermannte und wir keine Freude mehr an dem Ausflug hatten. Mein Mann hatte sich inzwischen fein hinaufgearbeitet, trotzdem er immer nur ein Drittel des Reingewinnes bekam. Im August sahen wir freier in die Zukunft. Wir hatten schön erspart, und nun schrieben wir nach Wien, daß wir jetzt imstande wären, die zurückgelassenen Kinder selbst zu ernähren und daß sie nun auch herüberkommen könnten. Mein Bruder Sigmund beteuerte zwar, daß sich die Kinder sehr gut entwickelten und daß sie die beiden gerne noch behalten würden, wenn es uns irgendwie Schwierigkeiten machen würde. Aber mein Mann hatte im August wieder größere Einnahmen gehabt, und außerdem hatten wir in Erfahrung gebracht, daß man in der 139. Straße für vierzig Dollar sehr hübsche Häuschen mieten könne, die hauptsächlich für Familien mit mehreren Kindern berechnet waren.

Wir sahen uns diese Häuschen, die in einer Privatstraße lagen, an. Es waren kleine nette Backsteinhäuschen mit acht Zimmern, zwei Stock hoch, ein kleines Gärtchen rundherum. Die andere Seite der Straße nicht verbaut, sondern Gartenanlagen und gerade vis-à-vis eine Schule. Wir entschlossen uns sofort, kauften für 800 Dollar Möbel, ließen die Boden mit Juteteppichen belegen. Begleitet von Marie, der treuen Seele, übersiedelten wir in unser Haus, 743 East, 139. Straße. Der Kleine[67] war damals achtzehn Monate, das Baby fünf Monate alt. Der kleine Hof gab den Kindern Luft und Bewegungsfreiheit, und wenn es zu heiß wurde, saßen wir bis tief in die Nacht hinein auf den Stufen vor unserem Hause, nachdem die Kleinen in dem Zwillingswagen gebettet waren. Natürlich war unser Glück nicht vollständig, weil wir unsere zwei großen Kinder noch nicht bei uns hatten. Der heiße Sommer ging mit Plänen dahin, wie wir die beiden am besten herüberbringen könnten. Wir hatten bereits einen sehr schönen Bekanntenkreis, und mein Mann dachte daran, die kluge Schwägerin R.[68] kommen zu lassen, die sicher auch hier mit ihrer Fertigkeit und künstlerischem Wesen in Zeichnen und Kunstarbeiten einen schönen Wirkungskreis finden könnte. Aber R. hatte sich inzwischen drüben ein Atelier eingerichtet gehabt und wollte nicht wieder alles aufgeben. Und andere Pläne gingen hinüber nach Europa und kamen zurück. Dann wurde beschlossen, daß die jüngste Schwester[69] mit den Kindern kommen sollte, und die Eltern waren einverstanden, sie mit unseren Kindern ziehen zu lassen.

Aber der Mensch denkt, und das Schicksal lenkt. Der Sommer war unbeschreiblich heiß, namentlich für Menschen, die nicht an das Klima gewöhnt waren. Wir saßen oft bis zwei Uhr nachts auf den Stufen vor unserem Haus, weil es in den Zimmern nicht auszuhalten war. Auch wir sollten die durch die Hitze verursachten Schrecken des sogenannten »zweiten Sommers« kennenlernen. An einem Nachmittag hatte ich Besuch. Ich wollte meiner Bekannten den Jungen zeigen. Als ich das Kind aus seinem Bettchen holte, erschrak ich tödlich, denn es war von Krämpfen verzerrt, so daß ich es gar nicht erkannte. Erschrocken rannte ich zum nächsten Arzt, während die Dame das Kind betreute. Der amerikanische Doktor kam gleich mit mir und verordnete ein heißes Bad und als Nahrung Milch in der Flasche. Aber es ging immer schlechter, verzweifelt vergaßen wir im Schmerz und der Angst, den einzigen Sohn zu verlieren, sogar die Reise der Wiener Kinder zu ordnen. Das arme Würmchen wurde immer schmäler und schmäler. Eines Tages saß ich mit ihm am Fenster, als die gegenüberwohnende Nachbarin mich fragte, warum sie den Kleinen seit Tagen nicht im Hof gesehen habe. Ich erzählte ihr mein Leid, daß der Junge krank sei und welche Angst wir um ihn litten. Sie war eine erfahrene Frau, die die New Yorker Verhältnisse genau kannte. Sie überredete mich, einen zweiten Arzt zuzuziehen, und zwar ihren Hausarzt aus der 116. Straße. Ich befolgte ihren Rat und holte gleich den Arzt. Der war entsetzt über die Milchnahrung, die ihm der Arzt verordnet hatte, gab uns aber Hoffnung, das Leben noch zu retten. Wir verlebten bittere Tage und Nächte. Aber es ging besser. Die Entleerungen hörten auf, und langsam, langsam, wie eine zarte Pflanze, erholte sich der Kleine und ward uns zum zweiten Male geschenkt.

In diesem Jahr war die Sterblichkeit der kleinen Kinder in New York besonders groß gewesen, und die Angst der Mütter vor dem »zweiten Sommer«, wenn die Kleinen während des Zahnens unter der fürchterlichen Hitze leiden mußten und leicht erkrankten, noch vermehrt. Der große Philanthrop Nathan Straus[70] gründete damals die Stationen für verbesserte Milch, sandte erfahrene Pflegerinnen in die großen Miethäuser, um die irischen und italienischen Mütter in der Pflege der Kinder zu unterweisen. Seine pasteurisierte Milch, die er umsonst verteilen ließ, wirkte Wunder, und die Statistik lehrte, daß ein starker Rückgang in der Kindersterblichkeit seit dieser Aktion eingesetzt hatte.

Wie ein Gespenst stand den jungen Müttern der zweite Sommer vor Augen. Lange konnte ich die Antwort nicht vergessen, die mir eine junge Arbeiterfrau gegeben hatte, als ich mich nach ihrem reizenden wohlgepflegten Kinde, das sie vor sich im Wagen schob, erkundigte: Ich fragte, wie alt das Kind sei, und sie sagte: »Es ist jetzt sechzehn Monate. Ist es nicht schrecklich, daß ich es im zweiten Sommer verlieren muß?« Abends erzählte ich meinem Mann diese Bemerkung und machte noch die humorvolle Anmerkung dazu, wieso es doch so viele Amerikaner gäbe, wenn sie doch alle im zweiten Sommer sterben müßten. Jetzt ist das Schreckgespenst durch die Wissenschaft und edle Menschen gebannt.

Mit all den bangen schweren Tagen war es Oktober geworden. In Wien waren meine Eltern beunruhigt, weil wir so plötzlich alle Verhandlungen wegen der Reise der Kinder abgebrochen hatten. Aber wie konnte man Muße finden zu schreiben, wenn das ganze Sinnen, Trachten, Hoffen, Sehnen nur in dem einen Wunsche lag, daß der Junge uns erhalten bleibe.

Als er endlich ganz außer Gefahr war, schrieben wir sofort, und wirklich – am 2. November kam meine jüngste Schwester P. mit den Kindern in New York an.[71] Noch heute tut es mir entsetzlich leid, daß ich die Kinder nicht vom Schiff abgeholt habe, aber mein Mann dachte, der Empfang im Heim wäre netter.

Es war ein herrlicher Herbsttag, wie es in New York so oft vorkommt. Ich wartete mit dem Kleinen auf der Straße. So brav und geduldig ich bis jetzt gewesen war, so glaubte ich jetzt, so nahe der Erfüllung, die Zeit nicht erleben zu können. Die Minuten wurden zu Stunden, und mein Herz klopfte zum Zerspringen, bis ich endlich die Kinder die Straße heraufkommen sah, so herzig und lieb und gut aussehend, da sie, trotz der Herbststürme, eine gute Überfahrt gehabt hatten. Die Mädchen waren so artig mit ihren Geschwistern, so liebevoll, daß ich ganz glücklich war.

Vor Wochen hatte ich ein Erlebnis gehabt. Ich hatte in der 125. Straße alles für den Empfang der Kinder eingekauft, als ich dort in der Menge eine alte Schulfreundin fand. Ich stand vor den großen Auslagen, so weltverlassen, mit solch tiefer Sehnsucht nach der Heimat, und blickte in die Menge der Beschauer, die vorüberzog, indem ich dachte, wie fremd mir dies alles sei. Da sah ich plötzlich bekannte Züge, näherte mich der Dame und sprach sie an. Erst erkannte sie mich nicht, und erst nach und nach dämmerte ihr die Erinnerung auf, und mit den Worten »Ja, du bist ja die Anna Freud« lagen wir uns in den Armen. Es war zirka eine Woche bevor die Kinder ankamen; diese Kindheitserinnerung hatte mich froh und zufrieden gemacht. Ich nahm sie als ein gutes Omen.

16. Kapitel
Geburt des fünften Kindes

Nun mußte alles in einen geordneten Gang gebracht werden. Die treue Marie tat ihr Bestes, um mit meiner Hilfe allen sieben Personen gerecht zu werden. Das war nicht so leicht, mit zwei so kleinen Kindern und zweien, die sich erst eingewöhnen mußten. Dazu kam noch, daß mich leider meine Schwester, an der ich eine Stütze zu finden gehofft hatte, recht enttäuschte. Sie war die jüngste von sieben Geschwistern und ein richtiges Nesthäkchen, das von allen verwöhnt worden war. Sie konnte sich in die bescheidenen Verhältnisse nicht hineinfinden. Anstatt Erleichterung hatte ich nur Verdruß durch sie, weil sie sich an die amerikanischen Sitten nicht gewöhnen wollte und sich noch durch aufrührerische Reden beeinflussen ließ. Zum Glück konnte sie ihre künstlerische Begabung verwerten. Amerika ist das Land, wo man leicht Geld verdienen kann, und sie hatte bald einen lohnenden Verdienst gefunden. Sie gab Unterricht in künstlerischen Handarbeiten, hatte einen Kurs von acht bis zehn Damen und bekam für die Stunde zehn Dollar. Die weiblichen Handarbeiten sind in Amerika nur sehr wenig gepflegt, da die wenigsten Frauen ein Mädchen haben, alles selber machen und keine Zeit für Handarbeiten übrig haben. Meine Schwester war sehr gesucht und fast den ganzen Tag nicht zu Hause. Ich hatte mit meinen Kindern, von denen ja zwei zusammen noch nicht drei Jahre alt waren, alle Hände voll zu tun. Um die Größeren besser einzugewöhnen, hatte ich mit einer der Lehrerinnen der unserer Wohnung gerade gegenüberliegenden Volksschule gesprochen. Ich hatte sie zum Lunch eingeladen und mit ihr besprochen, daß sie gegen ein mäßiges Honorar den zwei größeren Mädchen Unterricht im Englischen geben solle. Sie sprach natürlich nur englisch, kam nach ihrem Unterricht zu uns, und in zwei Monaten waren die zwei Mädchen so weit, daß sie die Schule besuchen konnten. Und im zweiten Semester durften beide ihres guten Fortganges wegen in eine höhere Klasse aufsteigen. War das ein Elternstolz!

Der Haushalt wurde mit dieser Regelung durch die Schule wesentlich erleichtert. Für die Kleinen hatte ich ein Mädchen genommen, das beide in ihrem Wagen spazierenführte. Als dann im Frühjahr der kleine Hof einen Garten ersetzte, ich Blumen pflanzen konnte und die Kinder im Freien spielen konnten, lauteten meine Briefe in die Heimat glücklich. Die Kinder gediehen, Vater war fleißig und war mit den Resultaten seiner Arbeit zufrieden, und wenn wir auch auf alle kostspieligen Genüsse verzichten mußten, so sahen wir doch froh in die Zukunft. Unser Verkehr bestand hauptsächlich aus Österreichern. Zu Weihnachten waren wir zu der Hochzeit eines sechzehnjährigen Mädchens geladen. Vorher hatte mein Mann mit meiner Schwester ernstlich gesprochen und ihr gesagt, wenn es ihr hier nicht behage, werde er gerne die Reisekosten bestreiten und sie nach Hause zurückschicken. Sie sollte es sich in den nächsten Tagen überlegen. Die Familie, zu der wir zur Hochzeit geladen waren, kam aus Wien. Der Vater hatte dort sein Vermögen verloren und kam mit seiner Frau und zwei erwachsenen Kindern herüber, vertrauend, daß vier gesunde und kluge Menschen hier wohl ihr Auskommen finden würden. Der Sohn verwertete seine musikalischen Kenntnisse und gab Klavierstunden, während der Vater mit seinem Unternehmen leider nicht erfolgreich war. Allein die Frau war so tüchtig, daß sie ein großes Geschäft aufbaute und den Sohn zurück nach Wien schickte, damit er seine Studien vollenden konnte. Die Tochter, ein sechzehnjähriges Mädchen, heiratete einen älteren Mann, den sie hier kennengelernt hatte. Zu dieser Hochzeit waren wir nun geladen, die in einem kleinen Flat in der 72. Straße stattfand. Wir hatten meine Schwester mitgenommen, die in ihrer Jugend riesig gefiel. Plötzlich vermißte ich meine Schwester, trotzdem die

Wohnung nur klein war, konnte ich sie nicht entdecken. Plötzlich fand ich sie im Vorzimmer, wo ihr ein Cousin des Bräutigams zu Füßen lag und seine Liebe erklärte. Mein Entsetzen kann man sich vorstellen. Aber ich tat, als wenn ich nichts gesehen hätte. Am Nachhauseweg erzählte sie mir dann das ganze Abenteuer, und am nächsten Tag kam der junge Mann bereits zu meinem Mann, um die Hand der Schwester anzuhalten. Mein Mann fühlte sich, als Vertreter der Eltern, verantwortlich und erklärte, daß er, da er ja den jungen Mann gar nicht kannte, erst Erkundigungen einziehen müsse, bevor er das Jawort geben könne. Es war ein prachtvoller junger Mann, der schon seit fünf Jahren in New York lebte. Er war Leiter in einem großen Geschäft, von dem wir die beste Auskunft erhielten. Und auch in den Pensionen, in denen er gewohnt hatte, bekamen wir enthusiastische Auskünfte, da alle Pensionsinhaberinnen ihn gern als Schwiegersohn gehabt hätten. So wurde die Verlobung gefeiert, und meine Schwester gab die Gedanken an die Heimreise auf. Am 6. Januar, nachdem es ihm erlaubt worden war, seine Braut zu besuchen, kam meine Schwester mit ihrem Bräutigam vom oberen Stock herunter und sagte mir: »Du kannst ihn küssen, er wird dein Schwager.«

Große Freude war in Wien, als wir die Nachricht hinüberkabelten. Vorerst wollte meine Schwester noch einmal vor der Hochzeit nach Hause fahren, aber ich riet ihr dringend davon ab. Ich las ihr immer wieder Lenaus Worte vor:

»Nie soll weiter sich im Land,
Lieb von Liebe wagen,
Als sich blühend in der Hand
Läßt die Rose tragen,
Oder als die Nachtigall
Halme trägt zum Neste,
Oder als ihr süßer Schall
Wandert mit dem Weste«,[72]

und sie beschloß, bei ihrem Liebsten zu bleiben. So hatten wir einen neuen lieben Hausgenossen. Trotzdem die Zeiten schwer waren, da ich das fünfte Kind erwartete, waren wir in unserem kleinen Häuschen doch sehr glücklich.

Natürlich war an einen Sommeraufenthalt nicht zu denken; meine Schwester ging mit einer begüterten Familie nach Long Beach, und ich blieb mit meinen Vieren in unserem kleinen Häuschen. Im September kam das Jüngste zur Welt. Unser früherer Arzt, der in der 62. Straße wohnte, wollte wegen der großen Entfernung die Behandlung nicht übernehmen (damals war das Telephon noch nicht so ausgebaut wie heute). Ich fand einen Arzt in unserer Nähe, der die Entbindung für fünfzehn Dollar übernahm. Am 13. September ließ ich ihn holen und war glückselig, als ich hörte, daß er verreist war. Nun bat ich meinen Mann, rasch zu meinem früheren Arzt zu fahren und ihn zu bitten, er solle mich nicht im Stiche lassen. Um elf Uhr öffnete ich noch selbst dem Arzt die Türe, und um zwölf Uhr, als die Kinder aus der Schule nach Hause kamen, schrie bereits das fünfte in dem kinderreichen Haushalt. Und nun gab es die berühmten drei Babys: der Knabe[73] dreieinhalb, Felicitas zweieinhalb Jahre und die kleine M.[74] Aber sie blieben alle gesund und gediehen. Ich arbeitete von sechs Uhr früh bis sechs Uhr abends unermüdet und vermißte selbst den Schlaf nicht, wenn mich die Kinder in der Nacht weckten.

17. Kapitel

Leben auf dem Lande – Geselligkeit in der Stadt – Erste Reise nach Europa

Nun rückte die Hochzeit meiner Schwester heran. Sie war die jüngste von sieben Geschwistern, jung und unerfahren und verwöhnt. Sie verstand die schlechten Zeiten nicht und ließ sich nicht ausreden, daß sie eine große Hochzeit haben müsse. Mit einem einzigen Mädchen und fünf Kindern hatte ich sowieso alle Hände voll zu tun. Dazu kamen nun noch die Vorbereitungen für die Hochzeit, die mich von früh bis spät in Anspruch nahmen, so daß sogar ich, die nie mit den Nerven zu tun hatte, ganz nervös wurde. Eines Nachmittags war ich wieder mit Arbeit so überhäuft, daß ich die beiden größeren Kinder zu unserer Nachbarin sandte, deren Töchterchen mit unserer Zweiten befreundet war. Nach einer halben Stunde kamen die beiden Kinder verstört und weinend zurück. Unsere Älteste hatte die Dame in einer Hängematte geschaukelt, aber leider zu hoch, so daß die Ärmste herausgefallen war und sich den Hals gebrochen hatte. Erschüttert warteten wir weitere Nachrichten ab. Doktor Frauenfeld, der die Dame behandelte (er hat sich dreißig Jahre später selbst den Tod gegeben), erklärte, daß man erst in zwölf Stunden wissen werde, ob die Frau gerettet sei. So stand ich zwischen diesen Gegensätzen. In unserem Haus wurde alles für die bevorstehende Hochzeit hergerichtet, und im Nebenhaus verhandelte man inzwischen wegen einer Operation auf Leben und Tod. Qualvolle Stunden habe ich durchlebt. Der Gedanke, daß die Frau sterben und meine Älteste die unfreiwillige Ursache sein könnte, machte mir das Blut in den Adern gerinnen. Das waren schwere Tage, bis ich wußte, daß sich alles zum Besten gewendet hatte.

In dieser aufgeregten Zeit mußte ich einmal unbedingt zur Schneiderin wegen meines Kleides für die Hochzeit. Bevor ich fortging, packte ich die beiden Kleinsten in den Zwillingswagen, damit das Mädchen sie in meiner Abwesenheit ein wenig spazierenführen konnte. Ich bildete mir ein, daß die Kinder zu tief liegen, bat das Mädchen, den Wagen zu halten, und lief ins Haus um einen Polster. Als ich sie höher gebettet hatte, kehrte ich ins Haus zurück. Wie ich mich noch einmal nach den Kindern umsah, bemerkte ich, wie sich der Wagen langsam bewegte. Das Mädchen war nicht da: ich wollte hinausstürzen, aber der Schreck lähmte mir die Glieder, ich konnte mich nicht von der Stelle rühren und mußte zusehen, wie der Wagen umkippte und die Kinder herausstürzten. Nun lief ich hin, um die Kinder aufzuheben, aber der berühmte Schutzengel oder Mutterns Kissen hatte sie gerettet. Sie schrien zwar aus Leibeskräften, aber wir nahmen sie herein, untersuchten sie, steckten ihnen die Milchflaschen in den Mund. Als ich sah, mit welchem Appetit sie tranken, und die Überzeugung hatte, daß nichts geschehen sei, ging ich zur Schneiderin. Als ich hinkam, erzählte ich die Geschichte meines Erlebnisses so anschaulich, daß eine Dame, die gerade zur Anprobe dort war, in Ohnmacht fiel. Wie mußte ich erzählt haben, um eine solche Wirkung hervorzubringen! Ich erledigte alles so rasch als möglich, denn ich war nur ein Nervenbündel und konnte das Heimkehren nicht erwarten. Ich fand die Kleinen vergnügt und in Ordnung, und auch von nebenan war die Nachricht gekommen, daß es anfing, besserzugehen. Die schweren Wolken schienen vorbeizuziehen, aber in der Nacht weckte uns die Älteste und klagte über Schmerzen im Fuß. Sie erzählte, daß sie barfuß bei der Tante gewesen sei, als diese das Brautkleid probierte, und sich dabei einen Nagel in den Fuß eingetreten habe. Da wir wußten, daß Dr. Frauenfeld noch in der Nacht zu unserer Nachbarin kam, ließen wir ihn herüberkommen. Er untersuchte den Fuß, machte mit Kokain einen Einschnitt, fand aber keinen Nagel. Dann wurde der Fuß verbunden, und wir konnten uns zur Ruhe begeben. Am nächsten Tag, dem 16. Juni, war die Hochzeit meiner Schwester.

Nach allen diesen Ereignissen war die Stimmung der Hochzeit sehr getrübt, und ich hätte sie am liebsten verschoben. Aber meine Schwester, fern von allem Aberglauben, bestand darauf, daß die Hochzeit abgehalten wurde. Das junge Paar ging nach der Trauung nach Bath Beach zu

Freunden. Im Oktober darauf nahmen sie sich eine hübsche Wohnung und schienen sehr glücklich.

Als der zweite Sommer herannahte, ging es uns so gut, daß wir der schrecklichen Hitze in der Stadt entfliehen konnten. Wir mieteten uns Zimmer in einem deutschen Boardinghaus in Bath Beach. Die Kinder konnten am Strand sitzen und spielen, während ich mit den Größeren im Meer badete. Wir fanden sehr nette Leute und verlebten sehr angenehme Zeiten. Wenn auch der glorreiche 4. Juli nie aus meinem Gedächtnis verschwinden wird, so war doch im großen und ganzen der erste amerikanische Landaufenthalt nicht ungünstig. Ich hatte eine alte Kinderfrau, die über die Kinder zu wachen hatte. Gewitzigt vom vorigen Jahr und in der Angst vor dem gefürchteten zweiten Sommer, hatte ich den Kindern von Mai an keine warme Milch mehr gegeben, und auch in der Nacht durften sie nichts bekommen. Der Kleine war so an mich gewöhnt, daß er immer, wenn ich von ihm fortging, schrecklich zu weinen anfing. Am 4. Juli, dem Nationalfeiertag der Amerikaner, waren wir in ein großes Hotel eingeladen, und mein Mann bestand darauf, daß ich ihn begleite, und so gingen wir, trotz des Geschreis des Kindes. Ich hatte aber keine Ruhe, und als ich nach Hause kam, fand ich das Kind in Krämpfen daliegend und ganz blau im Gesicht. Die Hausfrau half mir, den Kleinen rasch in ein heißes Bad zu stecken, und als er sich etwas erholt hatte, kam der rasch herbeigeholte Arzt. Der fragte als erstes, ob das Kind Bananen gegessen hatte. Aber ich selber hatte noch nie eine gegessen, noch viel weniger den Kindern gegeben. Die ganze Sache klärte sich dann auf ganz natürliche Weise auf. Die Kinderfrau hatte dem Kind, um Ruhe zu haben und schlafen zu können, die Milchflasche gegeben. Die Milch war sauer gewesen und hatte die Krämpfe bei dem Kleinen verursacht. Sonst blieben die Kinder aber gesund, trotzdem auch dieses Jahr eine fürchterliche Hitze herrschte. Die

Hitze hielt so lange an, daß ich meinen Mann überredete, die größeren Kinder, die wegen der Schule in die Stadt mußten, zu Freunden zu gehen, damit ich mit den beiden Kleinen noch länger am Strand bleiben konnte Die Idee war gut und wurde auch ausgeführt, aber nachdem die Kinder acht Tage in der Stadt gewesen waren, erhielt ich die Nachricht, daß unsere Älteste an einem schweren Anfall von Malaria erkrankt sei. In aller Eile mußte die Stadtwohnung zurechtgemacht werden, und am 20. September waren wir wieder alle in der Stadt vereint.

In Bath Beach waren in diesem Sommer neue Anlagen gebaut worden und bei den Ausgrabungen, die zu diesem Zweck gemacht worden waren, offenbar durch den aufgewühlten Schlamm, die Vorbedingungen für diese schreckliche Krankheit gegeben. Ich selbst hatte am 1. September einen schweren Anfall gehabt. Es ist merkwürdig, daß ich am Tage vorher, am 31. August, einer Bekannten erzählt hatte, daß ich vor sieben Jahren, am 1. September, so schwer erkrankt sei, daß ich mich nicht bewegen konnte; und am nächsten Tag, dem 1. September, lag ich mit einem schweren Malariaanfall und konnte mich nicht rühren. So schien dadurch die Theorie, daß sich alle sieben Jahre der menschliche Körper ändert, Bestätigung zu finden. Ich war nach einer Bäderkur wieder wohlauf, und wir verlebten den Winter ruhig und zufrieden. Meine Schwester[75] bekam am 16. März ihr erstes Kind[76], und da wir sehr bequem lebten, war ich glücklich, ihr von unserem Überfluß abgeben zu können.

Mein altes Fußleiden stellte sich wieder ein, und unser lieber Freund und Arzt empfahl uns Sharon Springs[77] mit seinen Schwefelbädern; er meinte, wir sollten uns ein kleines Häuschen mieten, um der Unruhe der Hotels und Pensionen auszuweichen. Am 30. Mai, es war »Decoration«-Day[78] und Feiertag, fuhren Vater und ich nach Albany und von dort aus nach Sharon und mieteten ein reizendes

Häuschen auf einem Berg neben der Kirche. Der Geistliche, der dort wirkte, war Mr. Armstrong, der mein bester Freund wurde. Er war Irländer und mit einer sehr netten Amerikanerin verheiratet. Diese besaß aus erster Ehe zwei Kinder, einen Sohn und eine Tochter, die beide im College waren. Das Einkommen der kleinen Gemeinde war gering, aber die Kirche und das kleine Häuschen waren nett und in peinlicher Ordnung. Die Hausfrau waltete sorgsam, und oft mußte ich an Voß'[79] Gedicht »Der siebzigste Geburtstag« denken und erinnerte mich, daß ich, als ich mit vierzehn Jahren einen Aufsatz über dieses Gedicht machen mußte, mit dem Satze schloß: »Wenn ich einmal ein eigenes Heim besitzen werde, so werde ich es auch so einrichten.«

Eines Tages brachte ich, als wir hinausgezogen waren, den Armstrongs Wiener Vanille-Kipferl, und da sie ihnen so ausgezeichnet mundeten, machte ich sie das nächste Mal in Frau Armstrongs Küche, damit sie sich selber welche machen könne. Sie erzählte mir dann, daß sie eine Schachtel davon ihrem Sohn ins College geschickt habe und daß er und seine Freunde davon begeistert waren. Das Ehepaar verstand kein Wort Deutsch, aber ihm gefiel die Klangfarbe meiner Sprache, und er bat mich, immer deutsch zu ihm zu sprechen, er höre den Ton so gerne. Da machte ich ihm das Anerbieten, seine Lehrerin zu sein und ihn in Deutsch zu unterrichten.

Er war ein Mann am Ende der Sechziger, aber die Aussicht, daß er noch Deutsch lernen könnte, machte ihn glücklich wie einen jungen Studenten. Ich hatte zwei gute Mädchen, der Haushalt war leicht zu führen, und die Kinder waren gut versorgt. So konnte ich leicht zwei Stunden täglich dem Unterricht widmen, der mir eine angenehme Abwechslung bot. Wir saßen auf seiner kleinen Veranda, und sein treuer Hund blickte zu seinem Herrn auf, während er nach Worten suchte, als ich ihn bat, einen deutschen Satz zu bilden; ich hatte den Unterricht nicht mit der Grammatik begonnen, sondern mit dem Evangelium, das wir Wort für Wort übersetzten. Mit einem Rieseneifer, wie ein gelehriges Kind, gab er sich dem Studium hin. Und wie stolz war er, wie er mir auf meine Bitte den Satz bildete: »Der Hund schaut gnädiglich mich an.« Das Wort Gnade war ihm so geläufig, da es doch im Evangelium so oft vorkam. Ein anderes Mal fuhr die Tochter eines bekannten Arztes in einem kleinen Wagen vorüber. Als ich Pastor Armstrong ermutigte, seine Meinung zu sagen, und zwar in einem deutschen Satz, sprach er nach einigem Nachdenken mit Stolz und Ernst: »Das Fräulein ist gefallen.« Er wollte mir sagen, daß sie ihm gefiel. So liegen die ernsten und die komischen Situationen so nahe beisammen, aber wir setzten den Unterricht fort, und ich blieb die Lehrerin und er der dankbare Schüler. Es waren wirklich angenehme Stunden, die ich da verbrachte. Der alte irische Geistliche und seine amerikanische Frau nahmen sich aus wie Figuren aus einem Roman von Dickens. Dazu kam dann die Wienerin mit ihren fünf Kindern als echte Hausfrau; sie paßte gut zu dem Alten, dem Idealisten mit der Liebe zur deutschen Sprache.

Die angenehm verbrachten Plauderstunden brachten mich den lieben Menschen näher. Ich nahm auch großes Interesse an seiner Kirche. Zu der »Church-Fair«, die später stattfand, hatte ich eine Menge gehäkelte Deckchen und Spitzen gespendet. Sie waren sehr gesucht, wurden verkauft und brachten manchen schönen Dollar für die Kirche ein.

Eines Abends, es war ein Samstag, war ich eingeladen zu einer Unterhaltung im Hotel. Als ich nach Hause zurückkam, fand ich die fünf Kinder ganz allein ohne Aufsicht im Häuschen, die Köchin war ausgegangen, und ich konnte mir nicht erklären, wieso die sonst so sorgsame Pflegerin ihre Pflicht so vergessen hatte und die fünf kleinen Kinder ganz allein und unbewacht im Hause ließ. Sprachlos rannte ich von einem Zimmer ins andere, aber vergebens, ich fand keine Pflegerin. Als ich eben zu meinen Freunden Armstrong eilen wollte, um ihnen alles zu erzählen und sie um Rat zu fragen, fand ich Nancy, die Pflegerin, bei einem Stelldichein mit dem Kutscher unter einem Baum. Das Mädchen gestand mir, daß sie mit dem Kutscher verlobt sei, daß sie nicht gewissenlos die Kinder verlassen habe, sondern erst vor ganz wenigen Minuten Fred getroffen habe. Fred war der Kutscher, der wöchentlich Vater zu dem New Yorker Zug führte. So hatte ihn Nancy kennengelernt.

Ich hätte der lieben, treuen, ruhigen Seele etwas Besseres gewünscht, denn der Kutscher war ein Trunkenbold, aber sie war in ihn verliebt und daher alle Ratschläge erfolglos; sie waren Landsleute und stammten beide aus Kopenhagen, und dann waren sie ja schon verlobt. Nancy ging noch mit uns in die Stadt zurück. Mit vielen guten Wünschen und Gedanken sah ich sie mit Wehmut scheiden. Sie wollten zu Weihnachten heiraten. Leider hatte ich recht behalten. Als ich das nächste Jahr wieder nach Sharon kam, hatte er sein ganzes Geld vertrunken, sie hatten kein Heim, und er war Knecht bei einem Bauer. Ich nahm Nancy wieder zu mir, damit sie nicht hungern sollte. Sie hatte ihm alle Ersparnisse geopfert und ihn in ein Sanatorium gebracht, wo er, nach einer neuen Methode behandelt, die Leidenschaft des Trinkens verlieren sollte. Das erzählte sie mir. Als Nancy einige Zeit bei mir war, kam ihr Mann und bat, ob er Nancy nicht wiederhaben könnte. Da ich die Unterhandlungen nicht vor den Kindern führen wollte, ging ich, nachdem sie zu Bett gebracht worden waren, mit den beiden in einer herrlichen Mondnacht in den Garten. Ich ließ ihn schwören, daß er nie wieder trinken werde, und versprach ihm, daß als Belohnung Nancy zu ihm zurückkehren werde. Es war wie im Mittelalter beim Femegericht: wir drei wandelten durch den Wald, er bittend und flehend, daß Nancy wieder zurückkehren sollte, er bat so eindringlich und schwor bei dem Mond und den unzähligen Sternen, daß er nie wieder trinken würde, daß ich, von seinem Gefühl überzeugt, zustimmte, daß Nancy in den nächsten Tagen zu ihm zurückkehren sollte, und sie wirklich in den nächsten Tagen gehen ließ. Er hat sein Versprechen nicht gehalten. Die liebe, brave, fromme Frau wurde krank; ich brachte sie ins deutsche Spital, wo sie direkt an gebrochenem Herzen starb.

Damals war in Sharon ein sehr nettes deutsches Hotel, wo sehr viele deutsche Vereinsmitglieder (von den Gesangsvereinen Liederkranz und Arion) verkehrten. Dort fand ich eine sehr nette, uns angenehme Gesellschaft. Meine Kleine, die damals vier Jahre alt war, hatte ein reizendes Stimmchen und ein sehr gutes Gedächtnis für ihre Lieder. Einmal saßen wir im Hotelgarten, und die Damen baten, daß die Kleine doch etwas vorsinge. Als der Beifall zu groß wurde und das Kind sich verkriechen wollte, kam eine Dame an sie heran und fragte sie, ob sie eine Amerikanerin sei. Ihre Antwort lautete: »Made in Germany, born here.« Schallendes Gelächter hallte durch den Garten. Diese sonderbare Antwort war mein Vergehen. Es war immer mein Ausspruch, denn das Kind war ja fünf Wochen nach meiner Ankunft in Amerika geboren. Wenn ich hier einkaufte, fand ich oft die Bemerkung »Made in Germany« auf den Waren; das Kind hatte meinen Ausspruch gehört und unbewußt im richtigen Moment angewendet. Mitten in unser heiteres Spielen kam ein Telegramm meines Mannes, in dem er mir mitteilte, daß er das Häuschen in der 139. Straße, wo wir vier Jahre glücklich gelebt hatten, aufgegeben habe und ein großes Eckhaus, 1883, Madison Avenue, gemietet habe, vorerst auf zwei Jahre, mit der Bedingung, daß er es, wenn es uns behagt, auch kaufen könnte. Der frohe Inhalt, der mir die Tatsache vor Augen führte, daß das Geschäft so günstig fortschritt, daß wir sogar schon daran denken konnten, uns ein Haus zu »kaufen«, ließ mich glückstrahlend zu unserer Nachbarin eilen. Man kann sich das vorstellen, wenn man bedenkt, daß ich während vier Jahren den Haushalt von fünf Kindern mit einem Mädchen, das drei volle Jahre für vierzehn Dollar monatlich treu und ehrlich bei uns gedient hatte, aufrechterhalten habe. Ich hatte keine Ahnung, wo das Haus gelegen sei, da ich in New York fast nicht aus dem Haus gekommen war. Da meine Nachbarin eine geborene Amerikanerin war und alle Verhältnisse in New York genau kannte, konnte sie mir die gewünschten Aufschlüsse geben. Wie erstaunte ich, als sie mir erzählte, daß ihnen das Eckhaus vis-à-vis dem unseren gehörte. Ich war sehr glücklich, daß die Bekanntschaft, die in Sharon begonnen hatte, sich nun auch in New York fortsetzen sollte. Die Amerikanerin war eine gebildete Dame mit zwei Töchtern im Alter unserer älteren Kinder. Als wir nach New York zurückkehrten, war unser freundschaftlicher Verkehr, da wir so nahe wohnten, wirklich sehr rege, und besonders die Jugend verkehrte sehr angeregt. Selbst die Männer fanden sich. So verliefen die Tage in vollster Harmonie, und wir benutzten die letzte Zeit unseres Sommeraufenthaltes, um Pläne für den Winter zu schmieden. Da das Wetter so schön war, wollte ich bis Ende September in Sharon bleiben, während meine neue Freundin bereits am 1. September in die Stadt übersiedelte. Sie war auch so lieb und besorgte mir alles, was zur Übersiedlung notwendig war, und ich schätze mich glücklich, im fremden Lande solche Freunde gefunden zu haben

Und wirklich setzten wir den im Sommer begonnenen Verkehr in der Stadt fort. Es war wahrhaftig ein schöner Winter, wir lernten viele neue Menschen kennen. Jeden Freitag war Zusammenkunft bei uns, jeden Sonntag bei den Nachbarn. Wir besuchten gute Theater. Mansfield[80] war damals auf der Höhe seiner Schauspielerlaufbahn. Auch hier waren interessante Gespräche über die neuen Werke der Literatur. Ich erinnere mich an manches Gespräch über Shaws Teufelsschüler[81] und auch über Ibsen, der gerade damals für Amerika neu war. Kunst, Literatur und Politik wurden erörtert. Der neue Freundeskreis verkörperte die beste Gesellschaft. Trotzdem unser Nachbar ein Industrieller und mein Mann an der Produktenbörse tätig war, stand doch die deutsche Bildung und Geistigkeit immer im Mittelpunkt der Unterhaltung. Wir Frauen saßen meist mit Handarbeiten beschäftigt dabei und freuten uns, den Gesprächen der Männer zu lauschen.

Die beiden großen Mädchen gingen in die Volksschule, für die drei Kleinen, die jetzt im Alter von fünf, vier und zweieinhalb Jahren standen, hatte ich eine sehr nette Hamburgerin aufgenommen. Der gegenüberliegende Park war eine Wohltat, da die Kinder dort immer mit dem Fräulein im Freien sein konnten. Eines Tages kam eine Dame und teilte mir mit, daß sie im Hause Nr. 122, gerade vis-à-vis, einen Kindergarten eröffnet habe. Und da sie mir sehr gefiel, gab ich den Jungen und Felicitas in ihre Obhut. Die Kleinste war aber dadurch ihrer Gespielen beraubt und verlangte so stürmisch nach den Kindern, daß der schwarze Butler sie auf den Arm nahm und zu den anderen Kindern brachte. Mit dem lieben Fräulein, das den Kindergarten leitete (Tante Anna), war ich bis zu ihrem vor kurzem erfolgten Tod befreundet.

Unser schönes Haus hatten wir für zwei Jahre gemietet, mit der Bedingung, es eventuell dann zu kaufen. Der Hausbesitzer kam daher allen unseren Wünschen sehr entgegen. Da der Weg von der Küche auf die Straße ziemlich weit und unbequem war, wollte ich einen zweiten Ausgang, von der Küche durch den Hof, in die 122. Straße haben – und bekam ihn auch. Aber er wurde uns zum Verhängnis. Der Hof war Tag und Nacht von bösen Buben belagert, die sehr häufig an unserer Glocke läuteten. Wenn dann das Mädchen kam, um zu öffnen, war niemand da; das ewige Klagen fand keine Ende. Zudem war die ruhige Pferdebahn durch eine Elektrische ersetzt worden, und der leichte Schlaf mei-

Eli Bernays, um 1900

nes Mannes wurde durch das Geklingel gestört. Ja, er behauptete sogar, daß er die Zentralbahn, die damals noch oberirdisch ging, von der Park Avenue her hörte, und auch die Straßenbahn in der Lexington Avenue störte ihn. Daher schien ein Wechsel unvermeidlich. Doch hatten wir einen Kontrakt, der bis zum Oktober lief. Den Sommer verbrachten wir wieder in Sharon. Unsere Nachbarin nahm ein kleines Häuschen neben dem unsrigen, und alles war eitel Wonne; die sieben Kinder waren ein Herz und eine Seele, wir Frauen verstanden uns, und die beiden Männer kamen öfters zusammen heraus, ihre Familie zu besuchen.

Wie ein Blitzstrahl kam die Nachricht von dem Attentat gegen McKinley[82] in unser friedliches Leben gefahren. Die kleine Gemeinde von Sharon drapierte alle öffentlichen Gebäude mit schwarzem Flor. Erst später kam ein Telegramm, daß der Präsident nur verwundet sei, nicht getötet; schnell wurden alle schwarzen Draperien wieder abgenommen, und die Bauern waren sehr ungehalten, daß sie überflüssigerweise so viel Geld für die Draperien ausgegeben hatten. Wir waren sehr aufgeregt und brachten viel Zeit in dem Postgebäude zu, um Näheres zu erfahren. Nach sechs Tagen hatte der Arme ausgelitten, und die Bauern waren froh, daß sie ihr Geld nicht umsonst ausgegeben hatten. Das war im September 1901.

Am 25. wollten wir zur Stadt zurückkehren, während unsere Nachbarn noch blieben. Am Abend vor unserer Abreise wollte meine Freundin noch unsere Köchin sehen. Liese wollte nicht hinübergehen, aber ich ermunterte sie noch dazu und hielt ihr vor, daß die Dame doch immer so nett gewesen sei und sie sich doch empfehlen müsse. Leider erwuchs mir aus dieser kleinen Episode eine sehr schmerzliche Enttäuschung.

Ich hatte vor unserer Abreise aus Sharon Proviant für neun Personen gekauft. Als wir angekommen waren, brachten wir zuerst die Kleinen zu Bett, und dann schickte ich die Köchin in die Küche hinunter, damit sie uns das Abendbrot bereite. Nach wenigen Minuten kam sie wieder herauf, erklärte, daß der Herd rauche. Als ich sie besänftigen wollte, wurde sie frech und erklärte schließlich, daß sie ja gehen könnte. Natürlich ließ ich sie ziehen. Eine halbe Stunde später kam das Gepäck, und sie sandte ihren Koffer sofort hinüber in das Eckhaus Nr. 121 zu meiner Freundin. So wußte ich wenigstens, wieso ich diese Hilfskraft, die mir zwei Jahre treu gedient hatte, verloren hatte. Meine Freundin hatte ihr nämlich fünf Dollar mehr angeboten und auseinandergesetzt, daß bei zwei Kindern viel weniger zu tun sei als bei fünfen. Sie ist sieben Jahre dort geblieben. Ich verlor damit auch die Freundin, denn wir brachen daraufhin den Verkehr ab. Eine lange nicht vernarbte Wunde blieb zurück, denn meine Freundin war ein feiner gebildeter Mensch mit Idealen gewesen. Ich habe jedoch im New Yorker Leben die Erfahrung gemacht, daß die amerikanischen Frauen, wenn es sich um Angestellte handelt, ihre Ethik, ihre Würde und ihren Stolz vergessen und sich kein Gewissen daraus machen, Kinderfräulein im Park oder die Köchin beim Fleischhauer anzusprechen, um sie für sich zu gewinnen.

Ich hatte wieder Malaria und lag öfters zu Bett. Der behandelnde Arzt, der einen Wagen besaß – von Autos war damals noch keine Rede –, nahm mich öfters zu kleinen Spazierfahrten mit. So kamen wir einmal in eine ganz neue Gegend im Westen der Stadt, Lenox Avenue bis 116. Straße, die meist unbebaut war. Ein großes Hotel mit dem stolzen Namen »Balmoral« erweckte meine Aufmerksamkeit, da es nahe dem Zentralpark gelegen war. Ich erzählte dem Doktor, daß wir unseren Mietkontrakt nicht zu erneuern gedächten, worauf er mich in eine der umliegenden Straßen führte, wo kleine neue, zwei Stock hohe Braunsteinhäuser standen. Ich kam, sah und siegte. Abends erzählte ich meinem Mann, was ich gesehen hatte. Samstag fuhren wir beide hin, um uns das Ganze nochmals anzusehen, und Mittwoch kam mein Mann strahlend heim, den Kaufvertrag in der Tasche. Unser neues Heim war in der 119. Straße zwischen Lenox und Siebenter Avenue. Die Straße war begrenzt von großen Eckhäusern, während sonst an beiden Seiten die netten Braunsteinhäuser standen. Unser Haus war zwei Stock hoch. Sechs Stufen führten zum Eingangstor und fünf Stufen hinunter nach einem langen Korridor.

Links war das Speiszimmer, das wir in ein Kinderzimmer umwandelten, die Küche mit den weißen Kacheln und die Waschküche, die in den Hof mündete. Oben war wieder ein Korridor, dann ein schönes großes Zimmer, das sogenannte Parlor. (Ich erinnere mich an eine kleine Episode. Als ich einmal einer deutschen Dame einen Besuch machte, zeigte sie mir ihre Wohnung und sagte: Dies ist mein Pralor. Ich wollte sie verbessern und sagen, daß es Parlor heiße, aber sie sagte: ich glaube, es heißt Pralor, weil die Amerikaner damit prahlen.) Nach dem Hof führte ein großes Zimmer mit »pantry«, mit einem Aufzug, der die Speisen aus der Küche heraufbrachte. Das schönste aber war wohl der Hof, trotzdem er in der Mitte bloß eine Grasfläche hatte. Aber ringsumher war gute Erde, und ich konnte meine Liebe zu den Pflanzen ganz entfalten. Alles, was ich anbaute, gedieh! – Es war mein Stolz.

Das vordere Zimmer im ersten Stock war die Bibliothek, mit guten Stahlstichen und Bronzen, für die ich ein Faible hatte, ausgeschmückt. Außerdem waren dort persische Teppiche, die wir bei Sloan[83] ausgewählt hatten. Ein Durchgang, der ins Schlafzimmer führte, hatte eingebaute Kasten und Laden. Das Badezimmer war herrlich mit blauen Kacheln aus Delft, mit Bildern von Schiffen und Windmühlen bekleidet. Es war so interessant, daß die Kinder es als Belohnung empfanden, daß sie, wenn sie brav gewesen waren, in unserem Badezimmer baden durften.

In Vaters Bibliothek waren natürlich alle Klassiker vertreten, die Zugehörigkeit zu Deutschland durch ein Bild von Bismarck dokumentiert. Ich hatte die Bilder der Musikheroen Mozart und Beethoven auf dem Klavier stehen, hoffend, daß sich meine heranwachsende Jugend auch einmal für Musik begeistern würde.

Wir waren sehr zufrieden, glücklich und stolz, daß mein Mann in so kurzer Zeit wirklich so weit heraufgekommen war. Die Kinder waren gesund und gingen fleißig in die

Schule; sie waren alle intelligent und brachten die besten Noten nach Hause.

Am 22. November wurde unser einziger Sohn sechs Jahre alt, und wir veranstalteten ihm zu Ehren die erste Gesellschaft, die gleichzeitig der Einweihung des neuen Hauses diente. Die einzige Verwandte, die ich hierzulande hatte, meine Schwester – die mir vor vier Jahren die beiden Kinder herübergebracht hatte –, war mit ihrem Mann und Kinde auch eingeladen. Als sie sich gegen vier Uhr nachmittags zum Fortgehen anschickten, weil das Kleine doch erst zweieinhalb Jahre alt war, bekam mein Schwager plötzlich einen Herzanfall, verlor die Stimme und veränderte sich zusehends. Ich wollte alle Doktoren der Nachbarschaft zusammenrufen, allein kein einziger Arzt war des Sonntags wegen zu Hause. Wir versuchten nach bestem Wissen Hausmittel, und es wurde ihm wieder besser. Wir behielten die Familie über Nacht bei uns. Mein Schwager Valentin war ein Riese, über sechs Fuß hoch, ein Adonis, der immer mit Stolz erzählte, daß er niemals krank gewesen sei. Beim Frühstück erklärte er, daß nur die verschiedenen Wärmegrade der Zimmer die Ursache seines Unwohlseins gewesen waren. Mein Mann nahm ihm aber das Versprechen ab, daß er bestimmt noch am selben Tag zu unserem Arzt gehen werde. Am nächsten Tag kam mein Mann ganz verstört heim, und als ich ihn nach der Ursache fragte, erzählte er mir, daß der Arzt Valentin untersucht habe und ihn als Todeskandidaten bezeichnet habe. In meinem Optimismus fand ich die Aussage des Arztes lächerlich. Jedenfalls verlangte der Arzt, daß Valentin zwei Monate Bettruhe haben müsse.

Mein Mann plante, nach all den Anstrengungen des Geschäftes, sich drei Monate Ferien zu nehmen und dieselben in Europa zu verbringen. Seine Reise wurde für den 12. Dezember festgesetzt. Ich nahm für die Zeit einen jungen Angestellten aus dem Bureau ins Haus, um durch Pünktlichkeit und Ordnung die Routine im Hause aufrechtzuerhalten.

Weihnachten verbrachten wir bei meiner Schwester, und Valentin schien es besserzugehen. Die Nachrichten von drüben waren befriedigend; allein, als mein Mann in London ankam, hatte sich die Lage auf dem Getreidemarkt geändert, und obwohl mein Mann sich vorgenommen hatte, nach Italien zu gehen, um Ruhe und Ausspannung zu finden, blieb er in London und war dort geschäftlich tätig. Er kam am 13. Januar wieder heim.

Zwischen Weihnachten und Sylvester hatten die Kinder viel Besuch. Am 26. kam die Älteste herunter und klagte, daß sie nicht wohl sei. Ich war niemals eine ängstliche Mutter gewesen und nannte die kleinen Störungen der Kinder »Verfreßchen«. Als aber das Kind behauptete, die Krankheit läge im Halse, schaute ich in ihren Hals und sah einen ganz weißen Belag. Natürlich holte ich sofort den Arzt, der nach der Untersuchung den bakteriologischen Befund des Gesundheitsamtes einholte. Es wurde Diphtherie festgestellt. Der Arzt traf alle Vorkehrungen; ich nahm die anderen Kinder herunter in mein Stockwerk. Wer kann die Aufregung schildern? Ich war glücklich, daß ich den jungen Mann als Stütze im Hause hatte. Die Nacht verbrachte ich schlaflos. Um drei Uhr morgens ging ich hinauf und bat das Kind, mich in den Hals sehen zu lassen. Wie durch ein Wunder war der ganze Belag verschwunden, und der herbeigeholte Arzt konnte eine vollständige Genesung feststellen. Das war der Erfolg der am vorhergehenden Abend gegebenen Injektion mit Diphtherie-Serum. Wie großartig hatte sich die Antitoxinbehandlung bewährt, welcher Segen für die Kinder! Wenn ich daran denke, daß ich vor zirka fünfzig Jahren in einem Haus das älteste Töchterchen unterrichtete, wo außer diesem Kind noch drei Söhne von fünf bis drei Jahren waren, und damals plötzlich einen Brief erhalten hatte, daß ich nicht kommen solle, da die Kinder die Diphtherie haben. In drei

Wochen hatten die Eltern ihre drei blühenden Knaben verloren. Nach Jahren hat endlich die Wissenschaft dieser Krankheit ihren Schrecken genommen.

In einem Tage war meine Älteste wiederhergestellt, und die vier anderen waren verschont geblieben.

Am Tage vor der Ankunft meines Mannes, am 13. Januar, wütete ein fürchterlicher Sturm und Regen. Um ein Uhr nachts wurden wir geweckt und benachrichtigt, daß der Dampfer am nächsten Morgen um neun Uhr docken würde. Für einen Dollar konnte man damals diese Nachricht bekommen, jetzt kann man täglich in den Zeitungen finden, wann die Schiffe ankommen, und erspart den Dollar.

Ich ließ natürlich alle Kinder zu Hause und machte mich um acht Uhr früh, mit dem jungen Mann, der bei uns wohnte, Otto, auf den Weg. Das Wetter hatte sich vollständig geändert, es war klar und sonnig, keine Spur des gestrigen Sturmes. In der großen Menge erkannte ich bald mit liebendem Auge meinen Mann, aber er sah so verstört aus, daß ich kaum erwarten konnte, ihn zu sprechen. Es war Anteilnahme und nicht weibliche Neugier, die mich bewegte. Ich hatte oft meinem Mann erklärt, ich müsse kein echtes Weib sein, da mir das Laster der Neugierde tatsächlich fehlte. Auf dem Weg nach Hause erzählte er mir dann, daß auf dem Schiff ein Knabe von sechs Jahren gewesen war, der sich während der ganzen Überfahrt so lärmend benommen hatte, daß sich die Passagiere über ihn beklagten. Zwei Tage vor der Landung wurde er krank, und als das Schiff im Hafen anlegte, fragte mein Mann, wie es dem Jungen gehe; der Steward beugte sein Haupt und sagte: »Alles ist vorüber.« Das Kind war gestorben.

Dies war die Ursache des verstörten Ausdruckes, den ich auf dem Gesicht meines Mannes wahrgenommen hatte. Mein Mann war immer sentimental und hatte sich auch diese Sache sehr zu Herzen genommen. Die Freude des Wiedersehens war dadurch arg verbittert.

Zu Hause hatte ich alles für den Empfang des Vaters vorbereitet. Als wir jedoch heimkamen, sah ich schon von weitem, daß alle Fenster geöffnet waren. Ich zitterte, als wir die sechs Stufen zum Eingang hinaufstiegen, und fürchtete irgendein Unheil. Aber zum Glück ward ich bald beruhigt. Der Butler hatte die Zentralheizung ausgehen lassen, hatte neu eingeheizt. Dies verursachte einen derartigen Rauch im Hause, daß alle Fenster geöffnet werden mußten. Meine vier weißgekleideten Mädchen und der Junge standen in der Küche und erwarteten dort den Vater. So geschieht es oft, daß alle Vorbereitungen durch kleine Ursachen zunichte werden, und man muß froh sein, wenn keine schlechten Folgen zurückbleiben.

Mein Mann erzählte viel von seiner Reise. Interessant und charakteristisch ist die Bemerkung einer amerikanischen Reisegenossin, der er in Cherbourg mit seinem Französisch aushalf, die ihn dann in Deutschland deutsch sprechen hörte und dabei war, wie er einem italienischen Steward in Italienisch einen Auftrag gab. Die Amerikanerin, die natürlich nur Englisch verstand, fragte: You have been speaking three languages, are you a waiter? (Sie haben in drei Sprachen gesprochen, sind Sie ein Kellner?) Und sie erklärte ihm auf seine verwunderte Antwort, daß sie viel gereist sei und viel Menschen kenne, aber es waren nur Kellner, die mehrere Sprachen verstanden.

Nachdem ich nun so viel von drüben hörte, litt ich sehr an Heimweh, und meine Sehnsucht wurde so groß, daß Vater mir versprach, daß ich reisen könnte, sobald flüssiges Kapital dasein werde. Aber wie sollte ich das anfangen mit meinen fünf Kindern, von denen das älteste dreizehn, das jüngste drei Jahre alt war. Ich stellte mir sogar vor, daß ich warten müßte, bis die Älteste verheiratet sei und die Obhut über die anderen Kinder übernehmen könne.

Dieser Wunsch des Besuches zu Hause belebte mich Tag und Nacht. Mit Bangen und Zittern wartete ich auf die

Berichte, ob die Eltern wohl seien und ob ich beide lebend antreffen würde, wenn endlich der große Moment kommen würde, wo ich hinüberfahren würde. Das Versprechen meines Mannes hatte ich ja, und ich hoffte nur, daß der Winter gut vorübergehen sollte, daß drüben alles gesund bleibe und ich im Frühjahr meine Reise antreten konnte. Im Oktober erreichte mich ein Brief mit der Nachricht, daß mein Vater seit Wochen apathisch zu Bett liege. Es sei keine eigentliche Krankheit, sondern Altersschwäche. Er war damals zweiundachtzig Jahre alt. Als ich die Heimat verließ, war er sechsundsiebzig Jahre, rüstig und frisch hatte er mich damals vor sechs Jahren auf den Bahnhof gebracht.

Mein Vater war immer ein großer Optimist gewesen, er hatte immer für alles Interesse gehabt, und so kam mir die Nachricht in dem Brief, daß er plötzlich so apathisch geworden sei, als ganz unmöglich vor. Ich konnte es nicht fassen. Als ich am Abend meinem Mann betrübt den Brief zeigte und immer wiederholte, es müsse anders sein, zeigte er mir ein Kabel, das er von Zuhause bekommen hatte, mit der Nachricht, daß mein Vater ausgelitten hatte.

Mein Vater war ein bedeutender Mann gewesen mit heiterer Gesinnung, wie Goethe ihn wünschte: edel, hilfreich und gut, fern von jeder schlechten Regung. Dabei war er ein Selfmademan, ein Autodidakt. Er wurde in einem kleinen

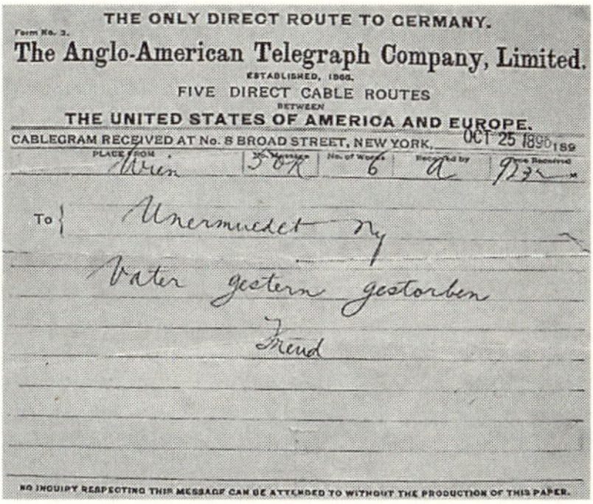
THE ONLY DIRECT ROUTE TO GERMANY.
Form No. 3.
The Anglo-American Telegraph Company, Limited.
ESTABLISHED, 1866.
FIVE DIRECT CABLE ROUTES
BETWEEN
THE UNITED STATES OF AMERICA AND EUROPE.
CABLEGRAM RECEIVED AT No. 8 BROAD STREET, NEW YORK, OCT 25 1896 189
Place from: Wien | No. Message: 5 OK | No. of Words: 6 | Received by: a | Time Received: 9 ...
To Unermuedet Ny
Vater gestern gestorben
Freud
NO INQUIRY RESPECTING THIS MESSAGE CAN BE ATTENDED TO WITHOUT THE PRODUCTION OF THIS PAPER.

Telegramm
von Sigmund Freud
mit der Nachricht
vom Tod des Vaters[84]

Ort in Österreich geboren,[85] wo er, wie ich glaube, sehr jung geheiratet hatte[86]. Denn als er meine Mutter, seine zweite Frau,[87] heiratete, war er fünfunddreißig Jahre und schon Großvater, und als mein ältester Bruder Sigmund geboren wurde, war das kleine Kind bereits ein Onkel, dessen Neffe anderthalb Jahre älter war als sein Onkel.

Meine Mutter, die einzige Tochter eines großen Geschäftsmannes, heiratete mit achtzehn Jahren den schönen, gutsituierten Jacob Freud, der seinerzeit eine große Fabrik[88] in Freiberg in Mähren besaß. Dort kam als Erstgeborener Sigmund Freud zur Welt; kürzlich wurde, anläßlich seines fünfundsiebzigsten Geburtstages, an dem Hause, in dem er geboren, eine Erinnerungstafel angebracht.

Vaters Rechtschaffenheit hatte sich gezeigt, als seine Söhne aus erster Ehe im Transvaal mit ihrer Straußenfarm zugrunde gingen.[89] Damals verkaufte Vater seine gutgehende Fabrik in Freiberg, um mit dem Erlös die Schulden seiner Söhne im Transvaal zu bezahlen, damit keiner der Gläubiger auch nur einen Groschen verliere.

Die Eltern übersiedelten dann nach Wien, wo Vater als Wollagent tätig war. Mit siebzig Jahren widmete er seine Zeit dem Studium und war in Literatur, Geschichte und Politik so unterrichtet wie ein Gelehrter. Er behauptete oft, er habe sieben anständige Menschen in die Welt gesetzt, das sei mehr wert, als wenn er Millionen verdient hätte. In seinem Testament bat er seine Kinder, keine Trauerkleidung anzulegen, da sein Leben trotz der schweren Zeiten voll Freude gewesen sei. Seinen Optimismus habe ich, als die älteste Tochter, vielleicht von ihm geerbt. Mutter war achtzehn Jahre jünger als er. Vier Töchter waren gut verheiratet, ihr »goldiger« Sohn erkletterte die Stufen der Unsterblichkeit, der andere, in guter Stellung und ihr Nesthäkchen, blieb bis 1930 bei ihr, wo sie, fünfundneunzig Jahre alt, starb und von sieben Kindern, achtzehn Enkeln und vierzehn Urenkeln aufs tiefste betrauert wurde.

Meine Mutter hatte zwei Brüder, die im Jahre 1848 an der Universität studierten.[90] Sie waren in die Wirren der Revolution verwickelt, von einer treuen Dienerin gerettet und entgingen dem Los vieler ihrer Genossen, die man unter dem Namen der Märzgefallenen kennt. Wie oft lauschten wir als Kinder den Erzählungen vom Jahre 1848, von der Revolution, wo die Studenten den Minister Latour an einen Laternenpfahl hängten.[91] Wie die Häscher nach den beiden Brüdern Nathan und Hermann suchten, die aber, rechtzeitig gewarnt, über die russische Grenze gebracht worden waren. Wie sie dann beide sich dort zu angesehenen Geschäftsleuten emporarbeiteten. Ein Sohn von Hermann[92] war Leutnant in der österreichischen Armee, eine Tochter[93] heiratete einen berühmten Offizier im alten russischen Zarenreich.

Zurück zu meiner versprochenen Europareise. Eines Tages kam Vater mit den Schiffskarten in der Hand nach Hause und sagte, daß ich am 13. März mit allen Kindern fahren könnte. Welch ein Jubel war das! Aber mit Wehmut gedachte ich meiner armen Schwester. Mein kranker Schwager ging zwar seit der Jahreswende wieder ins Geschäft, aber sein Aussehen war das eines Todgeweihten. Meiner armen Schwester sagte man, es sei ein Magenleiden. Auch der Gedanke an die sechs Monate lange Trennung von meinem Mann wurde mir schwer.

Mit den Vorbereitungen ging zwei Monate hin. Da meine Älteste, die eben vierzehn Jahre alt geworden war, die Schule nicht unterbrechen wollte, sollte sie beim Vater bleiben. Mit ihr das Wiener Fräulein, das erst kurz im Lande war und die Reise nicht mitmachen wollte. So entschloß ich mich, allein mit den vier Kindern zu reisen.

Unser Schiff war der »Kaiser Wilhelm der Große«[94] vom Norddeutschen Lloyd. Wir hatten zwei Luxuskabinen und waren herrlich untergebracht. Bei herrlichstem Wetter dampften wir am 13. März ab. Am Abend vor der Abreise hatten wir noch eine große Aufregung. Die Kleinste bekam arge Zahnschmerzen. Aber ich war nicht abergläubisch und ließ mich nicht davon abschrecken, daß wir die Reise am 13. antreten sollten, sondern ließ den Zahnarzt aus der Nachbarschaft holen, der noch in der Nacht kam und das kleine Zähnchen entfernte. Trotz des geschwollenen Gesichtes der Kleinsten war wir schon um elf Uhr vormittags an Bord des Schiffes.

Es war ideales Wetter. Als wir an Staten Island vorbei waren, sahen wir den Ozean spiegelglatt vor uns. Wir saßen auf Deck und hatten bald nette Gesellschaft gefunden. Ein amerikanisches Ehepaar mit zwei kleinen Mädchen, die in unserer Nähe, in der 121. Straße, wohnten. Die Kinder kannten sich schon vom Park, wo sie immer spazierengingen. Der kleine Junge befreundete sich gleich mit den Matrosen. Wir hofften, bei so schönem Wetter in acht Tagen glücklich in Bremen zu landen. Mit Hilfe eines netten Stewards, den Vater bereits durch ein gutes Trinkgeld erobert hatte, kleidete ich am zweiten Morgen die Kleinen an und ging mit ihnen aufs Deck. Die Ältere blieb die ganze Zeit in der Kabine; sie war immer gesund, aber sehr zart, und die Ruhe tat ihr wohl. Mit den neuen Freunden gingen wir in den Salon. Plötzlich kam ein fürchterlicher Sturm, alle Menschen wurden von den Sitzen geschleudert, und man hatte Mühe, aus dem Knäuel die einzelnen herauszufischen. Wir blieben alle heil, aber das Töchterchen der neuen Freunde erlitt eine Kopfwunde. Der nette Schiffsarzt verband sie. Von den vierhundert Passagieren der ersten Klasse ging nur eine Dame in den Speisesaal. Die Nacht war besser. Zeitlich morgens war ich die erste auf Deck, der Steward brachte mir die Kleinen zum Liegestuhl, und ich erzählte ihnen Märchen und las ihnen vor. Der Junge freundete sich immer mehr mit den Matrosen an und war so entzückt von dem Leben der Matrosen, daß er lieber an ihrem Tisch saß und ihre Erbsensuppe dem Kaviar vorzog.

Vor der Landung wurde verlautbart, daß die Passagiere um sechs Uhr bereit sein müßten. Ich kleidete meine Schar schon um fünf Uhr früh an. Allein, kurz vor Bremerhaven setzte ein starker Nebel ein, so daß sich die Ankunft um mehrere Stunden verzögerte. Ich brachte die Kinder wieder zu Bett. Ich selbst blieb auf, im eifrigsten Gespräch mit dem Steward, der mir seine sehr bewegte Lebensgeschichte erzählte, wie er als junger Mann, durch die Intrigen einer Frau von zu Hause fort, zum Schiffsdienst getrieben wurde. Wegen des starken Nebels wurden statt der Nebelhörner ununterbrochen Glocken geläutet, und ich war durch das andauernde Läuten sehr nervös geworden, so daß mich das Gespräch mit dem Steward angenehm abgelenkt hatte. Mein Herz pochte vor Aufregung, daß ich endlich die Gestade Europas erreicht hatte. Um elf Uhr kleidete ich die Kleinen an. Bei der Ankunft um zwölf Uhr holte uns ein Herr mit einer weißen Nelke ab. Dies war das Erkennungszeichen, das mit einem Geschäftsfreund meines Mannes ausgemacht war. Herr L. nahm die Kinder in Obhut, während ich wegen des Gepäcks noch am Dock bleiben mußte. Ich hatte in New York von dem großen Spielzeuggeschäft Schwarz zwei große Puppenwagen gekauft und mitgenommen und außerdem für die Kinder fünfundvierzig Pfund Zuckerwaren, die ich verzollen mußte. Die Prozedur dauerte drei Stunden. Dann mußte ich zwei Mark vierzig bezahlen. Ich sagte den Leuten dort, daß ich aus Amerika komme, wo es ein Sprichwort gibt: Time is money. Ich hätte viel lieber zehn Mark gezahlt, als daß ich da drei Stunden stehen mußte und die Kinder fremden Leuten in einer fremden Stadt überlassen mußte. Schließlich packte ich alles in einen Wagen. Obenauf die Puppenwagen, die großes Aufsehen bei der Schuljugend erregten.

Im Hotel traf ich Herrn L. bei den Kindern. Wir waren bei ihm zu Tisch geladen. Er wohnte in einem richtigen norddeutschen Haus mit einem prächtigen Garten. Er war jung verheiratet und hatte zwei allerliebste blonde Mädchen; die junge schöne Frau empfing uns.

Die große Hansastadt mit ihren Schutzgräben, alten Denkmälern, neuem Rathaus und dem berühmten Ratskeller, wo die großen Fässer mit dem kostbaren Naß jahrhundertealten Weins eingelagert waren, gab mir neue interessante Eindrücke. Abends war ich von dem alten Herrn L., der Senator in Bremen war, zu einem Festgelage eingeladen. Dort lernte ich das alte Lied »Wein, Weib und Gesang« verstehen. Die drei Tage in Bremen, gerade zu Beginn des Frühlings, waren als erste Etappe unvergeßlich.

Nun ging es nach Berlin, wo uns meine Schwester Marie abholte. Sie war von Wien nach Berlin übersiedelt; mein Mann hatte sie besucht und gedacht, daß wir fünf dort Unterkunft finden könnten. Aber wir blieben nur eine Nacht, und am nächsten Morgen fand ich in derselben Straße für uns zwei schöne Zimmer. Die Hausfrau sorgte für unser Frühstück. Die anderen Mahlzeiten wollten wir bei meiner Schwester einnehmen.

Ich hatte die Absicht, einige Tage zu bleiben, da ich am 20. Mai,[95] zum siebzigsten Geburtstag meiner Schwiegermutter, in Hamburg sein wollte.

Wir hatten uns gemütlich eingerichtet, und ich hatte den Meldezettel ausgefüllt und der Hausfrau eingehändigt. Nach einiger Zeit erschien ein hochstämmiger Polizeimann bei uns, über den die Kinder so erschraken, daß sie zu weinen anfingen. Aber es war nicht so gefährlich. Ich war an Meldezettel nicht mehr gewöhnt, da ich doch acht Jahre im freien Lande Amerika gelebt hatte. Nun hatte ich in die Rubrik »Alter« in meinem Übermut »unbekannt« geschrieben. Dies war die Ursache, warum mich die hohe Obrigkeit gleich aufsuchte. Ich hätte ja ruhig mein Alter angeben können, da ich ja in den besten Jahren war, aber ich konnte wirklich nicht einsehen, wozu der preußische Staat mein Alter wissen wollte. Nach ein paar freundlich gewechselten

Emmeline Bernays, Annas Schwiegermutter, um 1900

Worten war alles in Ordnung, und ich ging straflos aus. Ein Freund meines Mannes hatte mich für einen Abend zur Duse[96] geladen, die in einem Stück von Sardou[97] spielte; er wollte mich auch nach dem Theater nach Hause bringen, da ich aber wußte, daß dies ein sehr großer Umweg für ihn gewesen wäre, lehnte ich ab und nahm mir einen Wagen. Mit einem großen Haustorschlüssel bewaffnet, kam ich spätabends in die Ansbacher Straße. Zwei Männer standen beim Haustor, als ich öffnete. Da ich wußte, daß die Stiegenbeleuchtung, die ich beim Betreten des Hauses angezündet hatte, nur zwei Minuten brennen blieb, eilte ich so rasch als möglich die Treppe hinauf. Wie erschrocken war ich aber, als, wie ich die Wohnungstür aufsperren wollte, wieder die zwei Männer neben mir standen. Entrüstet fragte ich, was sie eigentlich von mir wollten, und war mehr als beschämt, als sie mir sagten, daß sie in derselben Wohnung eingemietet seien. Das war nun eine Blamage, aber wie konnte ich wissen, daß meine Hausfrau noch andere Mieter hatte.

Im Pestalozzi-Heim, einem Institut, dem die Kaiserin vorstand, fand ich ein sehr nettes Mädchen, das eben aus Argentinien in ihre Heimat zurückgekehrt war und daher gut Englisch verstand. Nun hatte ich die Kinder versorgt, denn der Aufenthalt im Park, Ende April das Erwachen der Natur zu sehen, war besser und vorteilhafter für sie als die Besichtigung der Stadt. Abends, wenn ich nicht eingeladen war, gingen wir immer zu meiner Schwester, wo deren drei Mädchen mit ihren amerikanischen Verwandten lustige Stunden verbrachten. Nach einem solchen Abend planten wir für den nächsten Tag, die Kinder in den Zoo zu schikken, während ich mit meiner Schwester Einkäufe besorgen wollte.

Aber wie entsetzt war ich, als zeitlich morgens das Fräulein meiner Schwester zu mir kam und berichtete, daß die Kleinste meiner Schwester in der Nacht Fieber gehabt habe und der Arzt Scharlach konstatiert hatte. Mein Schrecken war unbeschreiblich. Ich war sowieso durch die Briefe über das Befinden meines Schwagers Valentin sehr nervös; die Angst, daß die Kinder in Gefahr waren, Scharlach zu bekommen, ergriff mich mit solcher Vehemenz, daß ich nur rasch das Notwendigste zusammenpackte, die großen Koffer zurückließ und nach Hamburg floh, wo ich mich in den »Vier Jahreszeiten« einmietete.

Kaum hatte ich die Kleinen nach der vierstündigen Bahnfahrt umgekleidet, als ein Liftboy meldete, daß mich ein Herr in der Halle des Hotels erwarte. Ich eilte hinunter und traf dort einen Bekannten aus Berlin, der geschäftlich nach Hamburg gekommen war, da er hier auch ein Bureau hatte. Ich sagte ihm, daß ich sein Hiersein als gutes Omen nehme, daß die Kinder wohl bleiben werden und daß ich gute Nachrichten aus New York bekommen werde. So kam ich wieder etwas beruhigt zu den Kindern hinauf und beriet mich mit der kleinen Tochter, wie ich es der Großmutter begreiflich machen sollte, daß es notwendig war, bereits am 8. Mai zu kommen anstatt, wie ausgemacht, erst am 20. Große Entschlüsse soll man eine Nacht überschlafen, war ein bekannter Grundsatz meines Mannes, den ich auch gewissenhaft befolgte. Ich ließ ein gutes Abendessen für uns alle heraufkommen, und um 9 Uhr abends lagen wir fünf bereits glücklich zu Bett.

Am nächsten Morgen gingen wir alle zu der Großmutter. Sie lebte in einer sehr feinen Pension. Es waren dort hauptsächlich alleinstehende ältere Damen, die von ihren Söhnen dort untergebracht waren. Jede hatte zwei Zimmer zur Verfügung, und nur bei den Mahlzeiten trafen sie sich. In der bekannten Bernaysschen Ruhe regten sie die beiden neuen Enkel gar nicht auf, sondern sie freute sich nur, daß auch amerikanische Kinder so artig sein könnten. Sie erzählte großmütterlich Episoden von ihrem einzigen Sohn, dem Vater der Kinder, und lud mich mit allen vier Kindern ein, täglich zu ihr zum Speisen zu kommen. Die »kleine Großmutter« war sehr klein, zart und bildhübsch.

Wie ich schon erwähnte, wohnte Mama Bernays in einer Pension, in der nur alte Damen lebten. Als ich das erste Mal dort zu Tisch gewesen war, schrieb ich meinem Mann, daß ich mir noch nie so jung vorgekommen bin als in dieser Gesellschaft. »Mama« war mit ihren siebzig Jahren die jüngste der Damen. Es herrschte ein feiner Ton, denn es waren durchwegs gebildete Menschen, doch waren ihre Interessen in kleinlichen Dingen gefangen.

Meine Kinderschar erregte Bewunderung, denn als amerikanisch erzogene Kinder waren sie viel selbständiger als die deutschen Enkelkinder dieser Großmütter. Wenn ich meinen sechsjährigen Buben allein auf die Straße schickte, damit er sich die Straßenbahn ansehe, um sie mit der New Yorker zu vergleichen, oder die Kleine bat, sie möge mir etwas aus dem oberen Stockwerk holen, konnten sich die Damen vor Staunen nicht beruhigen. Als der Tisch für fünf Personen vergrößert war, die Kleinen sich wie erwachsene Menschen benahmen und nur sprachen, wenn sie gefragt wurden, strahlte die Großmutter vor Stolz und brüstete sich mit der guten Erziehung der Kinder. Fremd war es meinen Kindern, daß vor dem Essen laut gebetet wurde. Und mein Junge, der sich immer scheu und bescheiden im Hintergrund aufhielt, war dadurch so verschüchtert, daß er die um ein Jahr jüngere Schwester zu der Bemerkung veranlaßte: »Please, excuse my brother, he is bashful.« (Bitte, entschuldigen Sie meinen Bruder, er ist so schüchtern.) Er verstand das Beten in hebräischer Sprache nicht und bat mich, nie mehr dorthinzugehen, schließlich verlor er aber die Scheu.

Und dann kam der große Tag, wegen dem wir nach Hamburg gekommen waren. Wir mußten den einzigen Sohn bei der Feier des siebzigsten Geburtstages seiner Mutter vertreten. Der 20. Mai war der große Tag, und ich hatte alles zur Feier vorbereitet. Da Mama streng nach den Vorschriften des jüdischen Glaubens lebte, kaufte ich alles in jüdischen Geschäften ein und veranstaltete einen Empfang am Nachmittag mit Getränken, Kuchen und Obst. Das Haus glich einer Blumenausstellung. Wenn man in der Grindelallee jemandem begegnete, konnte man sicher sein, daß von dem Empfang zum siebzigsten Geburtstag gesprochen wurde, und jeder wollte kommen.

Die große Popularität der Familie in Hamburg stammte vom Urgroßvater[98] her, einem bekannten Rabbiner, dem ersten reformierten Rabbiner in Hamburg. In den jüdischen Häusern fand man sein Bild wie in Wien bei den Katholiken das Bild des Papstes. Er hieß »der Chacham«, und mein Schwiegervater war der älteste Sohn des großen Weisen. Der Oberrabbiner von Hamburg kam auch als Gratulant, was am nächsten Tag in den Zeitungen stand. Jedenfalls können die Kinder stolz auf ihre Vorfahren sein. (Was du ererbt von deinen Vätern hast, erwirb es, um es zu besitzen, sagt Goethe.)[99]

Eines Tages, als wir zum Speisen kamen, sagte mir Großmutter, ich sollte in das Bureau des Agenten meines Mannes gehen, da wichtige Nachrichten für mich dort eingetroffen wären, und spielte auf die Krankheit meines Schwagers an. Ich hatte vor kurzem einen Brief erhalten, daß es ihm viel besser gehe, daß mein Mann sogar die Idee hatte, ihn mit Frau und Kind nach Europa zu schicken, da dort mehr Hoffnung für seine Genesung wäre. Aber trotz dieses Briefes bestürmten mich böse Ahnungen, und ich eilte in das Bureau des Freundes. Dort saß der Herr, der mich in Hamburg bei der Ankunft begrüßt hatte, und teilte mir mit, daß mein armer Schwager, mit fünfunddreißig Jahren, gestorben war, gerade an dem Tag, an dem er mich in Hamburg begrüßt hatte. Als er mich so froh gesehen habe, hatte er nicht den Mut gehabt, mir die traurige Nachricht mitzuteilen. Ich war tief erschüttert, daß er so jung hinweggerafft worden war, nach fünf Jahren glücklicher Ehe.[100] Meine Schwester war verzweifelt. Ihrer Sinne nicht mächtig, nahm sie das Kind und fuhr, trotz Abraten meines Mannes, in die alte Heimat zurück.

Nach der siebzigjährigen Geburtstagsfeier fuhren wir wieder nach Berlin zurück. Meine Kinder waren von der Krankheit verschont geblieben und das Kind meiner Schwester wieder wohl. Ich wollte nun in Berlin den Arzt konsultieren, der mich von der Malaria kurieren sollte. Es fanden langwierige Untersuchungen statt, und der Doktor stellte fest, daß ich nicht, wie anfangs geplant, nach Wildungen, sondern nach Wiesbaden gehen sollte und den Kochbrunnen versuchen. Ich kannte den Ort nicht, und die Berliner

Freunde rieten mir ab, mit den vier Kindern einen Kurort aufzusuchen. So schrieb ich nach Wien an eine meiner Schwestern, daß sie die drei Mädchen abholen solle, während ich mit dem Jungen zu einer sechswöchigen Kur nach Wiesbaden ging.

Um zwei Uhr fuhren wir von Berlin ab und kamen nachts in Wiesbaden an. Der Hotelwagen brachte uns in die Wilhelmstraße, wo wir Zimmer bestellt hatten. Es ist ein eigentümliches Gefühl, nachts in einer fremden Stadt anzukommen. Der kleine Junge war schrecklich müde; ich brachte ihm etwas zu essen, und er schlief gleich ein. Ich saß noch einige Zeit allein im Zimmer und wunderte mich, noch so spät in der Nacht so viel Lärm und Umhergehen zu hören. Morgens fragte ich, wer denn neben mir wohne, und war nicht wenig überrascht, als ich vernahm: König Christian von Schweden[101] sei mein Nachbar. Es war Hochsaison, das Hotel vollbesetzt. Als ich um die Zimmer telegraphierte, gab man mir ein Zimmer des Gefolges.

Am nächsten Morgen ging ich zum Arzt, der mir eine Pension empfahl, wo ich nach den Regeln der Kurverwaltung leben konnte. Wiesbaden ist landschaftlich reizend. Wir wohnten am Leberberg, gleich neben dem Sanatorium meines Arztes. Im Kurgarten gab es morgens, während man Wasser trank, sehr gute Konzerte, die Bäder waren im Hause. Das Leben im »deutschen Spa« war so geregelt, daß man gesund werden mußte, wenn man nur alle Vorschriften einhielt. Mein kleiner Junge war während des Tages in den schönen Gauen des Taunus; wir legten ein Herbarium an, ich kaufte eine Botanik und studierte mit ihm die Blumen und Kräuter. Meine Liebe zur Natur, zu Pflanzen und Blumen legte den Grund zu seiner Vorliebe für die Landwirtschaft und daß er später, als er an die Universität nach Cornell kam, Hortikultur studierte. Aber als Stadtkind widmete er sich doch nicht der Landwirtschaft, sondern wurde Journalist. Der Kleine fand auch amerikanische

Jungen in Wiesbaden, aber er sehnte sich nach den vier Geschwistern, mit denen er aufgezogen wurde.

Auf einmal erhielt ich ein Kabel von meinem Mann, daß die Älteste nach Europa gekommen sei und daß Herr L. sie von Bremen zu mir nach Wiesbaden schicken würde. Ein nachfolgender Brief löste dies Rätsel. Sie hatte die Volksschule glänzend absolviert. Da man sie aber mit vierzehn Jahren tagsüber nicht allein lassen konnte, Vater aber im Geschäft festgehalten war, entschloß er sich, uns das Kind nachzuschicken. Wie rücksichtsvoll war es, daß ich erst verständigt war, als alles gut überstanden war und ich mich nicht sorgen mußte, wie die Vierzehnjährige allein die Seereise überstehen würde. Jetzt wußte ich sie ja schon glücklich in Bremen gelandet. Sie war unter dem Schutz des Kapitäns gereist. Die amerikanische Erziehung spornt die Kinder frühzeitig zur Selbständigkeit an. Sie kam sehr wohlbehalten an und wollte alles sehen, die Rheinreise machen usw. Ich überlegte jedoch, daß sie noch so jung sei und später noch alles sehen werde, und entschloß mich, von Wiesbaden direkt nach Österreich zu fahren.

Meine Schwester[102] hatte für den Sommer in Kärnten eine Villa gemietet, wo meine drei Kinder sehr gut untergebracht waren. Das Haus lag am Ossiacher See, von Tannen umgeben, reizend eingerichtet. Es war eine ganze Landwirtschaft dabei mit Schweinen, Hühnern, Gemüse- und Obstgarten. Die Villa lag auf einem Hügel, die Badehäuser lagen unten am See. Um nun den langen Weg durch den Wald zu ersparen, kugelte ich mich öfters mit allen sieben Kindern den Abhang hinunter. So genossen wir die Freuden des Landlebens, und die Erinnerung daran haben sich die Kinder heute noch, nach dreißig Jahren, lebendig erhalten. Meine Schwester R. hatte eine Kindergärtnerin aus Breslau für ihre beiden Kleinen von zwei und vier Jahren,[103] zwei reizende Geschöpfe; mit meinen fünfen gab das sieben Kinder im Hause, die sich herrlich vertrugen. Mein Schwager[104] war ein bedeutender Advokat in Wien. Er kam öfters zum Wochenende heraus, um den Sonntag mit uns zu verbringen. Er beschloß, mit seiner Frau eine Reise nach Venedig zu unternehmen und die Kinder inzwischen meiner Obhut anzuvertrauen. Die ersten Briefe aus Venedig waren rosig, hatten sie doch nach fünfjähriger Ehe eine neuerliche Hochzeitsreise unternommen. Später schrieb mein Schwager jedoch, daß seine Frau an einer Austernvergiftung erkrankt sei und daß sie früher heimkommen müßten.[105]

Sie kamen mit einem Ruderboot über den See, und ich stand mit den sieben geputzten Kindern zum Empfang am Landungsplatz. Wie die Orgelpfeifen standen sie da, als sich plötzlich ein schrecklicher Sturm erhob und man jeden Augenblick fürchten mußte, das Boot werde von den Wellen verschlungen. Die Bauern, anstatt uns zu beruhigen, erzählten von den vielen Leuten, die den Unterströmungen des Sees zum Opfer gefallen waren. Wir sahen das Boot mit Schwager und Schwester mit den Wellen kämpfen, zum Glück wurde der See plötzlich, wie durch ein Wunder, spiegelglatt, und glückselig kamen sie an. Wir waren um eine Erfahrung reicher. Seit dieser Zeit wagten wir uns nicht mehr mit dem Ruderboot hinaus, sondern fuhren nur das Ufer entlang.

Es war ein sehr schöner Sommer. Selbst meine Mutter kam mit den Schwestern zu Besuch, aber ich hatte solches Heimweh nach Wien, daß ich mit meinen fünf Kindern vom Annenheim nach Wien fuhr. In Wien konnten wir nur zwei Tage bleiben. Wir wohnten im Hotel Lamm, mit der Aussicht auf die Donau. Ich sah alle die bekannten Straßen, wo ich gelebt und in die Schule gegangen war.

Meine Einkäufe hatte ich direkt ans Schiff geschickt, und am Tag vor der Abreise ging ich aufs Deck, um mein Zeug zusammenzusuchen. Ich fand bei meinen Sachen eine große Kiste stehen, die an Thekla Bernays adressiert war. Ich dachte, daß es in den Vereinigten Staaten nur eine Familie

Bernays gäbe, und als ich die Passagierliste zur Hand nahm, sah ich zu meinem großen Staunen unter den Gästen Mr. Charles Augustus Bernays, Thekla Bernays und dann mich, Mrs. Ely Bernays, mit meiner Schar. Da wollte ich natürlich wissen, wer diese Namensvettern seien, hörte aber, daß sie erst in Dover das Schiff besteigen würden. Sehr erfreut aber war ich, als ich sah, daß sie ihre Kabine neben der unseren hatten. Als wir Dover erreichten, war es bereits abends, und die Kinder lagen bereits im Bett, aber ich wartete auf die Ankömmlinge. Als ich die Dame die Schiffsleiter heraufkommen sah und die Ähnlichkeit mit meiner Tochter bemerkte, wußte ich sofort, daß sie eine Bernays sein müßte. Ich erkundigte mich noch abends und erhielt die Bestätigung. Am nächsten Morgen saßen wir zusammen und fanden, daß wir verwandt seien. Die Großväter waren Brüder gewesen. Dr. Charles August war ein bedeutender Chirurg in St. Louis, und seine Schwester Thekla lebte mit ihm. Die Reise war dadurch sehr interessant, und eine tiefe Freundschaft, die nur der Tod löste, verband mich mit Thekla. Als ihr Bruder, noch jung, in St. Louis starb, übersiedelte sie nach New York. Durch dreißig Jahre war ich mit Thekla Bernays im steten Verkehr, der uns zum Segen wurde, und als ich sie 1930 verlor, ist ein Stück meiner Seele mitgegangen.

18. Kapitel
Mit Sohn Edward nach Wiesbaden – Glückliches Familienleben

Vater war glücklich, uns alle wieder zu Hause zu haben, das Haus war gut bestellt und alles in schönster Ordnung. Der Junge kam in eine Privatschule, für die Kleinen hatte ich ein feines deutsches Fräulein, der Park war nicht weit, und da alles gesund blieb, verging der Winter angenehm in der Erinnerung an die schönen, drüben verlebten Zeiten. Da wir nur wenig ausgingen, war das Familienleben ein inniges. Vater las oft vor, und die beiden Großen, die Fünfzehnjährige und die Zwölfeinhalbjährige, lauschten mit Interesse. Ich war bedeutend wohler als vorher, und als der Frühling kam, wollte Vater, daß ich wieder nach Wiesbaden gehen sollte, schon aus Dankbarkeit. Und so wurde beschlossen, daß ich den Jungen mitnehmen sollte und die vier Mädchen unter der Obhut des Vaters und des Hamburger Fräuleins zurückbleiben sollten. Ich fuhr mit einer Freundin. Zum Abschied standen meine vier Mädchen am Pier und winkten mit amerikanischen Fahnen. Ich war so aufgeregt, daß ich fürchtete, in Ohnmacht zu fallen, als sich das Schiff vom Ufer entfernte. Erst als wir hinaus auf den großen Ozean kamen, beruhigte ich mich. Ich konnte mir das nur so erklären, daß das weite Meer in seiner Unendlichkeit so bedeutend ist, daß vor ihm alle kleinlichen weltlichen Dinge verschwinden. Das muß wohl auch die Ursache sein, aus der die Ärzte bei Nervenerschütterungen Ozeanreisen verschreiben.

Der Junge war ja schon zehn Jahre alt und machte mir gar keine Mühe. Mein Nachbar am Deckstuhl war der Direktor einer Bank in Washington, und durch ihn fand ich viel Unterhaltung. Ich bedauerte nur, daß ich gar nicht geläufig Englisch sprechen konnte und nicht imstande war, meine schönsten Gedanken, dadurch daß ich sie immer erst für mich übersetzen mußte, richtig zum Ausdruck zu bringen oder ein Goethe-Zitat richtig anzuwenden. Von diesem interessanten Amerikaner habe ich viel gelernt. Ich verstand ihn zwar vollkommen, aber ich fürchte, daß er mich nur teilweise verstehen konnte. Er hatte eine Tochter am sächsischen Hof, damit sie Deutsch lerne. Als ich bemerkte, daß bei uns Sprachkenntnisse zur allgemeinen Bildung gehörten, meinte er allerdings: Mit Englisch kommt man durch die ganze Welt. Und er schien wirklich recht zu behalten.

Wir gingen von Bremen direkt nach Wiesbaden. Ich begann wieder die Kur. Anstelle der Villa am Leberberg, in der wir voriges Jahr gewohnt hatten, stand ein prächtiges Haus, das »Villa Oranienburg« hieß und von denselben Damen geleitet wurde. Es war sehr nette Gesellschaft dort; das Essen wurde einem nicht wie früher auf dem Zimmer serviert, sondern im großen gemeinschaftlichen Speisezimmer. Im Salon waren Klavier und Kartentische, und wenn man einmal zu Hause blieb, traf man dort alle Insassen und hatte Gelegenheit, Leute kennenzulernen.

Ich machte meine sechswöchige Kur, und als Abschluß machte ich auf dem Rheindampfer einen Ausflug nach Biberach am Rhein. Auf dem Schiff, auf der Fahrt nach Bonn, traf ich Amerikaner, die mit uns die Überfahrt gemacht hatten. Alle schwärmten von den Schönheiten Deutschlands, dem Rhein mit seinen geschichtlichen Sagen, dem Loreleifelsen, und selbst die Amerikaner zitierten Heines Verse. Mein Junge war begeistert. Wir besuchten, auf Eseln reitend, das Lahngebirge, waren in Ems bei einem Feste, waren in Bingen. Das schönste war Koblenz. Wir sahen das Denkmal Kaiser Wilhelms des Ersten, die Aussicht auf den Rhein und die Einmündung der Mosel. Als der Junge während des Weltkrieges wieder in diese Gegend kam (Drachenfels, Koblenz usw. waren damals von den Amerikanern besetzt), war er stolz, daß er die Gegend bereits kannte.

Wir kamen auch nach Köln, wo ihn das Heinzelmännchentum ergötzte. Im Dom hörten wir wunderbaren Gesang, und auf der Rückfahrt besuchten wir Mainz, wo ich ein Bild des Gutenberg-Denkmals kaufte. Wir gingen in Biberach in den großen Park, wo Bismarck thronte und Richard Wagner die Ouvertüre zu den Meistersingern schrieb. Alle diese Weisheit schüttete ich vor dem Jungen aus. Todmüde kamen wir nach dreieinhalbtägiger Reise nachts in Wiesbaden an. Abends brachte mir die Dame des Hauses ein Kabel; es war ein Glück, daß ich durch das

Geschäft meines Mannes an Kabel gewöhnt war, aber trotzdem versetzte mich der Inhalt des sechsunddreißig Worte langen Telegramms in einige Aufregung. Ich hatte den Plan, nach Österreich zu reisen und den 18. August, den Geburtstag meiner Mutter, mit ihr in Ischl zu feiern. Vorerst wollte ich aber noch mit einem Freund meines Mannes eine Reise nach Südtirol (Mendelpaß) unternehmen. Es war der 1. August. Der Inhalt des Kabels war, daß ich sofort zurückkommen sollte. »Opposed to your trip to Austria« (Bin gegen deine Reise nach Österreich). Natürlich glaubte ich, daß ein Kind krank sein müsse. Ich telegraphierte um richtigen Aufschluß. Die Antwort war beruhigend, aber die Meinung meines Mannes ging aus dem Satz »die Mutter gehört zu den Töchtern« deutlich hervor. Ich gab beinahe zweihundert Mark, das sind zirka fünfzig Dollar, für Telegramme aus. Ich ging zum Arzt, um ihn zu fragen, ob nicht jede Badekur zur Erholung eine Nachkur brauche. Allein es nützte alles nichts. Ich sollte unbedingt nach Hause kommen. So nahm ich von Wiesbaden aus die Schiffskarte und fuhr nach Berlin und von da nach Hamburg.

Am 8. August landeten wir in New York. Auf dem Schiff traf ich eine reizende Familie aus Berlin, an die ich mich innig anschloß. War es Schicksal, daß wir diese Freundschaft schlossen? Denn durch sie erhielt ich meinen ersten Schwiegersohn und wurde Großmutter. Unsere zweite Tochter heiratete mit siebzehn Jahren den Bruder der Dame, die ich auf dem Schiff kennengelernt hatte.[106]

In New York herrschte eine große Hitze. Wir blieben nur einen Tag dort und fuhren dann zu den Kindern ins Mountain House in den Catskill Mountains.[107] Der Stolz des Vaters, der jeden Sonntag hinausgekommen war, um die Kinder zu besuchen, kannte keine Grenzen, als die benachbarten Familien den Kindern das beste Zeugnis ausstellten, wie wohlerzogen sie seien und daß sie gerne die Mutter dieser Kinder kennenlernen wollten. Dies war auch die Haupt-

Catskill Mountain House

ursache, warum er mich zurückgerufen hatte. Das Sommerhaus lag zwar ziemlich hoch, aber morgens gab es immer dichten Nebel von dem Hudson herauf. Ich konnte das Klima nicht vertragen. Schon nach zehn Tagen nahm ich die drei Kleinen mit dem Fräulein nach Sharon, während ich die zwei Älteren mit einer Aufsichtsdame im Mountain House zurückließ.

Nach dem Labour-day vereinigten wir uns wieder in unserem Heim in New York. Allein mir fehlte die Nachkur, und ich war den ganzen Winter nicht wohl. Durch den Aufenthalt im Mountain House hatte sich unser Bekanntenkreis wieder vergrößert. Unser Haus war sehr beliebt (man nannte es das österreichische Einwanderungshaus), denn bei uns wurde die Gastfreundschaft in sehr hohem Maße gepflogen.

Wir hatten ein sehr glückliches Familienleben. Die Kinder hatten oft Altersgenossen zu Besuch. Vater hielt strenges Regiment, das ich aber durch meine Heiterkeit ausglich. Der Junge wurde von dem Diener in die Schule gebracht, aber er bat uns, ihn doch allein gehen zu lassen, da er ja schon ein großer Bub sei. Wir gaben auch seiner Bitte nach. Den Lunch nahm er in der Schule ein und kam erst um vier Uhr nach Hause.

Die Kinder machten uns so viel Freude, daß wir sie selten abends verließen. Wir gingen öfters ins Theater in der 125. Straße, wo alle guten Stücke aufgeführt wurden, allerdings kamen sie erst später, wenn sie schon einige Zeit am Broadway gegeben worden waren, dorthin. Lesly Carter[108] in »Belles of Maryland« oder in »Sappho« ist mir noch in guter

Erinnerung. Die Besetzung war gut, und es wurde ausgezeichnet gespielt. Mein Mann ging jeden Sonntag in eine andere Kirche, um durch das Anhören von Predigten sein Englisch zu verbessern. Wir waren Mitglieder von österreichischen Vereinen und hörten uns jeden Austausch-Professor an. Sehr interessierte mich der Vortrag Professor Delitschs über »Babel und Bibel«.[109] Jede Neuerscheinung auf dem deutschen literarischen Himmel habe ich gelesen. Für die Großen hatte ich einen Professor engagiert, der in Literatur und Geschichte unterrichtete, so daß sie, trotzdem sie in die englische Schule gingen, die deutsche Bildung nicht vernachlässigten.

Mein Mann war ein großer Musikliebhaber und wollte, daß die Kinder Musikunterricht erhielten. Die Älteste lernte Klavier, Lucy Violine, und der Bub sollte die Flöte blasen, damit wir ein Trio hätten. Aber sein Wunsch ging nicht in Erfüllung, da die Kinder nicht musikalisch begabt waren. So wurde die Zeit besser für Sprachstudien verwendet, und da hatten wir mehr Erfolg. Die Älteste sollte nach zwei Jahren Barnard College[110] aufhören, um zu Hause der

Anna mit den Kindern Judith, Lucy und Edward um 1898

Mutter bei der Erziehung der jüngeren Geschwister behilflich zu sein, sie war aber damit nicht einverstanden, und so ließen wir sie weiter ins College gehen. Nach vier Jahren las sie in der Zeitung ihre Berufung als Lehrerin der deutschen und französischen Sprache an die Erasmus Hochschule in Brooklyn.

In Lake George[111], wo wir den Sommer verbrachten, hatte ich eine große Aufregung durchzumachen. Um meinem Jungen gleichaltrige Gesellschaft zu verschaffen, lud ich einen vierzehnjährigen Knaben als Spielgenossen ein. Er war ein kleiner Hamburger, dessen Familie ich bei meinem ersten Besuche in Hamburg kennengelernt hatte. Paul war ein echter Bücherwurm, und anstatt in Wald und Flur sich zu ergötzen, saß er den ganzen Tag in der Veranda und las und las. Ich ermunterte ihn, doch mit unserem Jungen Partien zu machen. In der Nähe von Lake George war ein Berg, auf den früher eine Zahnradbahn hinaufführte. Auf dem Gipfel war ein großes Hotel, das ehedem sehr frequentiert wurde. Die Bahn war nunmehr außer Betrieb gesetzt. Ich kletterte manchmal mit meinen fünfen entlang dem Geleise hinauf, um die schöne Aussicht zu genießen, während Paul sich weltverloren in ein Buch vertieft hatte. Als wir heimkamen, erzählten wir ihm von unserem schönen Ausflug.

Eines Abends, als wir uns ankleideten, um zum Diner ins Hotel zu gehen, fehlte Paul. Er war nicht im Haus, er war nicht am See, er war nicht auf der Wiese, alles Suchen war vergebens. Es wurde dunkler und dunkler. In meiner Angst schickte ich nach Callwell und bat die Gemeindevorstehung des Dorfes, nach dem Jungen zu suchen. Ich war einer Ohnmacht nahe, da ich allein wußte, daß die Eltern von Paul drei erwachsene Kinder durch Ertrinken verloren hatten; und zwar einen Sohn mit achtzehn Jahren, ein blühendes Mädchen mit elf Jahren, und vor gar nicht langer Zeit wurde eine bildschöne Tochter aus dem East River gefischt.

Es war wie ein Verhängnis, das diese armen Eltern betroffen hatte. Ich wollte Paul einen schönen Sommer verschaffen, und nun fand man den Jungen nicht. Ich war dem Wahnsinn nahe, da erschien er auf einmal glückstrahlend. Er berichtete, daß er oben im Hotel gewesen war und daß ich nun nicht mehr glauben solle, daß er zu feige sei, allein zu gehen. Wie dankte ich dem Himmel, als ich ihn heil und gesund vor mir stehen sah. Heute ist er ein großer Mann in Hollywood. Er hat niemals meine Aufregung vergessen. Er liebt mich wie eine Mutter, seit er seine verloren hat. Weder Ostern noch Weihnachten vergehen, ohne daß er mir zur Erinnerung an der Zwischenfall in Lake George Blumen schickt. Das war im Jahre 1907 …

Eines Tages erschien der Vater und sagte, daß wir unseren Aufenthalt abkürzen müßten, da eine schwere Krise eingetreten war, die Bank gab kein Geld heraus. Ich hatte sogar eine Freundin eingeladen, der ich absagen mußte. Der Not gehorchend, nicht dem eigenen Triebe, kehrten wir schleunigst nach New York zurück.

Den Winter haben wir ruhig verlebt. Die Töchter wuchsen sehr nett heran. Ich faselte immer, daß ich noch so lange am Leben bleiben müsse, bis ich meine vier Schwiegersöhne erwartet hätte. Wir hatten jeden Samstag sehr viel Besuch, junge Menschen. Darunter auch die zwei Brüder der Dame, die ich auf dem Schiffe kennengelernt hatte und mit der ich so befreundet wurde, daß ich auch mit den Eltern korrespondierte. Eines Tages erhielt ich ein Schreiben von der Mutter der Dame, in welchem sie mich nach deutscher Art bat, für ihre zwei Söhne die richtigen Frauen auszusuchen; sie hatte vier Söhne und eine Tochter, gerade das Gegenteil von mir, und machte sich um ihre Söhne mehr Sorgen als ich um meine Töchter. Im übrigen war ich sehr für Selbständigkeit. Hatte ich doch auch im Jahre 1883 selbst meinen Gatten gewählt. Ich hatte niemals daran gedacht, in die Wahl meiner Kinder einzugreifen. Ich antwortete der besorgten Mutter, daß meine Töchter nicht in Betracht kämen, da die Älteste achtzehn, die zweite erst sechzehneinhalb Jahre alt sei. Meine Antwort war: Liebe Frau, meine Töchter kommen nicht auf den Heiratsmarkt. Ich werde jedoch versuchen, ihren Söhnen ältere Freundinnen meiner Mädels vorzustellen, sie können dann selber wählen.

Wir Frauen versuchen ja immer, Glücksbringer zu sein, und in alter Zeit spielte der Kuppelpelz eine große Rolle, aber ich hatte mich nie in dieser Arbeit versucht. Wie sollte ich jetzt ahnen, daß der Sohn sich in meine Lucy vergaffen würde. An einem Sonntagnachmittag kam Lucy in einem blauen Kleid die Treppen des oberen Stockwerks herunter. Felix, der gerade neben mir stand, bemerkte: »Ach, Frau Bernays, ihre Lucy ist liebreizend.« Ich aber, fern von jedem Mutterstolz, antwortete: »So ein Fratz, ich hatte gerade eine Auseinandersetzung mit ihr, weil sie das Kleid um drei Zentimeter länger haben will.«

Lucy ging in die Ethical Culture Schule und studierte Kindergarten. Als wir während des Sommers nach Lake George gingen, erlaubte ich einen Briefwechsel mit einem Studenten aus Georgetown, weil ich dachte, daß ein Gedankenaustausch von Menschen in verschiedenen Lebenslagen nur vorteilhaft sein könnte. Allein, als sie eines Tages aufgeregt aus der Schule nach Hause kam und frug, ob ein Brief aus Georgetown gekommen sei, fürchtete ich, daß beide in ihrer Jugend zu weit gegangen wären. Da der junge Mann anderen Verhältnissen und einer anderen Religion angehörte, wollte ich den Briefwechsel weiterhin untersagen. Als ich mit Lucy darüber sprach, fiel sie mir mit errötenden Wangen und brennenden Augen um den Hals und flüsterte: »Er ist es nicht, es ist ja Felix.«

Am nächsten Abend lud mich Felix mit einem der Mädchen, die ich ihm vorgestellt, und ihrer Mutter ins Theater ein. Als er die beiden Damen nachher in ein Taxi gesetzt hatte, sagte ich ihm: »Mr. Felix, nun kann ich mir denken, wer ihre Schwiegermutter werden wird.« Erstaunt, verwundert und verkracht war ich, als er mir beim Nachhausefahren die Eröffnung machte, daß er mit Lucy verlobt sei, ich solle auch Vater hiervon Mitteilung machen. Meine Antwort war: »Wenn du den Mut hast, ein so junges Mädchen zu erobern, so mußt du auch den Mut haben, es dem Vater zu erzählen.«

Es war Samstag, Lucy saß mit einer Flechtearbeit am Boden, als uns ein Telephonanruf aufschreckte. Mein Mann bat mich um eine Erklärung, wieso Herr Felix W[iener][112] ihn um eine Unterredung unter vier Augen bitten könne. Da er mit ihm in keiner Geschäftsverbindung stand, mutmaßte er sogleich, daß es sich um eine seiner Töchter handeln müsse. Nach seiner Erziehung und der deutschen Art meinte er, daß die Töchter nach dem Alter heiraten müßten, und glaubte, es handle sich um die Älteste. Aber als ich zitternd Lucy nannte, warf er das Telephon mit den Worten hin: »Verrückt.«

Zufällig hatten wir vor drei Abenden über die Zukunft unserer Töchter gesprochen und hatten beschlossen, daß unsere Mädel unter vierundzwanzig überhaupt nicht an eine Heirat denken sollten, und jetzt hatten wir einen Bewerber für die sechzehnjährige Lucy! Es waren schwere Tage, aber Amor war der Stärkere. Als Felix zu meinem Mann kam, um direkt um die Hand unserer Tochter anzuhalten, erklärte mein Mann, daß er die Zusage nur unter der Bedingung gebe, daß er Jahre warten würde und daß die Sache mittlerweile geheimgehalten werden müsse und daß Lucy ihre Studien fortsetze.

Am 6. Februar, dem fünfundvierzigsten[113] Geburtstag meines Mannes, hatten wir große Gesellschaft. Unbewußt wurde die Feier eine doppelte, denn den Freunden erzählten wir ja doch von der Verlobung.

Mein Mann wollte durchaus, daß Lucy weiter in die

Schule gehe, doch der Bräutigam fand es lächerlich, mit einem Schulkind mit zwei hängenden Zöpfen verlobt zu sein. In diesem Kampf zwischen den Ideen meines Mannes und dem Verlangen des Bräutigams litt ich schrecklich. Lucy war gesund, aber zart. Um den Meinungsverschiedenheiten der beiden Männer ein Ende zu bereiten, ließ ich den Arzt die Entscheidung treffen; der meinte, sie solle die Schule mit dem zeitlichen Aufstehen aufgeben, sich auch sonst nicht anstrengen. Gesellschaftliche Veranstaltungen sollte sie nur zweimal wöchentlich besuchen.

Da hatten wir nun eine Braut im Hause! Jedem neuen Besucher ward ein Glas Rheinwein hingestellt und, trotzdem es eigentlich ein Geheimnis bleiben sollte, haben wir vielleicht fünfzigmal die Verlobung gefeiert. Anstatt fünf gab es nun sechs Kinder. Der dreizehnjährige Junge war sehr eifersüchtig. Er konnte nicht verstehen, daß er nach dreizehnjähriger Alleinherrschaft nun plötzlich seiner Stellung enthoben wurde. Die Älteste war von ihrem Studium so gefesselt, daß es schien, als ob die Sache gar keinen Eindruck auf sie mache. Die Jüngsten waren sehr stolz, daß sie in ihrer zarten Jugend schon einen Schwager besaßen. Der Vater wollte seine junge schöne Tochter nicht so schnell hergeben. Jeden Abend war Felix zu Tisch bei uns, und jedesmal wollte er das Datum der Hochzeit wissen. Vater verwies ihn an sein gegebenes Versprechen. Unter so verschiedenen Einflüssen war es schwer als Mutter, Ruhe und Eintracht zu bewahren. Es gab lange zehn Monate des Wartens. Wir fuhren selbst im Sommer nicht weg. Die Furcht, daß Lucy und Felix heimlich heiraten könnten, stand wie ein Gespenst vor meinen Augen. Es war ein großer Sieg, als ich endlich von meinem Mann die Zusage erhielt, daß die Hochzeit am Thanksgivings-day, dem 24. November, stattfinden dürfe.

Am 24. August war Lucys Geburtstag, das ganze Haus war mit der Ziffer 18 geschmückt; drei Monate später stand sie im Tempel, Hand in Hand mit dem von ihr erwählten Gatten, als süße Braut.

Wir hatten nach alter deutscher Sitte tags vorher Polterabend; ein Freund schrieb ein reizendes Theaterstück für diese Gelegenheit, Freunde von uns führten es auf. Es handelte von den wichtigsten Episoden aus der Jugendzeit. Sechsunddreißig Freunde waren geladen, und ich hatte mit meiner Wiener Köchin alles selber hergestellt. Eine Hochzeitszeitung, mit viel Humor verfaßt, wurde vorgelesen, und Wiener Lieder erhöhten die Stimmung. Die Gesellschaft wollte bis fünf Uhr früh aufbleiben, aber um Mitternacht kam der Befehl meines Mannes, daß Schluß gemacht werden müsse, da der nächste Tag unsere Kräfte noch vollauf in Anspruch nehmen würde.

Der Hochzeitstag war sonnig wie die junge Braut, das kleine Gotteshaus überfüllt von Menschen. Jeder Platz war besetzt, denn von nah und fern kamen die Freunde, um die schöne junge Braut zu sehen. Nach der Hochzeit fuhr die Familie nach Hause. Das junge Paar kleidete sich um und rüstete sich, die Hochzeitsreise nach Canada anzutreten. Der Abschied bedeutete für mich einen Lebensabschnitt, denn nun hatte ich eine doppelte Rolle zu spielen, als Mutter und Schwiegermutter de luxe. Mein Kind war im Besitz eines fremden Mannes.

Vater und ich sorgten für das neue Heim. Als die beiden nach vier Wochen heimkehrten, war das Puppenheim fertig und sogar mit einem Mädchen versorgt. Die beiden wohnten nahe bei uns, und da sie täglich zum Lunch kamen, war sie uns doch nicht so genommen.

Im Sommer führte Felix seine Frau nach Europa, um sie seiner Familie vorzustellen, und übers Jahr, am 1. Juni, wurde aus der Schwiegermutter eine glückselige Großmutter, die diesen Namen mit Stolz trug, während mein Mann sich dafür noch zu jung fühlte.

Der kleine Fred, der die jungen Schwestern zu Tanten

machte, wollte anfangs nicht recht gedeihen, da die junge Mutter nicht genug Nahrung hatte. Aber als ich von meiner Kur aus Sharon zurückkam und den »verhungerten Cubaner« sah, bestand ich darauf, daß der Kleine entwöhnt wurde; mit den Flaschen wuchs er zum prächtigen Jungen heran.

Den nächsten Sommer verlebten wir in Placid. Tägliche Nachrichten sowie Bilder des Kleinen brachten Freude in unser Sommeridyll. Der Junge war zum ersten Male dem Einfluß der Mutter entzogen und nach dem »Natural Science Camp« in Cayuga Lake im State New York geschickt; der Aufenthalt in der freien Natur, schwimmen, reiten, schlug ihm glänzend an, und er entwickelte sich prachtvoll.

Als er Ende Juni mit den anderen Jungen von New York fortgefahren war, hatte ihm Vater fünf Dollar Taschengeld gegeben und dazu bemerkt, daß er jederzeit schreiben könne, wenn er wieder etwas Geld brauche, aber Wochen vergingen, ohne daß er um weiteres Taschengeld bat. Auf die briefliche Anfrage kam die Antwort, daß er sich durch Handlangerdienste von den großen Burschen genug Geld verdiene und daß er auch bei den Farmern Erbsen pflücke und daher keine Zulage brauche. Früh übt sich, was ein Meister werden will.

Labor-day brachte uns alle wieder heim. Eddy hatte die Privatschule absolviert und kam in die »highschool«. Felicitas blieb noch in der Wadleigh High School, wo sie immer die Beste war. Der Getreidemarkt war auf der Höhe. Mr. Leiter war der Weizenkönig; mein Mann wurde der »Barley King« (Gerstenkönig) genannt. Er hatte so viel zu tun, daß er sein Bureau nach Chicago verlegen mußte, das der Mittelpunkt für den Getreidehandel ist. Durch eine Freundin meiner jüngsten Tochter wurden wir veranlaßt, den nächsten Sommer in den Catskill Mountains zu verbringen. Wir mieteten dort eine große Villa. Ich zog mit meinen fünfen und den zwei Enkeln, Lucy hatte inzwischen noch einen Knaben bekommen, der Walter hieß, bereits am 1. Mai aufs Land. Der Schwiegersohn war nach dem Westen, um neue Erwerbsquellen zu suchen. Wir hatten zehn Morgen Wald und Wiesen zur Verfügung. Die Freiheit und Ungebundenheit, der sich die Kinder hingeben konnten und die sich wie die Füllen gebärdeten, tat allen unbeschreiblich wohl.

Als wir noch nicht lange am Land waren, kam ein Brief aus Chicago von meinem Mann, ob ich nicht hinkommen würde, er hatte das Alleinsein satt. Ich zögerte zuerst, da ich die Kinder nicht allein lassen wollte, aber Lucy ermunterte mich, doch zu reisen. Ich telegraphierte nach Chicago, daß ich kommen würde. Mein Sohn begleitete mich bis Albany, und nun machte ich meine erste amerikanische Reise allein. Der berühmte Chicago-Expreß brachte mich in achtzehn Stunden hin; um neun Uhr morgens kam ich an. Mein Mann erwartete mich mit offenen Armen.

Während der Reise fielen mir all die Bequemlichkeiten auf, mit welchen die amerikanische Eisenbahn ausgestattet ist. Zuerst, wenn man einsteigt, bekommt man einen Papiersack für den Hut, in einer Stadt wurden Blumen ausgeteilt als Reklame für eine Blumenhandlung; im Aussichtswagen lagen Zeitungen aus der ganzen Welt auf, der Schlafwagenkondukteur behandelte mich wie eine Fürstin. Hier hat wohl auch das Trinkgeld seine Wirkung getan.

Mein Mann hatte in der Michigan Avenue und 34. Straße im ersten Stock eine Wohnung gemietet. Zufällig waren die Decken, Wäsche usw. mit einem B. gemerkt, so daß ich mich wie zu Hause fühlte. Die Besitzer der Wohnung waren in Europa und hatten die Wohnung für den Sommer einer Freundin überlassen. Diese hatte dann, wie wir später erfuhren, ohne Wissen der Besitzer, die Wohnung an uns weitervermietet. Die Wohnung war herrschaftlich eingerichtet.

Mein Mann ging früh zur Börse, und ich hatte eine junge Negerin, die mich bediente. Um neun Uhr morgens kam der Wagen, um mich abzuholen. In der Regel fuhr ich nach dem großen Warenhaus von Marshall Field und verbrachte dort die Zeit bis drei Uhr. Um diese Zeit holte mich mein Mann dort ab.

Dieses riesige Warenhaus ist mit Erzeugnissen der ganzen Welt ausgestattet. Dort ist eine große Bibliothek vorhanden, Zeitungen in den verschiedensten Sprachen usw., ein Speisesaal wie in einem großen Hotel, Reisebureau, Theaterkartenbureau und vieles andere. Ich wurde nicht müde, alles anzustaunen, erledigte im Schreibzimmer meine Korrespondenz. Die Zeit verging mir im Nu.

Wir waren täglich eingeladen. Die Gastfreundschaft im Westen ist bekannt. Besonders ein Diner in dem Hotel, wo die Freunde meines Mannes wohnten, war sehr elegant. Als wir bei Tisch saßen, erklang herrliches Klavierspiel, und als ich fragte, wer der Künstler sei, wurde mir erklärt, daß dies ein elektrisches Klavier sei. Ich hörte es damals zum ersten Male. Die Leute, bei denen wir eingeladen waren, waren sehr reich, auch Getreideexporteure. Sie hatten zwei Zimmer im Hotel, in denen Glaskästen, mit herrlichen Kunstgegenständen angefüllt, standen. Diese Schätze haben sie nach ihrem Tod dem Museum geschenkt.

In einem der großen Parks von Chicago sah ich das erste Freilichttheater in einer schönen Mondnacht. Die großen Bäume waren wie mit Diamanten übersät, man hörte Vogelgezwitscher, während ein englisches Stück aufgeführt wurde. Im Traum sah ich dann das Spiel noch einmal. In einem andern Park hörte ich eines Abends ein Konzert von Thomas[114]. Die acht Tage, die ich in Chicago verbrachte, waren sehr interessant. Ich kam mit Geschenken beladen heim. Vater mußte noch in Chicago bleiben, da das Geschäft es erforderte.

Ich erhielt einen Brief von meinem Bruder Sigmund, dem

Professor, daß er nach Amerika kommen werde. Anläßlich des zehnjährigen Jubiläums der Clark Universität in Worcester Massachusetts war er eingeladen worden, nach USA zu kommen, um über die neue, von ihm begründete Wissenschaft, die Psychoanalyse, Vorträge zu halten.[115] Nur durch die Zeitung erfuhr ich verspätet, daß er angekommen sei. Ich kam vom Gebirge in die Stadt und erfuhr, daß er, als er in New York angekommen war, uns in unserer Wohnung aufgesucht hatte. Da niemand zu Hause war und alles fest verschlossen, ging er wieder fort, und wie ein zerstreuter Professor erkundigte er sich nicht, wo wir zu finden seien. Ich fand dann, wieder durch die Zeitung, wo er abgestiegen war, und hörte, daß er nach den Festlichkeiten in der Universität die Einladung eines Professors, der ihn in ein Natur-Camp in die Adirondacks eingeladen hatte, angenommen habe. Da er ein solches Leben im Freien, bei mangelhafter Unterkunft, in Zelten, ungenügend zubereiteter Kost usw., von Europa aus nicht gewöhnt war, mißfiel ihm das Ganze. Auch in New York, wo gerade die große Hudson-Fulton-Feier war und im Zusammenhang damit sehr viel Lärm und Getriebe, fühlte er sich nicht wohl, so daß Amerika keinen angenehmen Eindruck auf ihn machte. Ich traf ihn vor seiner Heimkehr in New York. Er schätzte sich glücklich, daß er bald wieder heimreisen konnte.

Er hatte damals sechs Kinder, drei Buben und drei Mädel.[116] Ich bat ihn, mir doch Bilder von den Kindern zu schicken, damit ich mir vorstellen könnte, wie sie jetzt aussehen, worauf er mir erwiderte: »Blick in das Angesicht deiner, und du hast die meinen.« Dieser Ausspruch spielt darauf an, daß wir ja ein Doppelpaar waren und daher dasselbe Blut in den Adern unserer Kinder. Seine Frau war die älteste Schwester meines Mannes.

Mein Bruder war mit vier seiner Schüler gereist, die alle vier jetzt weltberühmt sind. Ich habe auch noch ein Gruppenbild aus diesen Tagen, wo er mit Dr. Jung aus Zürich,

Dr. Ferenczi aus Budapest, Dr. James und Dr. Titchener abgebildet ist.[117]

Als ich fünf Jahre später[118] meinen Sohn in der Cornell Universität besuchte, war ich bei Dr. Titchener eingeladen. Dort wurde meines Bruders in besonderer Weise Erwähnung getan. Auch ein anderer Schüler meines Bruders, der sich in New York niederließ und mit meinem Bruder in steter Verbindung blieb, Dr. Brill,[119] war damals anwesend.

19. Kapitel
Dritte Europareise nach Tirol und in die Schweiz

Im nächsten Sommer ging es wieder nach Europa, da ich noch immer an Malaria litt und den Winter über nicht wohl gewesen war. Diesmal fuhr ich allein. In Marienbad traf ich meinen Bruder, den ich ziemlich ermüdet fand und der mir erklärte, er habe sich an dem amerikanischen Eiswasser für immer den Magen verdorben.

Von Marienbad ging ich mit meiner Schwester, mit der ich vor Jahren am Ossiachersee gewesen bin, ins Ötztal nach Tirol. Die Alpenluft, die herrliche Natur, sehr nette Gesellschaft, Künstler und Professoren aus München, machten den Aufenthalt zu einem Genuß. Meine Malaria war verschwunden. Ich konnte stundenlang gehen und schwamm, zum Ergötzen meiner kleinen Neffen und Nichten, über den ganzen See.

Mit meinem heiteren Gemüt wurde ich die Seele des kleinen Ortes, während meine Schwester, bei der sich eine beginnende Schwerhörigkeit zeigte, öfters melancholisch wurde. Als mein Schwager, der Hochtourist war, einmal vom Stilfserjoch herunterkam und uns so idyllisch leben sah, meinte er, daß ich mich in USA zwar sehr verändert habe, daß mir aber mein Optimismus und meine Naturschwärmerei erhalten geblieben seien. Wir waren die Seele einer wohlgelungenen Feier für den Verschönerungsverein in Ötz, die viel Geld einbrachte. Ich fühlte mich so wohl dort, daß ich mich nicht trennen konnte und sogar nicht zum Geburtstage meiner Mutter, am 18. August, nach Ischl fuhr, sondern mit den lieben Tirolern den Geburtstag des Kaisers in Ötz feierte. Es kamen alle Bauern in Nationalkostümen und tanzten Schuhplattler. Ich spendierte eine Pfirsichbowle, und als ich den Bauernkindern noch Zuckerwerk schenkte, fand ich nachträglich in einem Lokalblättchen die Bemerkung, daß eine amerikanische Millionärin die Kinder beschenkt hätte. So naiv waren die Bergbewohner, daß für sie Amerika und Reichtum ein untrennbarer Begriff waren, trotzdem mein Zuckerwerk nur wenige Groschen gekostet hatte. Die Tiroler hatten einen dunklen Begriff von einem Ozean, den man durchqueren mußte, wobei die Seekrankheit als Schreckbild genannt wurde. Daß es einen reichen Mann namens Vanderbilt gibt, der mehr Geld hat, als alle Könige zusammen haben, wußten sie auch. Wenn der Mond über die Schneeberge silberhell schien, saßen wir vor dem Haus, und ich erzählte von der Wunderstadt New York. Viele beneideten mich, daß ich drüben leben konnte.

Am 20. August kam ein Wettersturz. Ich hatte eine Einladung nach Sils Maria, zu den Eltern eines guten Freundes. Da die Schweiz das Land meiner Sehnsucht war, nahm ich die Einladung an. So fuhr ich von Innsbruck zuerst nach Bregenz. Wie angenehm überrascht war ich, als ich auf dem Bahnhof Schwester und Schwager mit ihrem Sohn antraf. Wir fuhren nach Lindau und stiegen in einem Hotel direkt am Bodensee ab. Abends war Konzert auf dem großen Platz, und alle Gäste und Einwohner trafen sich dort. Am nächsten Morgen wandelten wir durch die Stadt. Wir fuhren mit einem Boot auf den Bodensee hinaus und nach Friedrichshafen, wo eben Graf Zeppelin sein zweites Luftschiff baute. Wir sahen dort die großen Zeppelinwerke, deren geniale Luftschiffe später die ganze Welt beherrschten. Die Rückfahrt im Mondschein war herrlich. Es waren drei schöne Tage, die ich da verlebte. Ich nahm von meiner Familie schweren Abschied, und mein Schwager sagte nur: »Ach, Anna, komme doch bald wieder. Dein Frohsinn ist ein Labsal für meine Frau.« Wer hätte geglaubt, daß dies ein Abschied für immer war! Im nächsten Jahr, im Januar 1908, wurde er von einem Herzschlag hinweggerafft.

Ich fuhr also von Lindau nach Sils Maria. In Chur, wo ein längerer Aufenthalt war, nahm ich mir einen Wagen, um die Stadt zu besichtigen. Ich sah den Dom und das herrschaftliche Schloß. In der Zweigbahn, die nach St. Moritz führt, nahm ich mir eine Karte im Aussichtswagen. Besonders fesselte mich die Station Bergün am Albulapaß. Das kleine Dorf war an einen Bergrücken angelehnt, weltverloren, aber doch als klimatischer Kurort bekannt.

Im Zug fehlte leider die Toilette, daher fragte ich den Schaffner, ob ich in der nächsten Station so viel Zeit hätte, um zu diesem Zwecke auszusteigen, worauf er mir die Antwort gab: »Ja, gnä Frau, ich weiß ja nicht, wieviel Zeit Sie dazu brauchen.« Diese gravitätische Antwort veranlaßte mich, lieber nicht auszusteigen. Ich mußte mich mit der herrlichen Aussicht begnügen, schaute gemütlich auf die Täler herunter.

In St. Moritz wurde ich von Freunden abgeholt und fuhr dann mit der Postkutsche nach Sils Maria. Das Engadin ist das schönste Hochplateau der Schweiz. Das feinste Hotel war das Barblan[120], in dem ich ein Zimmer mit einem Balkon und der Aussicht auf die Gletscher hatte. Täglich machten wir einen Spaziergang zum Nietzsche-Denkmal. Frühmorgens wanderte ich auf den Paßhöhen und pflückte Alpenblumen. Das Engadin hat eine herrliche Flora, große Glockenblumen, Sternblumen in Tellergröße. Das Hotelpublikum war international, man konnte sich ganz frei bewegen und war keinem Zwang unterworfen. Man konnte sich das Mittagessen mitnehmen und den ganzen Tag herumschweifen. Fritz Kreisler,[121] der mit seiner Frau hier war, blieb den ganzen Tag im Touristenanzug, aß sogar in der Schwemme, um sich abends nicht umziehen zu müssen. Wir selbst machten die schönsten Ausflüge. Nach Silva Plana, nach St. Moritz, wohin wir mit dem großen Postwagen fuhren. Dort sah man die elegante Welt, hauptsächlich Amerikaner und Engländer. Es war sehr komisch, in dieser Alpengegend mit dem Schneegebirge als Hintergrund, die Damen mit Hüten wie Wagenräder und kleinen Tanzschuhen herumstolzieren zu sehen. Ich mußte an meine Jugend denken, wenn wir den Sommer in Weißenbach verbrachten und täglich die Kaiserin von Österreich, die große Schauspielerin Charlotte Wolter nur im Lodengewand, passend für die Alpengegend, bei den schroffen Felsen und saftigen Wiesen gesehen haben.

Sils Maria liegt 1850 Meter hoch, das sind 4550 Fuß. Man meint den ganzen Tag zu fliegen, so leicht ist die Luft. Aber um fünf Uhr war es bereits dunkel und so kalt, daß ich mich, trotzdem ich vier Wochen dort war, nur einmal, im Winterrock unseres alten Freundes bekleidet, ins Dunkel hinauswagte. Aber als ich da den Horizont mit den glänzenden Sternen sah, war ich von der Schönheit so überwältigt, daß ich niederknien mußte.

Eines Tages, bei einem Spaziergang am Fuße des Gletschers, war ich sehr glücklich, Edelweiß zu finden und selbst zu pflücken. Aber mein Stolz verging leider rasch, als ich hörte, daß diese Blumen künstlich hingepflanzt seien, um den Hotelgästen die Sensation des Pflückens dieser Blume, die sonst nur mit Lebensgefahr zu erreichen ist, zu geben.

Ich und meine Reisegefährten verstanden uns so gut, daß wir, als ich endlich fortfahren mußte, da ich doch wieder heimmußte, uns ewige Freundschaft schwuren. Aber eine Äußerung über die Wahl der Frau ihres Sohnes wurde ungünstig ausgelegt, und als die Eltern zur Hochzeit ihres

Sohnes nach New York kamen, waren die schönen Tage von Sils Maria vergessen, und wir waren nur mehr die guten Bekannten, die sich bei einem Ausflug in der Schweiz getroffen.

20. KAPITEL
Wachsender Bekanntenkreis

Den Winter verbrachten wir meist im Hause und zehrten an den schönen Sommererinnerungen, Vater war mit den Kindern an der Küste von New Jersey in Deal gewesen. Unser Bekanntenkreis erweiterte sich immer mehr. Ein bedeutender Kunstkritiker der Deutschen Staatszeitung bat meinen Mann, ob er nicht gestatten würde, daß in unserem Hause eine Serie von Vorträgen gehalten würde. Mein Mann war damit einverstanden unter der Bedingung, daß die Zuhörer geladen wären und nichts zu bezahlen brauchten. Wir arrangierten alles und luden dann unsere Freunde ein, einen Zyklus von Vorträgen über die Geschichte der Oper zu hören. Herr Halperson[122] war glücklich über das Arrangement, und die zwölf Freitage von neun bis elf Uhr abends waren wahrhaftig ein großes Vergnügen für uns und unsere Freunde. Nach den interessanten Ausführungen Halpersons blieb man noch zwanglos beisammen. Meine bekannten Schüsseln, die in Wien, als ich sie bei meinen Gesellschaften auftischte, immer großen Erfolg hatten, waren in die Neue Welt versetzt worden. Vorerst eine große Schüssel Hering-Hummer-Hühnersalat, dann verschiedene Wiener Bäckereien. Leichter Rheinwein löste die Zungen. Die Gespräche der gebildeten Männer und Frauen erinnerten an einen sogenannten Salon, im kleinen Maßstab, aber dennoch interessant. Literatur und Musik wurden in angeregter Weise diskutiert.

Die drei großen Sprößlinge durften an den Abenden teilnehmen und erinnern sich heute noch mit Freuden daran.

Einige Damen veranstalteten dann an Samstagvormittagen Vorlesungen der Schauspielerin Agatha Barsescu[123], deren Namen sicher noch nicht vergessen ist. Ich hatte sie noch in ihrer Glanzzeit im Burgtheater gesehen, und ich weiß noch, wie der berühmte Kritiker Hanslick[124] sie bei ihrem Debüt als aufgehenden Stern bezeichnete. Sie war eine heroische Tragödin, und wenn die dramatische Kunst auch jetzt anders aufgefaßt wird, war sie doch im Anfang des XX. Jahrhunderts sehr gefeiert, und ihre Eifersucht der Charlotte Wolter genügend bekannt. Nun war sie in New York gestrandet. Sie lebte noch in der Erinnerung ihrer Glanzzeit und glaubte immer noch an eine Rückkehr dieser Zeit. Ihre Zuversicht und Gottvertrauen brachten sie wirklich zurück nach Rumänien, wo sie in allen Ehren aufgenommen wurde. Sie war in ihrer Jugend Vorleserin bei der Königin Carmen Sylva[125] gewesen, die sich als Schriftstellerin einen Namen gemacht hatte, der Großmutter des jetzigen rumänischen Königs, der in der Geschichte nicht sehr rühmlich hervortritt[126].

Einige Wiener Damen hatten sich in New York ihrer angenommen, und wir veranstalteten Vorträge, wo sie, jeden Samstag in einem anderen Haus, klassische Rollen vorlas. Da ich große Räume zur Verfügung hatte, waren die Vorlesungen meist bei uns. Die Damen hatten auch für Beschäftigung im Sommer vorgesorgt, da es der armen Agatha sonst schwergefallen wäre, sich zu erhalten.

Im Jahre 1908 hatte unser Sohn die »high-school« glänzend bestanden, und es war wohl meinem Einfluß zuzuschreiben, daß er sich für Agrikultur an der Universität in Cornell einschreiben ließ.[127] Unsere Älteste ging nach Paris, um sich an der Sorbonne im Französischen zu vervöllkommnen.

Als zu Weihnachten die jungen Studenten auf Ferien nach Hause kamen, war unser Junge einer der jüngsten, denn er war schon mit zwölf Jahren in die »high-school«

(entspricht beiläufig dem Obergymnasium) gekommen und hatte dort mit sechzehn Jahren mit Auszeichnung maturiert. Vater wollte ihn auf die Columbia Universität schicken, aber mein Traum war, daß er Landwirt werde, daß Vater ihm eine Farm kaufe und er dort Blumenzucht betreibe; deshalb wurde schließlich doch Cornell gewählt. Zu Ostern besuchte ich ihn dort. Ich war von der landschaftlichen Lage, den zweckmäßigen Gebäuden, Anlagen, Bibliothek, Sportplätzen usw. entzückt. Es war eine Offenbarung für mich. Ich besuchte eine deutsche Vorlesung von Dr. Faust[128], hörte Bismarcks Briefe ins Englische übersetzen. Ich war auch bei den Leseproben mit den Vorbereitungen für die deutsche Aufführung des »Wilhelm Tell«, den die Studenten von Cornell im deutschen Theater in New York aufführen wollten. Ich wunderte mich über den Akzent, den die amerikanischen Burschen beim Deutschsprechen hatten. Man glaubte direkt Chinesisch zu hören und nicht das klassische Deutsch. Aber die Hauptrolle fiel einem gebürtigen Schweizer zu. Der Rütlischwur war so schweizerisch, daß ich mich in Europa wähnte und zu Tränen gerührt war. Zu dieser Zeit gab es noch keine Prohibition. Daher sah ich, trotzdem ich drei Wochen in Cornell war, nicht einen angeheiterten Studenten.

Mein Sohn teilte sein Zimmer mit einem jungen Amerikaner, der Technik studierte. Es fiel mir auf, daß der Junge nur Vorträge, die sein Fach betrafen, anhörte, und ich kam zu der Überzeugung, daß an unseren Universitäten die Bildung doch eine universellere sei.

Mein Bruder zum Beispiel hatte neben der Medizin ein weitgehendes Interesse für Literatur, Astronomie usw. bekundet und einschlägige Vorlesungen besucht. Während meines Aufenthaltes kamen mehrere Professoren aus Europa, um Vorlesungen zu halten. Eine hatte die Milchwirtschaft in Schweden zum Inhalt, eine andere die Hühnerzucht in Dänemark usw. Niemals konnten wir den jungen

Techniker dazu bringen, uns zu begleiten, denn sein ganzes Interesse lag in den Schienen. Aber mit meinem Jungen ging ich auch zu der Vorlesung des Professors Delitsch und zu verschiedenen anderen, die entschieden nicht mit Blumenzucht oder Landwirtschaft zusammenhingen.

Der obere Teil des Staates New York ist ein herrliches Hügelland. Ithaca, die Stadt, zu der die Cornell Universität gehört, ist landschaftlich sehr schön gelegen. Die Gegend ist abwechslungsreich mit kleinen Bergen, Wiesen, Seen und Waldesabhang.

Während seiner dreitägigen Ferien lud mich der Junge nach Buffalo ein, das nur sieben Stunden entfernt liegt. Hier sah ich das große Naturschauspiel des Niagarafalles! Ich war sehr enttäuscht. Wasserfälle kannte ich nur aus der Höhe kommend und über steile Höhen abstürzend, zum Beispiel die zahllosen Wasserfälle in Tirol, der große Wasserfall in Schaffhausen usw. Die Riesenwassermenge des Niagarafalles ist zwar unvergleichlich, aber es störte mich, daß ein in der Ebene fließender Strom den Wasserfall bildete. Die kanadische Seite gefiel mir viel besser. Mir fehlte die Höhe, denn die 9000 Fuß breite Wassermasse, die eine Höhe von 130 Fuß hinunterstürzt, kann unmöglich denselben Eindruck machen wie zum Beispiel ein Wasserfall, der von 5000 Fuß Höhe herunterstürzt, wenn er auch nur 80 Fuß breit ist. Aber trotz alledem boten die Anlagen ringsherum, halb grün, halb beschneit, einen wunderbaren Anblick. Wir wohnten im Hotel Kaltenbach, es heimelte mich ungeheuer an, als mich der Kellner mit »Küß die Hand, gnä Frau« begrüßte.

Die große Schule für Agrikultur in Cornell war mit großen Kosten errichtet und mit allen modernen Errungenschaften ausgestattet. Alle Arten landwirtschaftlicher Maschinen waren vorhanden; die Scheunen, Hühnerhäuser, Glashäuser und alle sonstigen Behelfe zeigten von reichem Gönnertum, so daß es wirklich ein Vergnügen war, hier zu studieren.

Wir machten auch einen Scheunentanz mit. Unter den jungen lieben Jungens und Mädeln und den alten Professoren herrschte die schönste Harmonie. Es gefiel mir weit besser als ein Ball im Ritz. Alle verband ein kameradschaftlicher Ton. Ich hatte mich sehr wohl gefühlt und versprach wiederzukommen.

Obzwar das College in mustergültiger Weise geführt wurde, fand ich, daß die Nahrung für die jungen Menschen von sechzehn bis zwanzig Jahren, gerade in den Entwicklungsjahren, sehr unzulänglich war. Die Einwohner des Ortes gaben ihre netten Häuser für Wohnzwecke den Studenten, doch war für entsprechende Nahrung nicht gesorgt. Die Mittagstische, zu denen die Studenten gingen, waren wohl rein, aber die Speisen nicht schmackhaft. Das beste Geschäft machten drei griechische Zuckerlgeschäfte. Oft sah ich junge Leute zur Lunchzeit nur mit einem Sack Schokolade, das beliebteste waren mit Schokolade überzogene Kirschen, ihren Hunger stillen. In ganz Ithaca gab es nicht ein einziges Delikatessengeschäft, wo man ein gutes Schinken- oder Wurstbrot bekommen konnte. Als mein Mann einige Zeit später hinkam, hatte er die kluge Idee, mit einer guten Köchin eine Restauration zu gründen, wo die jungen Leute wohlfeil nahrhaftes Essen bekommen sollten. Leider fand er keine Anhänger für diese Idee. Unser Junge litt oft an verdorbenem Magen. Öfters schickte ich ihm einen Truthahn, eine Zunge, selbstgebackene Näschereien, mit der Warnung, es einzuteilen und nicht alles auf einmal zu verzehren. Aber am nächsten Tag erhielt ich dann eine Karte: »Dank für die Sendung. Ich lud mir abends ein paar Freunde ein, und alles wurde mit Freude verspeist.«

21. KAPITEL
Reise nach Florida und Cuba

Der Junge schien mit seinen Studien sehr zufrieden. Die Älteste schrieb interessante Briefe aus Paris und von der Sorbonne, wo sie mit Eifer dem Studium der französischen Sprache oblag. Felicitas hatte die Wadleigh Hochschule mit Auszeichnung absolviert und zu meinem Erstaunen ein Stipendium bekommen, das es ihr ermöglichte, das Ratcliff College (ein Teil von Harvard) zu besuchen, da sie alle Fächer der »high-school« mit Auszeichnung absolviert hatte. Da ich die Ansicht meines Mannes genau kannte und wußte, daß er für College-Erziehung nicht viel übrig hatte, wollte ich allein keinen Entschluß fassen und schrieb daher ausführlich nach Chicago, um den Rat meines Mannes einzuholen. Es war natürlich schwer, ein junges Mädchen, das bisher nur unter der Aufsicht der Mutter gelebt hatte, plötzlich allein in eine fremde Stadt zu schicken.

Es hatte wohl der Eitelkeit meines Mannes geschmeichelt, daß seine Tochter diese Ehre und Belohnung erhielt; er gab seine Einwilligung telegraphisch. In einem ausführlichen Brief, der folgte, bat er mich, Felicitas nach Boston zu bringen und dort in einem der Collegehäuser zu installieren. Er selbst befand sich gerade in Minneapolis und konnte die achtzigstündige Reise jetzt nicht unternehmen. Er stellte es ihr anheim, ob sie, so jung, das Elternhaus verlassen wolle, »denn darin bin ich mir vollkommen klar«, schrieb er, »daß das Studium in New York für ein junges Mädchen all der Anregung mangelt und daß die Universitäten in kleinen Städten vielfachen Ersatz für das Familienleben bieten«.

Ich fuhr mit Felicitas anfangs September vom Gebirge nach Boston, wo wir im Hotel Lennox abstiegen.

Am nächsten Tag sahen wir uns Boston an, das mir sehr europäisch vorkam, wanderten stundenlang durch die Bibliothek, fuhren nach Cambridge, wo ich die Glasblumenausstellung besichtigte. Sie rief mir eine Bibliothek in Erinnerung, die ich seinerzeit in Österreich gesehen hatte, wo die Einbände der Bücher aus der Rinde verschiedener Bäume waren und Pflanzenbeschreibungen in den Büchern enthalten waren. Diese Sammlung befand sich in einem Schloß des Grafen Liechtenstein.

Gestärkt von so vielen Eindrücken, kamen wir in Ratcliff – dem weiblichen Harvard – an. Ein sehr puritanisches Haus inmitten eines großen Gartens war das »Dormitory«, wo Felicitas ein luftiges Zimmer bekam. Die Hausdame empfing mich sehr liebenswürdig, verscheuchte meine Furcht und versicherte, daß die Mädchen in bester Aufsicht und Obhut seien. Es waren bereits viele Mädchen gekommen. Beruhigt kehrte ich nach Hause zurück. Nun hatten wir anstatt fünfen bloß die Jüngste im Hause.

Ja, wozu gibt es Feiertagsferien? Da stellte sich die Jugend ein. Anstatt der kurzen Briefe, die doch nicht alles sagen, was wir wissen wollten, belebte sich nun die Bude, und wenn man Glück hatte, gab es auch die Freunde der Kinder zu beherbergen. Man wurde mit ihnen wieder jung und scheute die Arbeit, die sie verursachten, nicht, sondern freute sich mit ihnen, weil ein dankbarer Blick alle Mühe lohnte.

So kam Weihnachten. Eddy brachte drei Freunde von Cornell, die in unserem großen Hause Unterkunft fanden. Felicitas stellte mir einen angehenden Rechtsanwalt vor, der in Harvard studierte. Täglich waren Unterhaltungen geplant. Für ihr leibliches Wohl sorgte ich reichlich.

Zwischen Weihnachten und Neujahr hatte man die Collegekinder für das zweite Semester auszustatten, und man war dankbar, daß die Geschäfte gut gingen, denn es war keine Kleinigkeit, für diese Schar zu sorgen. Ich hielt aber die Kinder sehr einfach. Die Kleidung der Jahreszeit entsprechend, und wenn die Mädchen in Gesellschaft gefielen, war es wahrhaftig nicht wegen ihrer Toiletten. Der Junge hatte die Gabe, sich jedem angenehm zu machen, und war überall beliebt, was wohl auch heute noch zutrifft, wo er seinen Beruf erfolgreich geändert hat.

Vater hatte trotz seines aufregenden Geschäftes immer Zeit und Verständnis, an den geistigen Arbeiten seiner Sprößlinge teilzunehmen; wenn er auch streng auf Gehorsam hielt, so hatte er die Kinder doch individuell und frei sich entwickeln lassen.

Erziehung kann wohl die Charaktere nicht umbilden, sondern sie nur in das richtige Geleise bringen. Bei unseren fünfen konnte wahrhaftig von keinem Laster etwas wahrgenommen werden. Sie waren wahrheitsliebend, nicht stolz oder eingebildet, voll Liebe zu ihren Mitmenschen, gefühlvoll für fremdes Leid. Selbstverständlich ergaben sich beim Älterwerden auch Meinungsverschiedenheiten, aber alle waren Vernunftgründen zugänglich, und es herrschte Harmonie, wenn die Ferien alle zusammenführten.

Um den brieflichen Verkehr mit dem Elternhaus wachzuhalten, hatte ich viel zu schreiben. Um es mir einfacher zu machen, schrieb ich immer einen ausführlichen Brief, schickte ihn an den Jungen, der ihn an die Geschwister weitergab. Daneben wollten sie alle ihre eigenen Berichte haben, und es war noch genug zu tun, mit jedem wollte ich auf die intimen Einzelheiten jedes einzelnen eingehen. Alle ihre Liebesangelegenheiten mußte ich mitmachen und mußte so damals vierfaches Liebesleid und Liebesfreude teilen.

Felicitas wurde achtzehn Jahre alt. Nach reiflicher Überlegung mit Vater glaubte ich, daß es vernünftiger sei, die Tochter unter mütterlicher Obhut zu haben. Ich beeinflußte Mann und Kind, und so wurde beschlossen, daß Felicitas die nächsten zwei Jahre Radcliffe mit Barnard vertauschen sollte. Sie hatte so gute Zeugnisse, daß sie ohne Prüfung im Barnard College (das in der Stadt New York sich befindet) aufgenommen wurde.

Eine Diphtherieerkrankung Felicitas', die gut verlief, und der Umstand, daß gute Freunde eine Reise nach Florida und Cuba unternehmen wollten, veranlaßte mich, Vater zu bitten, ob ich nicht Felicitas mitnehmen könnte, unter dem Vorwande, daß die Reise Erholungszwecken dienen sollte. Wir waren sechs Personen, zwei Ehepaare, Felicitas und ich. Wir fuhren mit dem Schiff nach Jacksonville. Die Fahrt war nicht angenehm. Wir alle waren durch die Europadampfer der Hamburg–Amerika und des Norddeutschen Lloyd verwöhnt, und der Dampfer der Fruit-Line, mit dem wir fuhren, kam uns wie ein Lastschiff vor. Nach dem ersten Diner, das mir heute noch im Magen liegt, mußten die vier Damen unserer Gesellschaft zu Bett. Es war eine schreckliche Fahrt, und während die beiden Herren auf Deck herumspazierten, litten wir schwer unter der Seekrankheit, und ich jammerte in einem fort: Und das ist eine Vergnügungsreise! Die Seefahrt dauerte zum Glück nur zwei Tage. Aufgerüttelt und durchgeschüttelt, kamen wir in Jacksonville an und fuhren direkt nach St. Augustine. Dort hatten wir Zimmer bestellt und vorausbezahlt, aber als wir hinkamen, waren unsere Zimmer noch besetzt, so daß wir weiterfuhren und uns die Stadt ansahen.

Hier im Süden fiel die Behandlung der Negerbevölkerung besonders auf. Der Rassenunterschied tritt hier kraß zutage. In den Anlagen sind Bänke mit der Bezeichnung »for coloured people«, in den Straßenbahnen werden die letzten Wagen für sie speziell bezeichnet. Auch in den Restaurants, Kinos, Theatern usw., wo die weiße Bevölkerung verkehrt, ist ihnen der Zutritt versagt.

In St. Augustine besuchten wir ein Museum. Da konnte man sehen, wie jung das Land eigentlich noch ist. Eine alte Farmersfrau, die auch dort war, fragte uns mit Stolz, indem sie auf einen der dort befindlichen Stühle zeigte: »Haben Sie in Ihrem Leben schon einen so alten Sessel gesehen?«

Wir fuhren mit dem Schiff weiter nach Santiago und

befanden uns nun im Lande der Tropen. Die Kleidung der Leute besteht dort hauptsächlich aus weißem Leinen. In dem großen modernen Hotel waren die Betten mit Moskitonetzen überzogen, aber trotzdem das Hotel neu war, gab es keine Badewannen, sondern nur Duschen mit kaltem Wasser.

Wir fuhren durch ganz Cuba mit der Bahn, kamen in eine Stadt, Camagüey, wo ein altes Kloster als Hotel eingerichtet war. Das schönste davon war der Garten, der eine tropische Vegetation zeigte. Riesenhafte exotische Bäume, wild wachsende Orchideen, verschiedene Blumen in herrlichster Farbenpracht. Aber die Luft war trocken und die Straßen in Staub gehüllt. Wir fuhren durch die Stadt und dann über weite Strecken, die mit Zuckerrohr bebaut waren und mitten darin, wie Oasen, die Häuser der reichen Plantagenbesitzer, wo rote Blumen wie Fahnen hervorlugten, an Stationen vorbei, wo die schwarze Bevölkerung in verfallenen Häusern lebte, an offenen Veranden, wo nackte Kinder sich zu Dutzenden herumtummelten, wo Pferd und Kuh und Schwein und Hund mit den Menschen zusammenlebten. In einer Stadt, wo wir zwanzig Minuten Aufenthalt hatten, fand ich Zeit, ein solches Bild aufzunehmen. An einem anderen Ort boten die Eingeborenen Zweige mit Mandarinen, die in Zöpfe geflochten waren, zum Verkauf an, das Dutzend für zehn Cent. Und wie wunderbar schmeckten diese Früchte. An einem anderen Ort, wo wir ausstiegen, sahen wir eingeborene Frauen die Erzeugnisse ihrer Kochkunst verkaufen. Gebackene Bananen waren Leckerbissen. Die meisten aus unserer Gesellschaft fürchteten sich, diese vielleicht hygienisch nicht ganz einwandfrei zubereiteten Speisen zu genießen, aber ich kostete mit Wohlbehagen alle diese exotischen Dinge, und mein Magen kam gut darüber hinweg. Es war eine höchst interessante Fahrt, die wir da machten. Meilenweite Plantagen von Zuckerrohr. Die Gegend schwach bevölkert, nur hie und da sahen wir ein paar

Neger herumlungern oder Wasser in einen Bottich füllen. Die Leute erzählten uns, daß das Zuckerrohr dreimal im Jahr geerntet werden kann und sehr wenig Pflege braucht. Wir sahen Hunderte und Hunderte von kleinen Wagen mit geschnittenem Zuckerrohr, die von den Kutschern langsam in die Fabrik geführt werden. Wir stiegen auch aus und sahen uns die Fabrikation an. Sie ist sehr primitiv; die Wagen werden an einen großen Behälter gebracht, das Rohr gleichgeschnitten und hineingeworfen, während im unteren Stockwerke bereits der süße Saft herausfloß. Dieses Rohprodukt kommt dann in die Raffinerie, wird durch einen Kalkprozeß gereinigt und durch Dämpfe sodann in das fertige Produkt verwandelt.

Da die Herstellung so geringe Kosten verursacht, waren die Cubaner sehr reich geworden. Man traf sie auf Reisen mit ihrer ganzen Familie und Dienerschaft, wie die Reichen aus dem Morgenlande. Ich erinnere mich noch an eine Eisenbahnfahrt in Tirol mit einer ganzen Kolonie von Cubanern, zwanzig Familienmitglieder, die seit drei Monaten in Europa herumreisten, die Älteste über siebzig, das Jüngste erst vier Monate alt, es störte uns die ganze Nacht.

Sodann kamen wir nach Havanna, der Hauptstadt von Cuba, und stiegen im Hotel Sevilla ab, das damals das beste in der Stadt war. Vormittags kamen die großen Gesellschaftswagen, und man fuhr, die Stadt und die Umgebung zu besichtigen. Zuerst ging es natürlich in die Tabakfabriken, wo Tausende von Arbeitern, auch viele Frauen, beschäftigt waren. Man sah die Blätter, wie sie zuerst in Kübeln erweicht wurden, dann geglättet, mit anderen Blättern gefüllt, schließlich zur berühmten Havanna-Zigarre wurden. Die Fabrikation der Holzschachteln und alles bis zur Verpackung und Aussendung nach allen Weltgegenden sahen wir. Um die Arbeit zu würzen, da doch die Menschen jahrein, jahraus dasselbe drehen, war in dem großen Arbeitsraum ein Podium aufgestellt, und es wurden Vorträge gehalten, um die Leute zu unterrichten. Der starke Geruch des Nikotins scheint auf die Leute schlecht zu wirken, da sie alle blutleer und blaß erschienen. Die Lohnverhältnisse sind mir nicht bekannt, doch scheint der Verdienst nicht groß zu sein, denn die Arbeiter schienen sehr armselig.

Die Stadt ist wunderschön. Von zwei bis fünf Uhr ist es so heiß, daß man das Zimmer nicht verlassen kann. Dann wird es aber kühl, und man fährt an den Golf von Mexiko, wo die Festung Morro romantisch gelegen ist. Die Fahrt am Prado, entlang der weißen Häuser der reichen Cubaner, ist entzückend. Wir machten die Bekanntschaft einer deutschen Gouvernante, in deren Obhut zwei spanische Kinder waren. Sie erzählte uns von den Sitten und Gebräuchen auf Cuba. Das Leben des Mannes spielt sich in den Klubs ab, deren es an die Tausende gibt. Die Frau lebt mit ihren Eltern und Schwiegereltern patriarchalisch. Die Frau geht nie allein aus. Der chinesische Koch kommt um elf Uhr, kocht das Mahl und geht um zwei Uhr wieder fort, die andere Dienerschaft lebt im Hause. Nur auf Reisen ist die Frau selbständiger. Die jungen Mädchen haben nicht die Freiheit wie in USA, sind bildhübsch, aber da sie keinen Sport betreiben, werden sie bald dick und verlieren die bekannte spanische Schönheit. Die Bevölkerung besteht aus einem Gemisch der verschiedensten Rassen. Während manche Männer groß sind, haben andere wieder eine gedrungene Gestalt, und der Ausdruck der Gesichter zeugt in vielen Fällen von den verschiedensten Rassekreuzungen.

Wir blieben nur acht Tage und hatten den lebhaften Wunsch, noch einmal für länger herzukommen. Gern wären wir länger geblieben, aber wir hatten eine fest vorgeschriebene Reiseroute.

Wir fuhren nach Nassau auf den Bahama-Inseln. Das große schöne Hotel war überfüllt mit sehr netter und eleganter Gesellschaft. So reizend ich meine Tochter ausstaffiert hatte und sosehr ich hoffte, daß sie sich in dem gesellschaftlichen Getriebe von Tanz, Lawn Tennis usw. mischen würde, es waren alle Bemühungen in der Richtung vergeblich. Ihre ganze freie Zeit verwandte sie zum Briefschreiben, denn wo wir auch hinkamen, überall erwarteten sie neue Liebesbriefe, die natürlich sofort beantwortet werden mußten.

Nassau war fabelhaft schön. In kleinen weißen Wagen, die mit einem Pferd bespannt waren, fuhren wir in die Umgebung, wo mich die Flora am meisten fesselte. Im Wald wuchsen Rosenstöcke, so groß wie Bäume, mit Rosen in den verschiedensten Farben an demselben wilden Baum. Dazwischen versteckt kleine schmucke Häuschen der westindischen Eingeborenen. Die Eingeborenen sind dort ein schöner arbeitsamer Schlag. Viele Damen nahmen sich auch Mädchen von dort mit. Der Weg zum Ozean führt durch einen Palmenhain. Man kann sich kaum etwas Schöneres denken als das smaragdgrüne Wasser des Bades, und trotzdem wir Februar hatten, tummelte sich alles im Wasser. Wir nahmen uns ein Boot mit einem Glasboden, so daß wir alle Wunder des Meeres sehen konnten. Fische in allen Farben, Seepferdchen, Korallenriffe, Algen mit langen Fangarmen. Ein Führer erklärte uns alles, aber ich hörte ihn kaum, ich war ganz toll vor Bewunderung und ließ meine Begeisterung so laut werden, daß ich ganz heiser nach Hause kam.

In Nassau waren wir zu einem englischen Fest im Garten des Gesandten geladen, wo die englischen Damen in Buden verschiedene Sachen zum Verkauf anboten.

Die Reise führte über Florida wieder heim. Die Gesundheit meiner Tochter war zwar wieder vollkommen hergestellt, aber die Trennung hatte die Liebe der jungen Leute nur erhöht.

22. Kapitel
Schlammbäder in Pistyan

Unser Haus war uns nun zu groß geworden. Mein altes Fußleiden machte mir das Stiegensteigen sehr beschwerlich. Die jüngste Tochter blieb als Stütze zu Hause. Sie lernte Französisch und ging in die Young Women Christian Association, um Kleidermachen zu lernen. Dazu kamen dann noch die gesellschaftlichen Veranstaltungen, und unsere Zeit war ausgefüllt. Man wartete immer auf die Ferien, wenn sich das Haus wieder mit jungen Leuten füllte.

Zum neunzehnten Geburtstag des Jungen gab es eine große Gesellschaft, außerdem war es auch noch die Thanksgivingsfeier. Neunzehn junge Männer und neunzehn junge Mägdelein erfreuten sich mit Spiel und Tanz. Küche und Keller lieferten die besten Dinge. Der Vater duldete keinen Unfug im Benehmen, kein Kartenspiel, und trotzdem sie sich nicht frei bewegen konnten (wir blieben oben in der Bibliothek), waren die schönen Fußböden am nächsten Tag derart verkratzt, daß sie ganz neu hergerichtet werden mußten. Mein Mann schwor, nie wieder aus dem Wohnhaus einen Tanzboden zu machen.

Das nächste Jahr war der Junge dann mit dem Collegestudium fertig.

Während des Winters stand ich wegen meines Fußleidens in ärztlicher Behandlung, als das Frühjahr kam, zog ich noch einen deutschen Arzt zu Rate, der meinte, daß das viele Stiegensteigen zu vermeiden wäre. Mein Mann wollte einen Aufzug in das Haus einbauen lassen, damit diese Frage gelöst wäre. Wir hätten es leicht tun können, weil ein Schrank im Gang Platz für den Aufzug gab, aber das Haus war ein solches Schmuckkästchen, und ich hatte Furcht, daß es durch den Einbau leiden könnte. Dies ließ mich davon abkommen, obzwar die ganze Sache nur 250 Dollar gekostet hätte.

Als die Sommerfrage wieder aktuell wurde, fragte ich den Arzt, und er empfahl Pistyan in Ungarn, wo die heißen Schlammbäder sicher ihre Wirkung tun würden. Lucy hatte sich einer Halsoperation unterzogen, und der Arzt riet auch ihr zu einer Europareise. Trotzdem die Zeiten nicht sehr günstig waren, fuhr ich mit ihr nach drüben. Diesmal waren wir auf einem österreichischen Schiff, der »Martha Washington«, und nahmen die südliche Tour. Das Schiff war klein und hauptsächlich von Gesellschaftstouren belegt. So waren zum Beispiel sechzig Frauen aus dem Westen mit einem Führer an Bord, aber wir fanden trotzdem nette Gesellschaft, darunter ein österreichischer Major, der unser steter Begleiter während des ganzen Sommers wurde. Wir hatten auf dem Promenadedeck eine reizende Kabine. Da es bereits sehr warm war, schliefen wir meist draußen, und eines Morgens um drei Uhr sah ich eine Fata Morgana. Ich weckte alle Passagiere, um ihnen das Naturwunder zu zeigen.

Wir stiegen in Gibraltar ans Land, wo eben die Krönung König Georgs[129] gefeiert wurde. Wir konnten das Schiff für vier Stunden verlassen, um die Stadt zu besichtigen.

Auf den Kanarischen Inseln fanden wir tropische Vegetation, bewunderten wilde Papageien auf hohen Kamelienbäumen und manches andere. Mit unserem Begleiter besuchten wir den portugiesischen Präsidenten, der einen Orangenhain und exotische Tiere in seinem Garten hatte. Wir kauften auch spanische Spitzen ein, aber das schönste war ein Riesen-Binsenkorb mit den herrlichsten Blumen, den ich für einen Dollar von einem Araber erstand. So beladen, kamen wir aufs Schiff zurück; wie das Mädchen aus der Fremde gab ich jedem ein Geschenk und war traurig, daß ich den großen Korb nicht nach Triest mitnehmen konnte.

Triest, die einzige Hafenstadt meines armen Österreichs, ist entzückend; das Meer grün wie Smaragd. Die Marine hatte gerade ein Fest, und die schmucken Offiziere erregten unsere Bewunderung. Mit unserem Reisekavalier sahen wir alles, da er ein ausgezeichneter Führer war. Auf einem Hügel befand sich der Dreher-Biergarten. Die Aussicht auf den Hafen mit dem dunkelblauen Himmel glich einem Märchen aus Tausendundeiner Nacht. Morgens gingen wir auf den Markt und kauften für die zwölfstündige Fahrt Proviant ein. Einen Korb schwarzer Herzkirschen, Patiencebäckereien in Unmengen. In bester Stimmung fuhren wir mit unserem treuen Begleiter um sieben Uhr abends ab. Um vier Uhr früh (es war eben der 4. Juli) begann meine Tochter patriotische Lieder zu singen. Zwei junge Amerikaner, die das hörten, stellten sich als Collegeboys aus dem Westen vor und waren froh, als wir ihnen alles über Wien erzählten. Um sieben Uhr kamen wir in Wien an. Wir wechselten nur die Bahn und fuhren direkt nach Pistyan. Nach drei Stunden Reise kamen wir in das ungarische Dorf, das durch seine Schlamm- und Radiumbäder berühmt ist. Schon als Kind hörte ich von den Wunderkuren, die durch die Schlammbäder erzielt werden können. Es gab nur ein großes Hotel und viele Pensionen. Wir hatten direkt von New York Zimmer im Hotel bestellt. Wir waren die ersten Gäste aus USA, und da man sich dort die Amerikaner nur als Krösusse vorstellt, wurden wir mit einer vierspännigen Karosse abgeholt. Mit zwei Kutschern in goldbetreßter Uniform mit großen Hüten und wallenden Bändern daran fuhren wir im Hotel vor, wie die Fürsten am Eingang des Hotels vom Portier und dem ganzen Personal empfangen. Ein kleiner Lift brachte uns in den ersten Stock in unsere Gemächer. Da ich aber vom elften Stock des Riverside Drive in New York kam, erklärte ich, daß es bei uns in der Neuen Welt in den oberen Stockwerken schöner und teurer sei, im Gegensatz zu Europa, und daß ich den dritten Stock mit der Aussicht über das reizende Waagtal (die Waag ist ein Nebenfluß der Donau) und die schöne Hügellandschaft vorziehe. Für den ersten Stock wollte der Direktor 300 Kronen per Woche, das waren damals 60 Dollar, was selbst für amerikanische Begriffe horrend war. Es gab keine Badezimmer, da man ja die Bäder außer Haus nehmen mußte. Die Badeanstalt verfügte bloß über sieben Wannen, und da wir eigentlich spät kamen, mußte ich um vier Uhr früh aufstehen, um mein vorgeschriebenes Bad zu nehmen. Man wurde dazu von einer Sänfte abgeholt, die von einem Paar, Mann und Frau, in Nationaltracht gezogen wurde.

Mit der Vorschrift des Arztes kommt man in die Badeanstalt. Der heiße Schlamm wurde in Kübeln von zwei Riesenmännern herbeigeschafft und von der Wärterin auf die kranke Stelle aufgelegt. Man bekam eine Glocke auf die Brust, damit man eventuell läuten konnte. Man mußte in dieser Packung die vorschriftsmäßige Dauer einhalten. Nachher stieg man in die Badewanne in das trübe Radiumwasser, sodann wurde man in heiße Tücher eingewickelt, und vermummt, wie beim Femegericht, stieg man wieder in die Sänfte und kam ins Hotel zurück. Da ich nur an kalte Duschen gewöhnt war, ermüdete mich diese Prozedur sehr, und ich verbrachte daher den Vormittag im Bett.

Unterdessen verlebte meine Tochter heitere Tage. Sie nahm an einer Jagd auf Wildschweine teil, arrangierte ein großes japanisches Fest in den Parkanlagen. Mit einem Arzt und seiner Frau, die aus London kamen, und einer Freundin aus New York, die auch die Bäder nahm, bildeten wir eine amerikanische Kolonie und brachten den Ungarn ein wenig Kultur bei. Da sich trotz der Kur keine Besserung einstellte, entschloß ich mich, nach Wien zu fahren, um denselben Arzt zu konsultieren, der mich vor fünfundzwanzig Jahren behandelt hatte. Er riet mir, meine sechswöchige Kur zu vollenden; ich schickte meine Tochter nach Ischl und fuhr wieder nach Pistyan. Nach Ablauf der sechswöchigen Kur bekam ich eine Venenentzündung und fuhr nach Ischl. Dort traf ich aber meine Tochter nicht an, da sie mit ihrem Mann, der als Überraschung uns nachgekommen war, auf einer Reise war. Ende Mai trafen wir uns wieder in Wien. Um meiner Tochter noch eine Erholung zu verschaffen, gingen wir noch auf den Semmering. Dann besuchten wir noch meinen Bruder mit seiner Familie und kehrten Ende September heim.

23. Kapitel
Kur im internationalen Radiumbad Joachimsthal

Ende Juni 1912 hatte mein Sohn das College beendet. Da mein Mann sehr viel zu tun hatte, beauftragte er ihn, eine passende Wohnung für uns zu suchen, da er sich doch entschlossen hatte, das Haus wegen des Stiegenhauses aufzugeben.

Er fand in der 111. Straße zwischen Westend und Riverside Drive das Richtige, ein Duplex-Apartment, wo die Küche und Wirtschaftsräume mit dem Lift zu erreichen waren und damit die Stiegenmisere wegblieb.

Es war Mai, als ich die neue Wohnung übernahm; eines Tages wurden Extraausgaben ausgerufen, und ich hörte mit Entsetzen von dem großen Schiffsunglück der Titanic, bei dem so viele Menschen umgekommen waren.

Vater sandte unseren Sohn zum Studium nach Paris. Er war gerade zwanzig Jahre geworden. Paris machte einen großen Eindruck auf ihn. Als ich im Sommer dann nach Wiesbaden fuhr, unterhielten wir einen wöchentlichen Briefverkehr. Er kam auch, mich in Wiesbaden zu besuchen. Ich blieb bis Ende Oktober dort, da der Arzt eine Behandlung mit Heißluft und Elektrizität als für absolut heilend erklärte. Eduard begleitete mich auch nach Antwerpen, wo ich mich einschiffte, und da das Schiff über Nacht in Antwerpen blieb, übernachtete Eddy mit mir auf dem Schiffe.

Am 10. November kam ich, begrüßt von der Familie,

wohl, heiter und gesund, in New York an, aber es war wie ein Verhängnis, daß ich drei Tage später einen Automobilunfall hatte, der mein altes Beinleiden, das beinahe behoben war, verschlimmerte. Nun waren wir glücklich, daß es in der neuen Wohnung kein Stiegensteigen gab.

Unser Sohn hatte sich inzwischen in Paris auch mit dem Getreidegeschäft befaßt und war bei einer Firma als Volontär eingetreten. Als er nach einem Monat fragte, wieviel er sich verdient habe, wurde ihm mitgeteilt, daß ein Volontär keine Bezahlung erhalte, ja sehr oft noch dafür zahle, daß er arbeiten dürfe. Da er im amerikanischen Geschäftsgeiste erzogen war, hatte er nichts für die Idee, gratis zu arbeiten, übrig und kehrte heim. Außerdem hatte er die Überzeugung gewonnen, daß ihm der Getreidehandel zu aufregend sei und er sich einen anderen Wirkungskreis suchen werde.

Auch die Älteste hatte in Paris ihre Studien vollendet und wollte zurückkommen. Unsere Wohnung schien zu klein. Im selben Haus im elften Stockwerk war eine besser einzuteilende Wohnung zu haben. Wir beabsichtigten, im Oktober hinaufzuziehen.

Im Juni hatte Felicitas das Barnard College beendet, und mit ihr, der Jüngsten und einer Collegefreundin fuhr ich wieder nach drüben. Wir landeten in Antwerpen und fuhren nach Ostende, als ein Brief aus Paris, von meiner ältesten Tochter, die jüngeren Schwestern dorthin rief. Trotzdem ich nicht sehr für das Alleinreisen ganz junger Menschen bin, ließ ich sie doch fahren, während ich allein nach Joachimsthal ging, wo mir die Radiumbäder helfen sollten. Dort war ein herrliches Hotel von den Österreichern errichtet worden, denn die Heilkraft des Radiums war plötzlich als Wunder bekannt geworden. Die Stadt Joachimsthal, die früher durch ihre Silberminen reich geworden war und dann, als die Minen versiegten, vergessen war, wurde jetzt durch seine Radiumquellen weltberühmt.

Das Hotel war mit den Bädern verbunden, und von allen

Weltteilen strömten Menschen herzu, um hier Linderung von ihren Schmerzen zu finden. Meine verheiratete Tochter war mit ihren zwei Kindern und der Bonne auch nach Europa gefahren, um mit ihrem Schwiegervater in Marienbad beisammen zu sein. Die Nähe veranlaßte mich, meine Tochter zu mir einzuladen.

Wir hatten in Joachimsthal internationale Gesellschaft, sehr viele Amerikaner, Wiener und ungarischen Adel. Das Hotel besaß im zweiten Stock eine Brücke, die direkt in den Wald führte. Nachmittags kam der große Gesellschaftswagen aus Karlsbad, und unter den Klängen der feschen österreichischen Musik wurde der Fünf-Uhr-Tee serviert. Der kleine Ort, der, als die Silberminen verschwanden, wie ein Potemkinsches Dorf aussah, war durch die Radiumbäder und das luxuriöse Hotel wieder künstlich in die Höhe gebracht worden. Meine Tochter hatte wirklich schöne Tage bei mir verlebt, und als sie fortfuhr, um in Oberstdorf, in den bayrischen Alpen, ihre Kinder mit der Nurse zu treffen, erhielt ich eine Depesche, daß meine beiden Töchter, die ich in Paris glaubte, auch dort seien. Mein Schrecken war unbeschreiblich, da ich glaubte, daß irgend etwas geschehen sei. Meine Freunde versuchten mich zu trösten, und als ich auf mein Zimmer kam, fand ich zwei Dutzend schöner dunkler Rosen und den Rat zweier amerikanischer Freunde, nach Oberstdorf zu telegraphieren. Dies tat ich auch, und der Grund der plötzlichen Reise war, daß meine älteste Tochter, zu der sie nach Paris gefahren waren, nicht wohl war und sich ihnen nicht widmen konnte. Da sie allein schwer etwas in Paris unternehmen konnten, waren sie zu ihrer anderen Schwester nach Oberstdorf gefahren.

Da ich wieder völlig beruhigt war, besuchte ich mit Eddy, der von Paris nach Karlsbad gekommen war und dort mit Freunden aus Amerika zusammen war, Komotau,[130] wo eine große Ausstellung des deutschen Schulvereins stattfand, von der die spätere Kaiserin Zita mit ihrem Gemahl, dem Erzherzog Karl, das Patronat übernommen hatte. In Böhmen waren damals verschiedene deutsche Gebiete und Sprachinseln, die hart für ihr Deutschtum und für die deutsche Schule kämpfen mußten. Diese Ausstellung war ein glänzendes Zeichen der Leistungen des deutschen Schulvereins.

Ich hatte in Joachimsthal ein sehr nettes älteres Ehepaar kennengelernt; sie lebten in Argentinien und kamen jedes Jahr nach Europa, da sie ihre Tochter in Dresden verheiratet hatten. Er war, glaube ich, Brauer, ein Deutschböhme, sehr konservativ, aber gediegen und höchst einfach, dabei sehr vermögend, ein Selfmademan. Mit diesem Ehepaar und meinem Sohn machte ich diesen sehr interessanten dreitägigen Ausflug.

Die sechswöchige Kur war wohl kostspielig gewesen, aber leider nicht sehr erfolgreich, denn der Schmerz beim Gehen hörte nicht auf. Ich fuhr nach Goisern bei Ischl, wo ich meine drei Töchter und meine zwei Enkel traf. Goisern ist ein reizendes Alpendorf mit Schwefelbädern, die viel besser bei mir wirkten als die Radiumbäder. Auch Frau Schratt[131], die Freundin des Kaisers, die ich dort kennenlernte, besuchte diese Bäder. Die amerikanischen Kinder verlebten einen schönen Sommer im Salzkammergut. Der Waldweg von Goisern nach Anzenau war mit duftenden Zyklamen besät, und wenn meine Großen nach Ischl fuhren, um Gesellschaften, Theater, Konzerte, Bälle zu besuchen, war ich mit meinen süßen kleinen Enkelkindern auf den Wiesen, oder wir fuhren nach den Gosauseen oder nach kleinen Alpenwirtschaften, wo wirklich Milch und Honig floß. Am 18. August, dem Geburtstag meiner Mutter, gaben wir im Speisesaal eine große Gesellschaft, zu der wir jeden Teilnehmer in jeder seiner Eigenschaften als Mitglied der Familie, so zum Beispiel eine Person als Tochter, Mutter, Schwester, Kusine usw., eingeladen hatten, so daß wir nach diesen Einladungen eigentlich eine Gesellschaft von 100 Personen gewesen wären. Die frischen Forellen, Hühner, Torten hatte unser kleines Gasthaus geliefert, und ich denke, daß das ganze Diner nach amerikanischem Geld kaum mehr als fünfzehn Dollar gekostet hat. Es war überhaupt sehr billig im Salzkammergut. So zahlte ich für die vier Zimmer, die ich mit meinen Töchtern und der Gouvernante bewohnte und die einen großen Balkon hatten, vierundsechzig Kronen, das sind acht Dollar die Woche.

Inzwischen kam ein Brief von meinem Schwiegersohn, in dem er schrieb, daß er ein Haus in Mount Vernon gemietet habe, und seine Frau bat, früher heimzukommen. Ich blieb mit der Nurse und den Kindern bis zum 10. September. Die beiden Mädchen schickte ich nach Wien. Ich fuhr mit den Kleinen nach Berlin, wo ich noch einen Spezialisten befragte, der mich nach Dresden schickte, um dort noch einen Arzt zu konsultieren. Bei dieser Gelegenheit suchte ich eine Schulfreundin auf, besuchte die Bildergalerie usw.

Als meine ärztliche Konsultation beendet war, reisten wir nach Antwerpen, wo ich mit meinen Töchtern zusammentraf, und wir traten die Heimreise an. Die Überfahrt war schön und angenehm, und wir freuten uns wieder, nach Hause zurückzukehren.

24. Kapitel

Bei Kriegsausbruch im Rigi-Hotel – Abenteuerliche Rückkehr

Die neue Wohnung im elften Stock am Riverside schien immer noch zu klein, daher gab uns der Eigentümer des Hauses von der gegenüberliegenden Wohnung, die seit Monaten leer stand, noch zwei Zimmer und ein Bad ab, mit dem Vermerk, daß er im Gebrauchsfalle nach monatlicher

Kündigung diesen Teil der Wohnung wieder zurückhaben könne.

Damals gab es so viele leere Wohnungen, daß man oft drei Monate frei wohnen konnte, wenn man einen längeren Kontrakt machte.

Wir waren glücklich, unsere Älteste wieder zu Hause zu haben. Die Dritte hatte eine sehr gute Stelle als Sekretärin bei einem Professor. Der Junge war zu der Überzeugung gekommen, daß das Getreidegeschäft für ihn zu aufregend sei, und [hatte] es endgültig aufgegeben und mit einem Freund gemeinsam eine medizinische Zeitschrift gegründet.[132]

Die Jüngste führte die Wirtschaft und entlastete mich, da ich durch mein Fußleiden nicht mehr so beweglich war.

Die Getreidebörse war damals auf der Höhe, die Geschäfte gingen sehr gut. In meiner Abwesenheit hatte mein Mann die Bekanntschaft eines jungen Österreichers gemacht, der in Japan gestrandet war und jetzt mit aller Energie sein Wissen und Können als Dekorateur in New York ausnützen wollte. Mein Mann übergab ihm, die neue leere Wohnung herzurichten und neu zu möblieren. Es waren achtzehn Zimmer und sechs Badezimmer; auf der einen Seite wohnten die drei Töchter, dort war auch eine große Bibliothek, unser gemeinschaftliches Speisezimmer und anstoßend ein dreifenstriger Raum für mich, die Wände waren mit grünen Holzgittern eingefaßt, unten standen Kisten mit Blattpflanzen, die sich hinaufrankten, das einzige Mobiliar war ein Schreibtisch und ein Stuhl. Blüten und Pflanzen gab es in Fülle. Ich konnte meiner Leidenschaft, der Blumenzucht, frönen. Ich habe eine glückliche Hand, und alles gedieh.

Auf der anderen Seite des Hauses wohnte mein Mann, ich und der Sohn. Vater hatte seine große Bibliothek, sein eigenes Schlafzimmer, ich hatte einen Biedermeierraum mit allem bric-à-brac, mein Schlafzimmer und Badezimmer schlossen an. Nun war genug Raum für gesellschaftliches Leben.

Im Sommer schickte mich mein Mann mit der Jüngsten nach Europa, und als hätte ich das Verhängnis von 1914 geahnt, wollte ich in diesem Jahr nicht fahren. Aber das Zureden meines Mannes, daß das Kind dort froh und glücklich werden würde, wenn sie in eine fremde Umgebung komme, ließ mich das Opfer für sie bringen.

Anfangs Juli waren wir auf dem Dampfer und fanden sehr nette Gesellschaft. Zwei Bankpräsidenten aus Buffalo, die das erste Mal nach Europa fuhren und sich angeregt mit meiner Tochter unterhielten, da sie doch schon im Vorjahre dort gewesen war und ihnen alles erzählen konnte. Ferner hatte sich zu unserer Gesellschaft ein junger Mann aus Seattle zugesellt, der auch das erste Mal nach Deutschland fuhr. Er war von meiner Tochter so begeistert, daß alle Schiffsgenossen glaubten, er sei ihr Verlobter. Ich und sie allein wußten, daß er jung verheiratet und vor kurzem Vater geworden war. Er wurde von seinem Chef nach Europa geschickt, um neue Verbindungen für seine Firma anzuknüpfen.

Es wäre eigentlich wegen meiner Tochter gar nicht notwendig gewesen, weiterzufahren, denn die gemeinsame Schiffsreise mit den drei Herren hatte sie ihre Schwierigkeiten vergessen lassen.

Wir blieben zwei Tage in Antwerpen und zeigten dem Jungen die Stadt, die Kathedrale mit den herrlichen Rubensbildern, wanderten durch die Museen, und da er auch in Köln zu tun hatte und unser Reiseziel Krefeld am Rhein war, nahmen wir ihn mit. Er war glücklich, nicht nur eine angenehme Gesellschaft, sondern auch einen Dolmetsch umsonst gefunden zu haben.

In Krefeld hatte ich eine sehr liebe Freundin, die ich auf einer Europareise kennengelernt hatte. Der Mann hatte eine Seidenfabrik in USA und kam daher oft nach New York und brachte auch oft seine Frau mit; es entwickelte sich eine Freundschaft, die nur der Tod löste. In dem reizenden Häuschen in Krefeld hörte ich von der Ermordung des Thronfolgers in Sarajevo. Mit bangem Zweifel erwarteten wir einen Krieg, doch dachte ich, daß Österreich mit dem kleinen Serbien bald fertig werden würde.

Unser Reiseplan war gemacht. Von Köln ging es nach Luzern, wo wir amerikanische Freunde trafen, und von dort nach dem Rigi, wo ich bereits Zimmer bestellt hatte.

Meine Tochter war mehr als zufrieden mit dieser schönen Reise. In Luzern traf sie dann noch eine Schulfreundin mit ihrer Familie und machte mit ihr einen Ausflug nach Engelberg. Am nächsten Tag fuhren wir in das große Hotel auf dem Rigi, 5400 Fuß hoch. Eine herrliche Aussicht. Meine Tochter hatte noch eine Wiener Dame zur Gesellschaft, mit der sie gehen und steigen konnte, und ich war glückselig mit den wunderbaren Spaziergängen in der Nähe des Hotels. Ich fand intelligente Gesellschaft, und da das Wetter schön blieb, waren wir täglich dankbar, daß wir diese landschaftliche Schönheit genießen konnten.

Aber die Wolken am politischen Himmel verdüsterten sich mehr und mehr. Ich las mit Interesse die verschiedensten Zeitungen, fand einen belgischen Herrn, der mit seiner Tochter hier als Gast weilte; er hatte eine klare Auffassung der bestehenden Verhältnisse, und ich ließ mich oft belehren. Trotzdem mich das politische Feld niemals sehr beschäftigt hatte, wußte ich doch, daß kleine Ursachen oft große Wirkungen in Staaten nach sich ziehen konnten.

Rigi-Hotel

Schließlich erhielt ich ein dringendes Kabel von meinem Mann: »Kehre heim. Wolken am politischen Himmel schwerwiegend.« Das war am 24. Juli. Ich saß 2000 Meter hoch von der Welt entfernt. Es war Hochsaison, und täglich kamen neue Gäste in das luxuriöse Hotel aus Frankreich, Rußland, England usw. Ich glaube, es waren zirka 350 Menschen; alle in Sommerfreude, auf Erholung wartend, die ihnen das schöne Land, die gute Höhenluft, das ausgezeichnete Hotel versprach. Nun kam der Kassandraruf, ich sollte heim. Ich konnte es nicht glauben, und meine Antwort war: »Hier alles ruhig, bleibe wie geplant bis zum 10. September.« In USA hatte man wahrscheinlich durch die Börse mehr gewußt als wir hier oben. Am 25. Juli wurde Serbien eine Note überreicht, die in so arrogantem Ton abgefaßt war, daß der Krieg unvermeidlich schien. Am 26., Sonntag, saß ich noch ruhig mit dem belgischen Herrn politisierend; am 27. hatte Rußland noch keine Erklärung abgegeben. Das Hotel war in steter Aufregung, die einlangenden Zeitungen wurden verschlungen. Am 30. Juli erwarteten wir stündlich Rußlands Kriegserklärung. Am 1. August abends Ablehnung des Ultimatums und große Aufregung. Alles flieht. Von den 350 Menschen bleiben 76 zurück, alte Damen und Menschen, die nicht zu den Waffen gerufen werden. Der freundliche Sommerhimmel scheint hinunter auf Freund und Feind, und die Sonne kann nichts tun, wenn jetzt Tausende und Tausende junger Menschen verbluten werden.

Ich hatte als Kind 1870 den Krieg miterlebt und erinnere mich, daß mein ältester Bruder abends mit dem Vater die Ereignisse besprach und die Greuel erwähnte, die der Krieg mit sich bringt. Dies erfüllte mich damals schon mit solchem Grauen, daß mein kindliches Gemüt nur beten konnte: »Lasse mich nie mehr einen Krieg erleben«, und jetzt war ich mittendrin. Hoch auf dem Berge; die Zeitungen kamen spärlicher, schließlich kamen nur mehr die neutralen Schweizer Zeitungen. In meiner Naivität dachte ich, daß die neutralen Länder sich vereinigen könnten, voran die großen USA. Ich rief die Gäste des Hotels zusammen, stieg auf einen Tisch und pries in begeisterten Worten Präsident Wilson[133], daß er als Vertreter einer großen Macht den Weltkrieg verhindern müsse. Wie malte sich damals in meinem Kopfe die Welt!

Verstreute Amerikaner aus der Schweiz kamen herauf; alle wollten heim. Als wir von New York abfuhren, war noch kein Paßzwang gewesen. Nun waren alle ohne Pässe, viele ohne Geld, da viele nur ihre Ersparnisse knapp berechnet hatten, um die Urlaubszeit hier zu verbringen. Ich selbst hatte 300 Franken Angabe gegeben, um mit einem italienischen Schiff heimzufahren, aber es wurde mir erzählt, daß auf den italienischen Schiffen des großen Andranges wegen die Dritte-Klasse-Kabinen für die erste hergerichtet würden und daß man darauf, daß dort viele Mäuse wären, keine Rücksicht nahm. Da ich mich mit meinem kranken Bein nicht mobil genug fühlte, um diesen Gefahren auszuweichen, und außerdem mein Kreditbrief noch nicht erschöpft war, dachte ich, die Aufregung werde sich legen und in ruhiger Verfassung könne man besser handeln.

Meine Kabel mußten jetzt dreifach bezahlt werden, schienen aber dafür auch nicht anzukommen, denn ich war ohne Nachricht von Mann, Kindern und Kindeskindern.

Am 1. Juli hatte ich meine Schwester aus Wien auf den Rigi kommen lassen. Nun kam ihr einziger Sohn, der als Ferienreisender auf einer Gebirgstour in der Schweiz war, zu uns; er hatte in Sentis gehört, daß Österreich mobilisiere. Nun kam er, um eiligst mit Mutter und Schwester nach Wien zurückzureisen. Er war erst siebzehn Jahre alt, aber in seiner jugendlichen Begeisterung vermeinte er, seinem Vaterland beistehen zu müssen. Man konnte ihn nicht halten. Sie benützten den letzten für Zivilpersonen freien Eisenbahnzug, um in die Heimat zu fahren. Wochenlang hörte ich nichts von ihnen.

Meine amerikanische Freundin fuhr mit ihrer Tochter nach Genua, um sich dort einzuschiffen. Ich war nun mit meiner Tochter allein hier heroben.

Wie ein Blitzstrahl kam ein Brief von amerikanischen Freunden aus Basel, wir sollten hinkommen, es sei eine ganze Kolonie Amerikaner vereint, die mit einem holländischen Schiff nach Hause fahren wolle.

Wir bekamen nur mehr neutrale Zeitungen, jeden Tag wurden die Gäste weniger. Viele Russen, die in anderen Stationen, Kaltbad am Rigi, wohnen, kommen bestürzt herauf, um Neues zu erfahren. Unbegreiflich erscheint es, daß das Kleingeld vollständig verschwindet; man kann eine Hundert-Franc-Note nicht mehr wechseln. Aber die Schweizer sind sehr fein und zuvorkommend und wollen schließlich ihre für den Fremdenverkehr berechnete Ware absetzen und räumen den Amerikanern Kredit ein. Aber wer will in dieser aufgeregten Zeit an Gelegenheitskäufe denken. Ich hörte, daß die Banken in Luzern gestürmt werden, aber ich hatte vor ganz kurzem mehr als 1000 Goldfranc eingewechselt, daher hatte ich Geld genug und beschloß, noch einige Tage zu warten und dann nach Basel zu meinen Freunden zu fahren. Die Otisbahn, die den Verkehr von Luzern auf den Rigi bewerkstelligte, war eingestellt; auf unseren Koffern sitzend, kamen wir mit einer kleinen Frachtbahn herunter. Luzern war ausgestorben. Die Schweiz hatte auch mobilisiert, um ihre Grenzen zu beschützen, und alle jungen Menschen waren weg. Ein alter Mann half uns mit dem Gepäck. Ich ging in die Bank, die nur für wenige Stunden geöffnet war. Der Ansturm war vorüber. Mit meinem Kreditbrief konnte ich nur Francs erhalten, Mark waren ausgeschlossen. Da wir ja vorderhand in der Schweiz blieben und ich mir in Deutschland immer von meinen Freunden Geld einwechseln konnte, war ich's zufrieden.

In Basel angekommen, logierten wir in einem Hotel, das

vollständig leer war. Der Eigentümer erzählte uns, daß zwischen 4. und 10. August, als die Flucht der Fremden begann, sein Haus so überfüllt war, daß ganze Familien in den Gesellschaftsräumen und auf Stühlen übernachteten.

Ich wollte meiner Tochter Basel zeigen, und so wandelten wir durch die Straßen, ins Museum, wo eine große Böcklin-Ausstellung angekündigt war. Als wir hinkamen, war alles verschlossen. Die Bilder waren in Kisten verpackt im Keller, da man Angst vor einem Einfall der Deutschen hatte. Außerdem hörten wir, daß die große Rheinbrücke unterminiert sei, um sie bei einem eventuellen Kriegsüberfall in die Luft zu sprengen.

Es war eben Krieg, und man spürte die Atmosphäre bei jedem Schritt.

Unser amerikanischer Freund, der uns nach Basel gerufen hatte, war in der Schweiz geboren und war mit seiner Frau und Kind gekommen, die betagte Mutter zu besuchen. Da wir noch einen Monat auf unser Schiff zu warten hatten, wählten wir zu unserem Aufenthalt ein kleines Dorf, Langenbruck, das still und abseits lag.

Wir kamen um vier Uhr an, und um fünf Uhr zogen 1000 Schweizer – die Landwehr, die die Grenze bewachen sollte – ein.

In dem Haus, in dem wir eingemietet waren, zog der Schweizer Generalstab ein. Wir waren mitten im Getriebe. Das kleine Dorf nahm die Einquartierung mit guter Miene auf sich. Es waren feine junge Schweizer, die da einberufen waren, Advokaten, Doktoren, Philosophen, meine Tochter war als Amerikanerin umringt.

Wenn der schwere Dienst zu Ende war – es war Krieg im Frieden –, waren wir alle im besten Einvernehmen und verlebten angenehme Stunden. Die große Käsefabrik in dem Orte wurde als Küche für die Soldaten requiriert.

Bei Tag gab es Feldübungen auf den gegenüberliegenden Hügeln, die jungen Leute wurden eingedrillt, denn die

Schweiz hat ja kein stehendes Heer. Noch heute überläuft es mich, wenn auf die großen Holzfiguren, die Menschen darstellen sollten, gezielt wurde, um den biederen jungen Schweizern zu lehren, wie ein Mensch den anderen am gründlichsten erschießen kann.

Ich hatte mein Zeug und alles, was ich in Deutschland besorgt hatte, in Krefeld gelassen, denn auf dem Rigi hatte ich dafür keine Verwendung. Deshalb mußten wir erst nach Krefeld, während die anderen direkt nach Rotterdam fuhren. Von Basel fuhr ich nach Freiburg, wo ich den Rest unserer Freunde traf.

Als wir von New York fortgefahren waren, hatte man keine Pässe gebraucht; als wir vom Rigi nach Luzern kamen, hatten die Amerikaner in dem großen Hotel ein Bureau errichtet, wo Pässe ausgegeben wurden, wo man Auskünfte über Reise, Geld, Gepäck usw. erhalten konnte. Es war wirklich staunenswert, wie tüchtig die Amerikaner für ihre Landsleute sorgten, gestrandete Lehrer und Lehrerinnen bekamen Geld, da sie ja heimkehren und ihre Pflichten erfüllen mußten.

Dieses amerikanische Bureau war von reisenden Amerikanern errichtet worden, Frauen und Männer gaben Zeit und Arbeit bereitwillig, und Leute von Geist- und Geldadel leisteten ihr möglichstes, um jedem einzelnen mit Rat und Tat beizustehen. Jeder bekam drei Pässe, einer blieb dort als Beleg, einen bekam man in die Hand, und der dritte wurde nach Amerika geschickt, um die Familie zu unterrichten, wo die Europareisenden geblieben seien. Ich brauchte kein Geld, aber ich erhielt alle nötigen Informationen in dem Bureau.

Wir kamen nach Freiburg im Breisgau, wo wir den wirklichen Krieg sahen. Anläßlich einer Ausfahrt auf den Schloßberg sahen wir französische Bomben von einem Luftschiff herunterprasseln und unschuldige Kinder töten. Wir warteten in Freiburg auf den ersten Schnellzug, der nach Köln ging.

Antwerpen war gefallen. Der Eisenbahnzug war von Flüchtlingen besetzt; junge Frauen mit Kindern, die ihre Männer hier zurückließen und zu den deutschen Verwandten flohen. Der ganze Zug war eine Familie; Freund und Feind hatte nur den einen Gedanken, einander zu helfen. Der Zug war vollbesetzt, dennoch kamen in jeder Station neue Flüchtlinge hinzu, auch Verwundete gab es schon. Ein Mann mit einer Krankenwärterin wollte nach Köln, wo seine Eltern warteten, aber der Arme starb im Zug, und als wir in Köln ankamen, ging der Vater von einem Kupee zum andern, um den Sohn zu suchen, und keiner der Reisenden hatte den Mut, die traurige Nachricht dem unglücklichen Vater mitzuteilen.

Wir stiegen in Köln nicht aus, sondern fuhren weiter nach Krefeld; die sonst halbstündige Fahrt dauerte nun in der Kriegszeit Stunden, erst um Mitternacht kamen wir in Krefeld an. Wir stiegen wieder im Krefelder Hof ab, wo wir im Juni gewohnt hatten. Das Hotel war menschenleer, und die schöne Fabrikstadt hatte aufgehört zu arbeiten. Anstatt der laufenden Spulen waren überall Suppenküchen errichtet und Kinderfürsorgeheime für die armen Kinder, deren Väter zu den Waffen gerufen worden waren. Wir waren bei unseren Freunden und strickten Strümpfe, Pulswärmer und Fliegerkappen. In unserem Hotel wohnte auch ein amerikanisches Ehepaar, das mit der »Rotterdam« heimkehren wollte. Der Dampfer sollte am 4. Oktober in See gehen. Wir schickten unser großes Gepäck voraus nach Rotterdam, um den Grenzschwierigkeiten auszuweichen. Wir führten ein möglichst einfaches Leben, um etwas für die Arbeiterfamilien zu erübrigen. So brauchten wir zum Beispiel gar keine Toiletten. Da ich hoffte, daß zu Weihnachten der Friede dasein werde, spielte ich mit den Gedanken, bis Weihnachten hierzubleiben, dann, nach dem Friedensschluß, glücklich heimzukehren.

Aber es kam alles anders. Am 4. Oktober hätte das Schiff

segeln sollen, aber es wurde von den Engländern aufgehalten. Von dem Hotel in Rotterdam, in welchem ich ab 1. Oktober Zimmer reserviert hatte, bekam ich einen Brief, daß keine Zimmer zu haben seien. Eigentlich war ich froh, noch etwas bleiben zu können. Aber man kann sich meinen Schreck vorstellen, als ich am 6. Oktober in den Speisesaal kam und von dem Kellner hörte, daß die »Rotterdam« doch abgefahren sei. Wir hatten alle mögliche Mühe gehabt, unsere Schiffskarten für die »Rotterdam« durch Geschäftsfreunde zu bekommen, und hatten zwei Luxuskabinen erhalten, die ich nicht mit großer Freude begrüßt hatte, weil ich ja nicht wußte, wie mein Mann geschäftlich stand, da ich ja seit dem 4. August ohne jede Nachricht war. Wir mußten doch heimkommen, da der Mann und vier Kinder die Mutter, Gattin und Schwester erwarteten. Nun sollten wir es versäumt haben. Aber zum Glück war es ein falsches Gerücht. Auf eine telegraphische Anfrage in Rotterdam erhielt ich die Nachricht, daß das Schiff sicher am 16. abfahren werde. Nun sagten wir unseren lieben Freunden Lebewohl. An der Grenze half uns der Liebreiz der Jugend so glücklich, daß wir ohne Schwierigkeiten Plätze im Zug bekamen und heil in Rotterdam anlangten.

Das Hotel hatte nur eine Bodenkammer im dritten Stock für uns reserviert, und da ich leider die Stiegen nicht steigen konnte, aber diese Nacht nichts anderes zu haben war, blieb ich im Vestibül, auf die Post wartend, und hatte das Glück, die ersten Berichte in Händen zu haben. Ein Agent meines Mannes kam und sagte, er hätte uns gerne in sein Haus aufgenommen, allein er habe sein ganzes Haus den Flüchtlingen von Antwerpen zur Verfügung gestellt. Er nahm einen Wagen und zeigte uns die Stadt und die Kathedrale. Dort war ich Zeuge einer pathetischen Szene, die mir heute noch Tränen erpreßt, wenn ich daran denke. Der Geistliche sprach von den zurückgebliebenen Kindern, die man hier gefunden habe. Als er einen fünfjährigen Buben in die

Höhe hielt, stürzte eine Frau aus der Menge hervor und schrie, daß es ihr Kind sei. Unser Freund war nicht verheiratet und half mit allen seinen Mitteln den unglücklichen Frauen und Kindern. Die Holländer haben sich überhaupt während des Krieges als sehr hilfreich erwiesen.

Wir kamen wieder ins Hotel zurück und erklommen unsere Bodenkammer im dritten Stock; ein starker Rauch weckte uns in der Früh. Wir eilten so rasch als möglich hinunter, und das Hotel versprach uns, den Salon als Schlafraum herzurichten, der aber heute noch als Versammlungsraum gebraucht wurde. Wir beschlossen daher, den Tag bei unseren Freunden im Haag zu verbringen. Im Haag trafen wir unsere Reisegesellschaft. Alle erzählten von dem Wirrwarr des Kriegsausbruches, den wir unfreiwillig mitmachen mußten, und berichteten über schreckliche Ereignisse. Ins Hotel zurückgekehrt, fanden wir den Salon wirklich als Schlafraum eingerichtet. Der Raum war so groß, daß ich das Bett meiner Tochter suchen mußte. Die ganze Nacht brannte auf der Straße eine große elektrische Laterne, dic von einem Haus zum andern gespannt war. Nach all den Erlebnissen war ohnehin an eine Nachtruhe nicht zu denken.

Am nächsten Tag ging es aufs Schiff, begleitet von unserem belgischen Freund. Wir erhielten zwei Luxuskabinen mit den herrlichsten Blumenspenden, Bonbons usw. von unseren Freunden und dankten ihnen noch herzlichst dafür. Eine Freundin, die auch die Reise mitmachte, war glücklich, daß ich ihr einen Diwan in meiner Kajüte überließ, da sie nur ganz unten einen Schlafraum bekommen hatte, da das Schiff überfüllt war. Anstatt 700 waren 1100 Passagiere untergebracht. Jeder war gerne bereit, zu teilen und zu helfen, und der holländische Kapitän erlaubte es gerne. Die geängstigten Amerikaner blieben die ganze Nacht auf Deck, während wir den Kanal durchschifften, da sie sich vor den Minen fürchteten, aber im Glauben an Gottes Hand schlief ich gerade diese Nacht sehr gut.

Die Reise war reich an Ereignissen, denn wenn man nur all den Erlebnissen, die die Mitreisenden erzählten, zuhörte, gab es genug des Interessanten. Wir hatten zehn Freunde an Bord und zwei Kinder, die die Gesellschaft belebten, und in guter Stimmung erreichten wir den Hafen von New York.

25. Kapitel
Winter in Havanna

Dank dem Himmel, nun waren wir alle wieder vereint. Jeder hatte im Krieg verloren. Was spielte es für eine Rolle, wenn ich meinen Pelz in Brüssel lassen mußte und meine echten Spitzen dort nicht mehr abholen konnte, wenn ich in Antwerpen Stoff für zwei Kleider, die ich dort jemandem übergeben hatte, nie mehr wiedersah. Was sind das doch für Kleinigkeiten, kaum wert, ihrer Erwähnung zu tun! Wir waren wieder daheim und hatten in großer Zeit tiefes Leid miterlebt.

Wie kann ich den jungen Leutnant in Düsseldorf vergessen, dem ich im Kaffeehaus den Mantel anzog und der mir erzählt hatte, daß er in Flandern von einem französischen Dumdum im Oberarm verletzt worden war und dessen Wunde nicht heilen konnte. »Was sucht ihr mich heim, ihr Bilder, die längst ich vergessen geglaubt«, wie Chamisso singt,[134] wenn ich an den jungen Advokaten in Krefeld denke, der meiner Tochter den Hof machte. Er ist als Held gefallen. Wie dankte ich dem Geschick, daß unser einziger Sohn in Amerika aufgewachsen war und niemals die Greuel des Krieges erfahren mußte.

Der Winter war eiskalt, nicht nur außen, sondern auch innen. Man empfahl eine andere Umgebung, und da ich für Havanna schwärmte, wurde beschlossen, daß ich mit meiner ältesten und meiner verheirateten Tochter den Winter dort verbringen sollte.

Wir fuhren diesmal zuerst nach St. Louis, um dort unsere Verwandten zu besuchen. Von da ging es weiter nach Havanna. Wir hatten eine Empfehlung an einen jungen Amerikaner, der nach seinen Geschäftsstunden uns ein steter Begleiter war. Auch ein junger Architekt aus Baltimore, der dort Häuser baute, hatte sich uns angeschlossen. So war für die Unterhaltung der Töchter gesorgt. Die neuen Eindrücke und die schöne Umgebung wirkten günstig, und erfrischt an Leib und Seele, kehrten wir im März heim.

26. Kapitel
Eli als Pensionär

Da das Getreidegeschäft im Krieg in die Hände der Regierung übergegangen war, zog sich mein Mann ganz vom Geschäft zurück. Mein Mann hatte viel mit den Vertretern der verschiedenen Länder wie England, Italien, Ungarn, Deutschland usw. zu tun gehabt. Und so gaben wir eine große Gesellschaft als Schlußpunkt der Karriere meines Mannes.

Schon im Jahre 1914 hatten wir die Idee gehabt, uns nach Brüssel zurückzuziehen, und als ich damals dort gewesen war, hatte ich sogar Ausschau nach einer Wohnung für uns gehalten, aber der Weltkrieg hatte uns einen Strich durch die Rechnung gemacht.

Im Sommer 1915 gingen wir nach Lawrence auf Long Island, wo wir ein großes Haus mieteten. Mein abgearbeiteter Mann sollte dort die Ruhe des Landlebens genießen, darum hatten wir ein Haus mit einem großen Garten gewählt. Allein der Blumengarten wurde uns durch die schrecklichen Moskitos völlig verleidet. Die sogenannten Weekendgäste blieben von Mittwoch meist bis nächsten Dienstag. Für Küche und Keller war immer bestens gesorgt. Aber der Haushalt mit sieben Hilfskräften gab viel

Arbeit, und das Ganze trug nicht dazu bei, die Idee meines Mannes, ein Gentleman-Farmer zu werden, von der er immer geträumt hatte, zu verwirklichen. Er wollte sogar dort Grund und Boden kaufen, ein altes Haus mit zehn Acker Land, aber die Moskitoplage ließ ihn von der Verwirklichung dieser Idee abkommen. Später zeigte sich zwar, daß man damit eine Unsumme Geldes hätte verdienen können. Heute stehen dort zwei Privatpaläste, denn Long Island wurde von den Moskitos gereinigt. Viele Freunde von uns besitzen dort Heimstätten und leben dort glücklich; außerdem ziehen ausgezeichnete Schulen die New Yorker an, mit ihren Kindern in diese Gegend zu ziehen.

Wir blieben bis Oktober und kehrten dann in unser schönes Heim zurück. Mein Mann konnte sich in das untätige Leben eines Rentiers nicht hineinfinden; seine Energie verlangte nach Arbeit. Er war der erste, der ein großes Gebäude kaufte, um es in ein Officehaus umzuwandeln. Mitten in der Arbeit kam ein Baugewerbestreik. Das Haus konnte trotzdem glücklich vollendet werden; wäre ihm das nicht gelungen, so hätte er sein ganzes Vermögen verloren gehabt. Von den Aufregungen blieb ihm eine schwere Nervosität zurück.

Meine verheiratete Tochter war nach einer Mandeloperation nicht wohl, und der Arzt bestimmte, daß es besser wäre, wenn sie den Winter in Colorado verbringen würde. Ihr Mann war damit einverstanden. Sie nahm die Jüngste als Begleiterin mit sich. Die Nachrichten über ihr Befinden waren sehr günstig, die ausgezeichnete Luft, nette Gesellschaft und das vorgeschriebene Leben schienen sie zu stärken. Als Freunde von uns nach Canada fuhren, schickte mich mein Mann mit nach Colorado, wo ich anfangs Juni eintraf. Er selbst wollte am 4. Juli nachkommen, um mit mir eine Reise durch Amerika zu machen. Ich fand meine Tochter blühend aussehend, aber mir behagte die große Höhe nicht, ich konnte nichts essen, und als mein Mann mit dem Herkommen zögerte, schrieb ich, daß ich zurückkehren wolle. Da erhielt ich ein Telegramm von meinem Sohn, daß Vater die Einsamkeit nicht vertrage und meine Rückkehr dringend erwünscht sei. Ich ahnte nichts Gutes und trat sofort die Rückreise an. Es war eine schreckliche Fahrt von zwei Tagen und Nächten, bei 95 Grad[135]; ich war glückselig, als mich in Chicago eine Freundin abholte und mit mir zwei Stunden spazierenfuhr. Aber ich fuhr noch am selben Tag weiter. Wie froh war ich, dem Osten zuzufahren. Nach achtzehnstündiger Fahrt von Chicago traf ich in New York ein. Ich traf meinen Mann gar nicht wohl. Er war gräßlich nervös und war sehr dick geworden. Der Arzt konstatierte eine Herzverfettung, und da man infolge des Krieges nicht nach Nauheim fahren konnte, empfahl uns der Arzt Watkins Glen im Staate New York, das dieselben Bäder wie Nauheim haben soll. Wir fuhren in zwei Tagen per Auto dorthin und fanden ein feines Sanatorium, wo die Bäder im Hause waren. Wir hatten im voraus Zimmer bestellt, aber als wir hinkamen, waren sie nicht frei, und wir sollten mit anderen Räumen vorliebnehmen; mein Mann, übernervös, wollte gar nicht auspacken lassen, sondern gleich weiterfahren. Ich mußte meine ganze Überredungskunst aufbieten, um ihn, mit Hinweis auf die Ärzte, deren Rat er doch befolgen müsse, von seinem Entschluß abzubringen. So blieben wir schließlich doch dort.

In der sechswöchigen Bäderkur in dem wohlgeführten Sanatorium erlangte mein Mann seine Gesundheit wieder. Da sehr viele Leute, die sonst Nauheim besuchten, hier waren, fanden wir reizende Gesellschaft. Ein Arzt aus Hoboken, ein Richter vom Obersten Gerichtshof aus Springfield, ein katholischer Geistlicher aus Pittsburgh, ein Fabrikant aus Chicago, wirklich Elemente, die eine gute Gesellschaft ausmachen; tagsüber hatte man genug damit zu tun, den kranken Körper zu pflegen, aber abends versammelte man sich im Palmenraum. Viele spielten Karten, während wir uns aber in ernstem und heiterem Gespräch mit unseren Freunden ergötzten.

Wir hatten unser Auto samt Chauffeur mit, und da mein Mann nicht ausfahren durfte, lud ich täglich eine Anzahl Damen ein. Wir befuhren den ganzen Staat New York. Als ich die fruchtbaren Farmen sah, ließ ich den Wagen oft halten und sprach mit den Farmern. Leider mußte ich viele Klagen hören, daß sie die Konkurrenz von Californien nicht aushalten könnten; man sah auch nur ältere Leute bei der Bewirtschaftung ihrer Farmen, die jungen zog es alle nach der großen Stadt. Die Gegend um Watkins Glen war sehr schön, und wir wären auch noch länger geblieben, wenn nicht nach der anstrengenden Kur eine Nachkur notwendig gewesen wäre. Da es bereits spät im Jahre war, konnten wir schwer ins Gebirge gehen. Da erinnerte ich mich an die Catskills, die mein Mann nicht kannte, und wir fanden dort wirklich im Grand Hotel zwei prachtvolle Zimmer, aus denen gerade der bekannte Philanthrop Nathan Straus ausgezogen war.

Mein Mann war wieder gesund, er hielt sich an die Vorschriften der Ärzte, war sehr mäßig in Essen und Trinken, konnte wieder ebene Spaziergänge machen und war nicht mehr nervös. Auch hier fanden wir sehr nette Gesellschaft. Herrn Brisbane, mit dem wir uns sehr angefreundet hatten, gefielen die Catskillberge auch so gut, daß er und mein Mann daran dachten, 1000 Acker Land in Big Indian zu kaufen. Inzwischen kaufte Brisbane ein kleines Haus auf einem Berg für seine Familie, und auf dem nächsten Hügel erstand mein Mann ein reizendes Häuschen für uns, das für den nächsten Sommer vergrößert wurde.

Ich fuhr nach dem Labour-day nach Hause, mein Mann ging noch nach Stamford, N. Y., um der noch immer herrschenden New Yorker Hitze zu entgehen. Er hatte sich gut erholt. Nun hatte er endlich Zeit, Ruhe und die Mittel, sich das Leben angenehm zu gestalten, nach all der schweren

Arbeit, die eine dreiundzwanzigjährige ununterbrochene Geschäftstätigkeit mit sich bringt. Er hatte sich ja niemals einen Tag Ferien genommen. Aber sein Geist verlangte nach Betätigung. Die Verbindung mit einem Fabrikanten, bei dem er als Teilhaber eintrat, wirkte sich in schweren Geldverlusten aus.

Wieder kommt der Winter (1917). Meine verheiratete Tochter schien ihre durch den Aufenthalt in Colorado so schwer errungene Gesundheit wieder zu verlieren, und so wurde beschlossen, daß ich mit ihr nach Californien reisen sollte, während die Jüngste die Wirtschaft führen würde. Vater hatte sich nun auch mit der Wahl meiner drittältesten Tochter, die noch immer an ihrem Studienfreund aus Harvard hing, einverstanden erklärt. So schien alles gutzugehen, wenn nicht der unglückselige Krieg ausgebrochen wäre und uns viel Herzleid und Kummer bereitete.

Wir fuhren nach Riverside, wo wir vier Wochen im Missionshaus angenehm verbrachten und wo ich von der Pracht und Fülle der Blumen wieder auflebte. Wir hatten, da ich doch so wenig gehen konnte, ein Auto gemietet, dessen Besitzer, ein Optiker aus Cleveland, und seine junge Frau, eine Lehrerin, froh waren, ihr Auto gegen ein geringes Entgelt zu vermieten. Wenn wir längere Touren machten, nahmen wir die Frau, die die Gegend gut kannte, mit und verproviantierten uns, um unabhängig von den Gasthäusern zu sein. In Pasadena blieben wir auch vier Wochen, wenn wir Berichte über die Winterstürme in New York lasen, priesen wir uns glücklich, unter Veilchen und Rosen zu wandeln. Für fünf Cent hatten wir täglich die prachtvollsten Blumen. Wenn wir durch die Olivenhaine, die Orangen- und Zitronenfelder gingen und die Grapefruitbäume bewunderten, an denen die schweren Früchte in Trauben hingen, erwachten die Erzählungen vom Goldlande Californien in mir. Wenn es jetzt auch kein metallisches Gold zu finden gab, so glänzten doch die Früchte golden. Von Los Angeles kamen wir auch in die kleine Stadt Hollywood, die sich dann so gewaltig ausbaute, sahen dort die Herstellung eines Films, trafen nette Deutsche, die uns sogar in ihr Haus einluden und uns zeigten, wie sie mit einem Japaner den ganzen Besitz in Ordnung hielten. Aber das Schönste von allem waren doch die Menge Blumen.

Wir fuhren in die alten Missionshäuser, die jetzt noch als Sehenswürdigkeiten gezeigt werden. In einem Garten fanden wir alle Arten Blumen, die zu gleicher Zeit blühen. Ein findiger Amerikaner hatte dort kleine Päckchen mit den Samen zum Verkauf, und die Besucher kauften sie alle, nicht beachtend, daß das Klima in anderen Weltgegenden, wie zum Beispiel bei uns in Westchester, N. Y., nicht dasselbe hervorbringen könne wie die Sonne Californiens.

In Delmonte fanden wir ein holländisches Ehepaar, das die Reise mit uns in einem großen Packard-Automobil fortsetzte. Wir fuhren zu den großen Rotbäumen, durch das fruchtbare San Jose-Tal, wo meilenweit die Pflaumenbäume in Blüte standen, sahen die knorrigen Weinstöcke, die von dem Reichtum des kalifornischen Weines Kunde gaben, und kamen schließlich mit unseren neuen Freunden in San Francisco an. Unsere Gesellschaft bestand aus drei Damen und einem Herrn. Wir sahen alles, was es zu sehen gab. Im Golden-Gate-Garten war eine Blumenausstellung von solcher Farbenpracht, solcher Fülle und Verschiedenheit, daß ich mich gar nicht losreißen konnte. Als es dunkel wurde, stiegen aber von der Bay solche Nebel auf, daß ich fürchtete, das Klima von San Francisco wäre nicht gesund.

Wir hatten eine Einladung nach Oakland und sahen die große Universität, ein Werk des Zeitungskönigs Hearst.

Aber das Großartigste war die Reise mit der Pacificbahn nach Colorado, wo wir acht Tage Rast machten, da meine Tochter alle ihre Freunde wiedersehen wollte. Die Gegend war höchst romantisch, Berge, Schluchten, die Straßen wie ein Parkettboden, die Autos der Amerikaner sausen entlang, und man glaubt die Erzählungen von haarsträubenden Fahrten. Der Ausblick von 10000 Fuß Höhe war überwältigend, die Klarheit der Luft wundervoll, aber kalt und schneidend wie Stahl, den wirklichen Genuß hatte ich aber doch erst, als wir wieder glücklich in Antlers Hotel zurückgekehrt waren.

27. Kapitel
Umzug aufs Land

Auf das Jahr 1917 muß ich zurückkommen, obwohl die Zeit nicht sehr erfreulich war; man machte viel mit, und es kam eigentlich ganz anders, als man es haben wollte. Man kann nur einen Trost in Goethes Worten finden: »Von hier geht heute eine neue Epoche der Weltgeschichte aus, und ihr könnt sagen, daß ihr dabeigewesen.«

Aber wie gerne hätte ich auf diesen Ruhm verzichtet.

Als USA im Jahre 1917 gegen Deutschland in den Krieg zog, war mein Herz zweimal gespalten, denn mein einziger Sohn wäre als Feind gegen mein eigenes Blut gezogen.

Im Jahre 1870, als ich als zehnjähriges Kind den Krieg miterlebte und von den Greueln erzählen hörte, war ich, ohne es recht zu wissen, schon unbewußt eine Pazifistin gewesen. Ich wollte nicht die Mutter eines Sohnes sein, wenn das Damoklesschwert des Krieges zu gewärtigen gewesen wäre, denn in Österreich war allgemeine Wehrpflicht.

Nun war mein Sohn in USA aufgewachsen, und ich mußte dennoch fürchten, daß er ausgemustert und einberufen würde. Die fünf Kinder hatten deutsche Atmosphäre im Hause eingesogen. Sie hatten wohl amerikanische Schulen und Colleges besucht und waren patriotische Amerikaner, die, ihrer Individualität entsprechend, ihren eigenen Anschauungen gerecht werden konnten.

Den Zwiespalt meiner geängstigten Seele kannte niemand als ich selbst; es hieß ruhig und tapfer bleiben und dem Adoptivland Gerechtigkeit widerfahren lassen, dabei aber die Heimat nicht zu vergessen.

Der Durchschnittsamerikaner hat keine Ahnung von den Charaktereigenschaften der Deutschen. Die Deutschen wurden Hunnen genannt, und die Leute wußten eigentlich gar nicht, was Hunnen waren. Das nomadische Reitervolk aus der Mongolei, das 350 n. Chr. das ostgotische Reich zerstörte und bis zur Donau hinunterzog, unter Attila seinen Höhepunkt erreichte und in Ungarn einzog. Es waren Zerstörer und eines der wildesten Reitervölker. Nun wurden hier die Deutschen so genannt!

Anläßlich eines Abschiedsfestes einer deutschen Dame, die nach Europa fuhr, fragte ich, wo ihr amerikanischer Schwiegersohn sei, und mußte hören, daß er betont hatte, »bei einer Hunnenpartie habe er nichts zu tun«, obzwar alle Freunde seiner Mutter Deutsche waren. Ich habe die Leute seither nicht mehr besucht.

Ich hatte, trotz der Warnung meines Mannes, immer die deutsche Sprache gebraucht, denn ich habe damit keinen Unfug getrieben. Als einige Freunde, mit denen ich jahrelang deutsche Lesestunden gehalten hatte, vorschlugen, daß man von nun an englische Lesestunden halten sollte, bat ich sie, ohne mich weiter zusammenzukommen, denn ich konnte nicht einsehen, wodurch man, wenn man deutsche Literatur liest, die USA schädigt.

Es lag ein schwerer Schleier über den deutschen Familien, Bismarcks Bild sollte aus der Bibliothek verbannt werden, die deutsche Staatszeitung, die ich jahrelang abonniert hatte, verschwand morgens von den Stufen des Riverside-Drive-Hauses. Ein Schwiegersohn wurde nach Frankreich beordert, als er nach Ausbildung im Atlanta Camp seine junge Frau verließ; mein Sohn stellte sich der Regierung zur Verfügung. Er war zur Zeit im Metropolitan Music Bureau beschäftigt und hatte im Jahre 1915 einen großen Erfolg mit dem Diaghileff-Ballett[136] gehabt; er war mit

Caruso gereist, bewirkte das Engagement der spanischen Sängerin Barrientos[137] an die Oper, und seine Verbindungen mit Klaw & Erlanger[138] trugen zur Entfaltung des Theaters bei. Im Jahre 1917 jedoch verließ er alle Stellungen, ging zur Presse und unter Creel im November 1918 mit Präsident Wilson nach Paris[139].

Sein einstiger Aufenthalt in Paris, nach Collegeschluß, im Jahre 1913 kam ihm jetzt sehr zustatten, da er die Sprache beherrschte und die Stadt kannte. Dies verschaffte ihm auch die sehr interessante Arbeit unter Creel.

Da wir nun einen Teil der Familie drüben hatten, folgten schwere Tage. Der Waffenstillstand fand 1918 statt, aber große Not herrschte in der alten Heimat. Wir sandten den Hungernden Liebesgaben. Eine Schulfreundin zum Beispiel, von der ich jahrelang nichts gehört hatte, schrieb: Kannst du eine Freundin, mit der du vier Jahre auf der Schulbank gesessen bist, verhungern lassen? Ich unterstützte sie sodann während der ganzen schweren Zeit. Ich hatte wohl keine Anerkennung von ihrer Tochter, einer Arztensfrau, die auch davon Nutzen gezogen hatte, aber wer dachte an den Dank, man war froh, geben zu können.

Ich schickte von Bloomingdale[140] an meine Familie eine Kiste mit Lebensmitteln für hundert Dollar. Aus den Paketen wurde unterwegs viel herausgenommen, aber man konnte sich nicht einmal beklagen, der Dieb war wohl auch hungrig gewesen, und wenn meine Lieben auch verkürzt worden sind, hatte der andere doch auch gewonnen.

Wir waren aus dem Hotel Gotham ausgezogen, da das neue hohe Heckscher Gebäude die Aussicht auf den Zentralpark wegnahm. Wir zogen in das Hotel Ambassador in der Park Avenue; die steten Aufregungen ließen jedoch keine Freude aufkommen. Es kamen traurige Nachrichten von drüben. Eine Schwester hatte ihren einzigen Sohn im Krieg verloren, der als Freiwilliger mit siebzehn Jahren im Jahre 1914 gegen Italien hinauszog und sein junges Leben verlor.[141]

Eine junge reizende Nichte hatte Selbstmord begangen, da sie den Verlust des Vaters und vieler Freunde im Kriege nicht verwinden konnte.[142] Das sind Episoden, die nicht spurlos an mir vorübergezogen sind.

Ich war gar nicht wohl, und der Arzt meinte, ich sollte auf dem Lande leben, um meine Lebensdauer zu verlängern. Es war dies mein langersehnter Wunsch, und da die Kinder nun verheiratet waren, war die Möglichkeit vorhanden.

Im Sommer ging ich mit einer Tochter in unser Haus im Gebirge und lud mir wochenlang Freunde ein, um nicht allein zu sein. Meine zweite Tochter ging mit Mann und Söhnen nach Deutschland, die Jungen wurden in der Schweiz untergebracht und lernten dort Französisch. Der ältere Enkel kam im Juni 1920 wieder nach Amerika zurück, da er durchaus ein amerikanisches College besuchen wollte. Er kam zu mir ins Gebirge. Eines Samstags abends, als meine Gäste mich verlassen hatten und ich allein zu Hause saß, nahm ich die New York Times vor und las darin zu meiner größten Überraschung, daß mein Mann in Quaker Ridge in New Rochelle einen großartigen Besitz gekauft hatte. Nun bekam ich das langersehnte Heim auf dem Lande. Ich war so erregt, daß ich sofort noch am Abend ein Nachttelegramm an meinen Mann absandte. Sonntag morgens weckte mich ein Telephonanruf meines Mannes, der sich wunderte, woher ich etwas von der ganzen Sache wußte und wer ihm die Überraschung, die er mir zugedacht hatte, vorweggenommen habe. Es war wirklich ein eigentümlicher Zufall gewesen, daß ich gerade damals, da oben im Gebirge, gerade diese Nummer der Times in die Hand bekommen hatte. Natürlich war jetzt meines Bleibens im Gebirge nicht länger. Ich fuhr, nachdem ich das Haus für den Winterschlaf hergerichtet hatte, nach New York, wo mein Mann glückselig von dem Kauf erzählte.

Am nächsten Tag fuhr ich mit meinem Sohne hinaus, das neue Haus zu besichtigen. Er war nun nicht mehr für Musik und Theater tätig, sondern widmete sich der Reklame für große Geschäfte.[143]

Als ich den herrlichen Platz, der zweieinhalb Acker groß war, sah, mit den wunderbaren Bäumen, dem geräumigen Haus, das vierzehn große Zimmer und fünf Badezimmer hatte, den Garten mit Kirschen-, Pfirsich- und Apfelbäumen, die Blumen, das Gemüse, war es mir wie im Traum zumute. Ein Platz, der versprach, uns nach Jahren der Arbeit das Glück zu geben, unseren Lebensabend in Ruhe und Gesundheit zu genießen.

Als ich mit meinem Sohn nach Hause fuhr, erzählte er mir, daß er sich auch ein Haus gemietet habe. Da er nicht verheiratet war, meinte ich, daß sein Tun unüberlegt gewesen wäre. Allein, als ich am nächsten Tag nach Hause kam – ich war mit einer Freundin in Quaker Ridge gewesen, um die reifen Pfirsiche zu pflücken –, meldete mir das Mädchen, daß mich mein Sohn bereits dreimal dringend zu sprechen gewünscht habe und sehr gekränkt gewesen war, mich nicht zu Hause zu erreichen. Ich hatte den Hut noch nicht abgelegt und telephonierte ihn schon an, ahnend, daß es etwas Wichtiges sein müsse, nachdem er mich schon dreimal hatte sprechen wollen. Erstaunt und beinahe bestürzt war ich, als er mir erzählte, daß er um zwölf Uhr mittags geheiratet habe. Anfangs glaubte ich, daß es nur Scherz wäre, denn er hatte mir erzählt, daß er das Haus genommen habe, um es mit einer irischen Tänzerin zu teilen. Mein Herz stand still, als ich hörte, daß es sein Ernst war, bis ich hörte, daß seine Auserwählte das Mädchen war, das sich sein Vater schon vor neun Jahren für ihn gewünscht hatte. Er wollte uns die ganze Aufregung ersparen, denn eigentlich ist der große Akt doch nur für die zwei Beteiligten wichtig. Als wir am Sonntag ins Waldorf Astoria Hotel kamen, fanden wir beide glücklich, und vier denkende Menschen waren in Glück und Zufriedenheit einig. Die Frau meines Sohnes[144] war die Tochter eines Advokaten. Das kleine Haus am Washington Mews war acht Jahre die Stätte froher Geselligkeit, und ihre gemeinsame Arbeit war von Erfolg gekrönt.

Wir verließen das Ambassador Hotel und zogen in das Hotel in der Gedney Farm, um in der Nähe unseres neuen Hauses zu sein, das wir vollständig herrichten wollten; im Jahre 1922 übernahmen wir unseren herrlichen Besitz. Wir hatten die feine Einrichtung der Achtzehnzimmerwohnung vom Riverside Drive hinausgenommen, und unser Heim war ganz nach unserem Geschmack. Am 14. Oktober, zu unserem neununddreißigsten Hochzeitstage, hatten wir eine Housewarming, Einweihungsfeier. Die schönen gemütlichen Räume waren der Stolz der Eigentümer, und alle unsere Freunde fanden das Heim entzückend.

Ich fand sehr nette Wiener Mädchen, Schwestern, als Hausgehilfinnen. Alle Möglichkeiten waren gegeben, daß Friede, Freude und Frohsinn in unseren alten Tagen uns begleiten sollen.

Dieses Jahr war ein schrecklich kalter Winter, ich zählte selbst fünfundvierzig Schneetage, man konnte sich kaum hinauswagen, denn die Schneemassen türmten sich auf, und der Chauffeur war mehr Schneeschaufler als Autolenker. Aber ich hatte für jeden Samstagnachmittag Opernkarten, und dieses hehre Vergnügen ließ ich mir nicht schmälern. Mein Mann kaufte unserer Jüngsten ein Häuschen in unserer Nähe, sie hatte das Glück gehabt, einen sehr netten jungen Amerikaner zu heiraten. So war für Gesellschaft gesorgt, tagsüber war die reizende Enkelin Nancy[145] bei uns; auch Großvater kam in bessere Stimmung, wenn die Kleine mit ihren klugen Bemerkungen uns erheiterte. Er war im allgemeinen von einer unbegreiflichen Unruhe. Die dritte Tochter war mit ihrem Sohn[146] in Wien, die älteste Tochter, deren Gatten wir noch nicht kannten und die sich in Wien verheiratet hatte,[147] wollten wir zum vierzigsten Hochzeitstage, 1923, kommen lassen.

28. Kapitel
Krankheit und plötzlicher Tod Elis

Ich wollte zum 6. Februar, dem zweiundsechzigsten Geburtstag meines Mannes, sein geliebtes Haus photographieren lassen. Mein Sohn schickte den Photographen der »Times«, und bei einem Schneesturm kam er heraus, um die Bilder zu machen. Da die zwölfte Platte freigeblieben war, bat ich ihn, die Küche mit den beiden Mädchen aufzunehmen. Am Samstag, dem 25. Februar, war Matinee, und da das eine Mädchen nicht wohl war, überlegte ich, ob ich das Haus verlassen sollte. Aber die Schwester des Mädchens versicherte mir, daß es ihr bedeutend besser gehe und daß ich die Oper nicht versäumen solle. Man kann sich meine Bestürzung vorstellen, als ich heimkehrte und meinen Mann gerade dabei antraf, als er von seinem Schreibtisch aus ins Hospital telephonierte, um ein Bett für das Mädchen zu bestellen. Ich hatte, bevor ich das Haus verließ, dem Mädchen auf alle Fälle die Adresse des Arztes zurückgelassen. Als das Mädchen ihrer Schwester um drei Uhr einen Tee brachte, fand sie sie in einem solchen Zustand, daß sie den Arzt kommen ließ, der sofort ihre Überführung mit der Ambulanz ins Spital angeordnet hatte. Es war eine Lungenentzündung, und am Sonntag hatte sie ausgelitten. Es war ein schreckliches Erlebnis. Am Mittwoch hatte sie so viel gelacht, daß mein Mann sie bat, wenigstens während der Mahlzeit ruhig zu sein. Am Donnerstag hatte sie gegen meinen Willen die Eingangsfenster geputzt, am Freitag hatte ich sie zu Bett geschickt, und am Sonntag war alles vorüber. Es hat mich mit Entsetzen gepackt. Vaters Geburtstag – leider sein letzter – wurde mit dem Begräbnis des Mädchens gefeiert.

Es war ein eiskalter Tag, der Weg gefroren, er ging allein mit der Schwester als Leidtragender. Er hatte ein tiefes Gefühl für alle Menschen, seine Sentimentalität war ein Beweis seines edlen Wesens.

Eli Bernays, 1920

Das Photographienalbum hat ihm sehr gefallen, aber wie konnte eine richtige Freude aufkommen, wenn man dem Tod so nahe war. Wir hätten ganz gut für zwei Monate in die Stadt ziehen können, allein mein Mann fand alles zu lärmend, und so blieben wir draußen. Das Erwachen der Natur, das Sprießen und Keimen der Blumen erheiterte ihn. Alles gedieh, und Haus und Garten erglänzte im Schmuck des Frühlings. Plötzlich hatte mein Mann die Idee, das schöne Haus zu vermieten und auf Reisen zu gehen. Wirklich kamen die Bewerber, und eine Familie wollte es für 6000 Dollar für den Sommer haben, aber bereits anfangs Mai einziehen. Aber mein Beharren, daß wir nach dem strengen Winter doch den schönen Frühling genießen sollten, bewirkte, daß wir das Haus nicht weggaben, sondern selbst dort verblieben. Als aber im Sommer die Hitze zu arg wurde, ging ich mit Freuden nach Maine, während mein Mann blieb und sich einige Freunde einlud. Die Nähe der Tochter und das geliebte Enkelkind versöhnten ihn damit, daß er das Haus nicht vermietet hatte. Es war so heiß, daß ich meinen Aufenthalt in Maine verlängern mußte und erst am Labourday heimkehrte. Am 16. September war mein Sohn ein Jahr glücklich verheiratet, und beim Festmahle sprach mein Mann von unserem Hochzeitstag, am 14. Oktober, und daß er die Älteste hierhaben wollte. Bei meiner Rückkehr sah ich mit Schmerzen, daß seine Nervosität zugenommen hatte, und fand ihn auch schlecht aussehend. Er vertröstete mich, daß, wenn die Älteste kommen würde, er mit ihr nach Atlantic City[148] gehen wolle, um dort heiße Seebäder zu nehmen, denn nach langem Zureden war er doch beim Arzt gewesen, der eine vergrößerte Leber konstatierte und Seebäder verordnete. Meine Tochter hatte aber eine so schlechte Überfahrt gehabt, daß sie, als sie ankam, das Meer nicht wiedersehen wollte und gar keine Lust hatte, nach Atlantic City zu gehen, und Vater war froh, eine Ausrede zu haben und nicht wegfahren zu müssen.

Freitag, den 29. September, kam er zeitlich nach Hause und klagte, daß er sich nicht wohl fühle, nahm sein Abendessen noch auf der Veranda, aber er war appetitlos und schlief unruhig. Am Samstagmorgen bat ich ihn, doch zu Hause zu bleiben, war aber mehr als erstaunt, als er um acht Uhr plötzlich, vollständig angekleidet, herunterkam und doch ins Bureau gehen wollte.

Meine Tochter bat, ob sie zur Station mitfahren dürfe, da sie ein Kabel an ihren Mann senden wolle. Wie bestürzt war ich, als nach einer halben Stunde beide zurückkehrten. Die Tochter erklärte, daß sie den Zug versäumt hatten, und da der Vater sich nicht ganz wohl fühle, habe sie es vernünftiger gefunden, daß er wieder nach Hause komme. Er war froh, sich ruhig ins Bett legen zu können, aber er wollte von einem Arzt nichts wissen. Meine Beredsamkeit, doch unseren alten Arzt, der in Pelham wohnte, rufen zu lassen, fruchtete nichts, erst nach dem Lunch, als er über Schmerzen klagte, verlangte er nach dem Assistenten des Arztes aus der Stadt, den ich um fünf Uhr von der Station abholte und ihm auf dem Weg alle Ratschläge gab, wie er meinen Mann am besten beruhigen könnte, wenn es etwas Ernsthaftes sei. Ich wußte, wie ängstlich mein Mann war, und ich wollte seine Nervosität nicht noch steigern. Ich war fast einer Ohnmacht nahe, als der Arzt meinen Mann mit den Worten begrüßte: »How are you, Mister Bernays, fixed for the undertaker?« (Wie geht es, Herr Bernays, schon für den Leichenbestatter hergerichtet?) Es sollte ein Witz sein, aber mein Mann war trotz seiner Klugheit sehr abergläubisch, und ich weiß heute noch nicht, nach neun langen, traurigen Jahren, ob diese Begrüßung nicht schwer geschadet hat. Der Arzt untersuchte meinen Mann, beruhigte mich, ohne mir die Wahrheit zu sagen, und als er um sechs Uhr wegging, gab er mir eine Pille, sagte, es wäre ein Schlafmittel, und morgen wäre alles wieder gut. Mein Mann schlief auch ruhig ein, und wir waren so beruhigt, daß ich den Chauffeur ins Kino gehen ließ, und meine Tochter und ich saßen im Zimmer und bewachten den friedlichen erquickenden Schlaf.

Aber wie verzweifelt waren wir, als der Kranke um neun Uhr mit den fürchterlichsten Schmerzen erwachte, wie ein Toller im Zimmer herumraste. Ich hatte den Chauffeur nicht im Hause, um ihn nach dem Arzt zu schicken, ich telephonierte rasch meiner Tochter und dem Schwiegersohn, die sofort herüberkamen und den Arzt holten. Unterdessen war mein armer Mann in Schweiß gebadet. Wie eine Erlösung kam schließlich der Arzt, und ich bat ihn, meinem armen Mann doch Morphium zu geben, um die Schmerzen zu lindern. Aber der Arzt rief noch einen Professor heran, ich telephonierte meinem Sohn, und nachdem wir in banger Sorge auf das Resultat der Untersuchung gewartet hatten, erklärten die Doktoren, daß es Gallensteine wären und daß nur eine Operation ihn retten könne. Der Arzt blieb über Nacht, Sonntag waren zwei Pflegerinnen hier, und es wurde beschlossen, daß er per Ambulanz ins Hospital gebracht werde. Es war ein herrlicher Tag, sonnig und herbstkühl, das Haus in Blumenpracht, und doch lauerte der Tod mitten im Leben. Die Koffer waren gepackt, da wir eine kleine Reise anläßlich des vierzigsten Hochzeitstages geplant hatten. Der Professor wiederholte, daß die Operation ihn retten könne, und so nahmen sie ihn Montag ins Spital. Tochter, Schwiegersohn und eine Nurse fuhren mit. Er war tapfer und wollte noch Klein-Nancy sehen, ich sollte mit meinem Sohn in drei Stunden nachkommen. Woher nimmt man die Kraft, wenn die Ereignisse an einen herantreten? Ich pflückte noch einen Strauß der herrlichsten Rosen, und als wir ankamen, stand mein Schwiegersohn auf der Straße, um mir die frohe Nachricht zu bringen, daß es nicht Gallensteine, sondern der Blinddarm sei und alles gut abgelaufen sei. Sollte ich in die Knie fallen, um dem Himmel zu danken? Ich durfte sogar ins Krankenzimmer und fand ihn gut aussehend und hoffnungsfreudig. Ich blieb bei meinem Sohn über Nacht, um in der Nähe zu sein. Dienstag war das Befinden zufriedenstellend, und er bat mich, ruhig hinauszufahren und Blumen aus dem Garten zu holen. Ich ließ mich auch überreden. Ich schlief die ganze Nacht nicht und wartete auf den morgigen Anruf. Leider hatte mich meine Ahnung nicht betrogen, es ging schlechter. Als ich ins Spital kam, erkannte er mich zwar noch, aber die Chancen waren sehr gering. Er hatte vier Pflegerinnen, denn es war eine Peritonitis hinzugetreten. Meine verheiratete Tochter war aus Deutschland herübergekommen, aber wir hatten Angst, daß ihm die Überraschung schaden könnte, und ich ließ sie nur durch einen Türspalt hineinsehen. Ich sah ihn da, als die Nurse gerade die Wunde verband, und habe ihn dann nicht mehr lebend gesehen, denn am 8. Oktober endete er sein strebsames Leben.

Meine Töchter waren bei mir geblieben. Wenn er nicht im letzten Augenblick seinen Wunsch geändert hätte, so hätten ihn, wie mir mein Sohn erzählte, wie in Goethes »Werther«, Handwerker getragen und kein Geistlicher begleitet, aber er wollte dann, wie ich, verbrannt werden.

Am 14. Oktober waren es wirklich vierzig Jahre, die wir in Freud und Leid geteilt hatten, unsere Älteste wollte zum Hochzeitstag kommen, aber es wurde ein Begräbnistag daraus. Am 14. waren alle meine Kinder hier, bis auf Felicitas mit dem kleinen Sohn, die wir per Kabel benachrichtigt hatten. Die Glückwünsche der Familie trafen am 14. ein, aber ... der Vorhang war gefallen, das Spiel war aus. Sein Testament hat er drei Minuten vor der Operation unterschrieben, ich habe es nie gesehen, nur weiß ich, daß er alles mir vermacht hat, aber wie gerne gäbe ich das ganze Erbe zurück, wenn ich ihn dafür behalten hätte.

Er war ein Kämpfer, ein Streiter, kein gewöhnlicher Mensch, sondern wie Nietzsche den Übermenschen zeichnete, und bei seinem Verstande, Klugheit und Wissen hätte er die höchste Stufe erklimmen können, aber es war wohl mit allem diesem zusammenhängend, daß sein Tun und Lassen sehr von seinen Launen abhängig war, die ihn plötzlich befielen. Er war der interessanteste Gesellschafter, geliebt und zugleich gefürchtet als Freund, weil er oft seine Meinung grad und unvermittelt zum Ausdruck brachte und dadurch oft dort beleidigte, wo er großherzig sein wollte. Hunderten und Hunderten von Menschen hat er mit Rat und Tat geholfen, und niemals hat er Dank geerntet. Wie viele Familien hat er unterstützt, nie wußte die rechte Hand, was die linke gab, und als er starb, fand man, daß er an drei Familien je hundert Dollar monatlich Unterstützung gab. Wohltun war sein Bestreben. Von strenggläubiger Familie, wo der Vater immer zehn Prozent seines Einkommens den Armen gab, konnte er Zeit, Arbeit und Geld opfern. Er war drei Jahre Präsident eines Waisenhauses, wo er in jugendlichem Enthusiasmus Tag und Nacht, trotz seiner vielen Geschäfte, arbeitete und sich für die Interessen der Kinder einsetzte. Aber er fand niemals die richtige Anerkennung, weil er noch im späteren Alter in jugendlichem Enthusiasmus wie in der Sturm-und-Drang-Periode handelte.

Ich habe ihn verstanden und habe alles getan, um ihm gerecht zu werden, und habe ihn bis zur letzten Minute, vierzig Jahre lang, geliebt mit der Inbrunst der Jugend.

Nun bin ich von fünf guterzogenen, gebildeten, streng denkenden, sittlich handelnden Kindern umgeben, die mir sieben blühende Enkel geschenkt haben, vier Jungen und drei Mädchen, und teile ihre Freude und Sorgen doppelt und dreifach, weil ich ja ein langes, ausgefülltes Leben schon mitgemacht habe.

Nun sind es achtundeinhalb Jahre, daß er von mir gegangen ist, und man denkt und sinnt, während die Monate und Jahre dahingehen, für sich und andere, wie man den Lebensabend wertvoller gestalten kann. Ich blieb bis zum 10. Januar am Lande und zog dann in eine Wohnung in New York, wo meine Tochter mit ihren Söhnen lebte, der ältere war nach Browns College nach Providence gegangen und später in die Harvard Law School, wo er mit Auszeichnung die Prüfungen ablegte und sogar von dort eine Stelle in Honolulu annahm, da sein Vater in China zu tun hatte.

Als ich zum neunzigsten Geburtstag bei meiner Mutter in Europa war, hörte ich mit glückstrahlenden Augen die Erzählung der Feier des siebzigsten Geburtstages meines Bruders, wo Mütterchen die Ovationen miterlebt hat.[149] Wir hatten vier Generationen, Urahne, Großmutter, Mutter und Kind; und wenn mein zwanzigjähriger Enkel damals verheiratet gewesen wäre und einen Sprößling gehabt hätte, wäre sogar die fünfte Generation vertreten gewesen. Mütterchen war eine Lebensdauer von fünfundneunzig Jahren beschert, und da ich sie mit vierundneunzig Jahren frisch und gesund sah, war ich glücklich, daß ihr Bild nicht durch Krankheit und Leiden getrübt war.

Der rasche Tod meines Schwiegersohnes Felix, der vor einer Reise nach Japan plötzlich erfolgte, hat den tiefsten Schmerz bei mir hinterlassen.

Die Philosophie des Alters gab mir Mut und Kraft weiterzukämpfen. Die junge Witwe fuhr nach Deutschland, und der Enkel vertauschte Honolulu mit Providence, woselbst er mit sechsundzwanzig Jahren bereits Advokat und die Freude der Familie ist.

Mein einziger Sohn hat nach achtjähriger Ehe zwei süße

Der 90. Geburtstag von Annas Mutter am 18. August 1925
Adolfine Freud, Lucy Bernays, Rosa Graf, Marie Freud,
Amalia Freud, Anna Freud-Bernays (v. l. n. r. und v. o. n. u.)

kleine Töchterchen[150], und da ich neun Jahre lang nur die kleine Nancy als Enkelkind hatte, ward mir jetzt dieses Trio geschenkt. In Arbeit für Kinder und Kindeskinder verbringe ich meine Tage.

Im Jahre 1930 wurde von der ganzen zivilisierten Welt der fünfundsiebzigste Geburtstag meines Bruders Sigmund gefeiert. Als Ehrung hat die tschechische Gemeindevorstehung in Freiberg an dem Hause, in welchem er und auch ich geboren wurden, eine Gedenktafel angebracht.[151] Wir sind glücklich, daß er in Rüstigkeit weiterarbeitet. Ich hoffe noch hinüberzukommen, um ein Wiedersehen mit ihm zu feiern.

Ich spinne meine Erinnerungen weiter und »mother remembers«, daß das Leben, trotz aller Mühe und Leiden, heitere und sonnige Tage beschert, und mit den Worten Sudermanns »Es lebe das Leben«[152] beschließe ich mein Buch.

ANHANG

Nachwort

Von Christfried Tögel

Anna Freud-Bernays' Erinnerungen zehren weder vom Ruhm ihres Bruders Sigmund Freud, des Begründers der Psychoanalyse, noch von dem ihres berühmten Sohnes Edward, der als Vater der Public Relations gilt. Geboren in der Mitte des 19. Jahrhunderts, erreichte sie ein Alter von nahezu hundert Jahren und starb, als sich die Menschheit anschickte, den Weltraum zu erobern. Was sie schildert, ist ein bewegtes Lebens zwischen zwei Kontinenten und zwei Kulturen, eine über weite Strecken ereignisreiche Biographie, die im mährischen Freiberg begann und in New York endete. Drei große Phasen lassen sich erkennen: die Kindheit und Jugend bis zur Hochzeit mit Eli Bernays (1858 bis 1882), die Ehe- und Familienjahre (1883–1923) und die späte Zeit zwischen Elis und Annas Tod (1923–1955).

Jede dieser Phasen war geprägt von außergewöhnlichen Ereignissen, und die Übergänge zwischen ihnen waren dramatisch. Anna war erst sechs Monate alt, als die Familie im Sommer 1859 Österreich-Ungarn verließ, um sich in Leipzig niederzulassen. Trotz mehrfacher Gesuche verweigerte man ihr die Aufenthaltserlaubnis und verwies sie des Landes.[153] Es blieb den Freuds nichts anderes übrig, als nach Österreich-Ungarn zurückzukehren, allerdings nicht nach Freiberg, sondern nach Wien, in die Hauptstadt der Donaumonarchie, wo Annas Großeltern mütterlicherseits lebten. Die Eltern ihres Vaters, der zwanzig Jahre älter als die Mutter war und aus einer früheren Ehe bereits zwei erwachsene Söhne und Enkelkinder hatte, waren längst tot. Anna kam also bereits als Tante auf die Welt. Als sie acht

Jahre alt war, wurde ein Onkel – Josef Freud – wegen des Vertriebs falscher Rubelnoten zu zehn Jahren Haft verurteilt. Man muß kein Psychoanalytiker sein, um sich die Auswirkungen dieser Konstellationen und Ereignisse auf die kleine Anna vorzustellen.

Trotzdem – oder gerade deshalb – war Anna ihr ganzes Leben von einer Unbekümmertheit und einem Optimismus, die es ihr erleichterten, auch in schwierigen Situationen und Lebensabschnitten eine erstaunliche psychische Stabilität zu bewahren. Das war besonders wichtig in ihren ersten Ehejahren. Ihr Mann Eli – ein Bruder von Sigmund Freuds Frau Martha – war jähzornig und unbeherrscht, traf Entscheidungen, ohne seine Familie vorher darüber zu informieren, und war weitgehend unfähig, emotional tragfähige Beziehungen aufzubauen. Er war 19, als sein Vater 1879 nach einer Herzattacke starb und er die Pflichten des Familienoberhaupts übernehmen mußte. In dieser Funktion zog er sich auch den Zorn Sigmund Freuds zu, der Eli dafür verantwortlich machte, daß Mutter Bernays sich entschloß, mit ihrer Tochter Martha – der Verlobten Sigmunds – von Wien nach Hamburg überzusiedeln. Hinzu kam, daß Eli, der ein Teil von Marthas Mitgift verwaltete, das Geld nicht herausgeben wollte und damit die Hochzeit der beiden gefährdete. Allerdings hatte Eli das Geld nicht veruntreut, wie Freud vermutete, sondern für wenig erfolgreiche Finanzspekulationen eingesetzt. Seine Geldnöte vergrößerten sich durch ständige Seitensprünge und eine Anzahl unehelicher Kinder, für die er Alimente zahlen mußte.[154] Es spricht einiges dafür, daß die Entscheidung Elis, nach Amerika auszuwandern, im wesentlichen von dem Wunsch bestimmt war, diesen Verpflichtungen zu entkommen.

Bis zum Jahre 1867 verloren alle aus Österreich Ausgewanderten die »Eigenschaft von österreichischen Untertanen« und wurden in allen »bürgerlichen und politischen Beziehungen als Fremde behandelt«.[155] Erst das Staatsgrundgesetz über die allgemeinen Rechte der Staatsbürger vom 21. Dezember 1867 stellte die österreichische Auswanderung auf eine völlig neue Grundlage: »Die Freiheit der Auswanderung ist von Staats wegen nur durch die Wehrpflicht beschränkt.«[156] Die Wahl des »freien« Amerika zur neuen Heimat war eine logische Konsequenz der revolutionär-liberalen Gesinnung der 1848er und wurde seit den fünfziger Jahren Ausdruck einer allgemeinen Tendenz, der Not und Unterdrückung der alten Heimat zu entfliehen.[157]

Am 2. November 1892 verließen Anna, Eli und ihr einjähriger Sohn Edward Europa über Antwerpen und Liverpool. Tochter Judith blieb bei den Großeltern Amalia und Jacob Freud, und trotz der gespannten Beziehungen zu Eli wurde die sechsjährige Tochter Lucy von der Familie Sigmund Freuds aufgenommen. Am Tag der Abreise begleitete Sigmund gemeinsam mit dem Vater Anna und Eli zum Wiener Nordwestbahnhof.

Die ersten Wochen nach der Ankunft in New York waren schwer. Doch im Sommer 1893 schien sich die Lage stabilisiert zu haben, so daß Sigmund seiner Frau Martha mitteilen konnte: »Das große Ereignis ist ein Brief von Eli, [...] der zum ersten Mal einen guten Eindruck macht. Er ist sehr selbstbewußt, aber er gibt wirkliche Details und enthält einige Stellen von Dank dafür, daß man ihn herbefördert und daß man ihm die Kinder versorgt hat.«[158]

Bald schon waren Eli und seine Familie nicht mehr auf finanzielle Hilfe der Verwandten in Europa angewiesen. Seine Geschäfte an der Produktenbörse liefen besser und besser. Als er 1923 starb, war er ein reicher Mann, in dessen Testament allein die Aufzählung der Möbelstücke, Orientteppiche und Porzellanservice vier engbeschriebene Seiten füllt.

Für die Familie bedeutete der Reichtum allerdings keine Garantie eines harmonischen Zusammenlebens. Anna war zwar der Mittelpunkt des Haushalts, doch abends und an

Sonn- und Feiertagen dominierte Eli, der jeden durch sein unberechenbares Temperament einschüchterte. Anna war in ständiger Anspannung und versuchte die Ausbrüche vorherzusehen und zu verhindern. So erinnerte sich zum Beispiel Edward, daß sein Vater nicht den geringsten Küchengeruch ertragen konnte, weshalb alle Türen zur Küche geschlossen sein mußten. Drang doch etwas bis zu seiner Nase, befahl er mit lauter, scharfer Stimme, sämtliche Fenster zu öffnen, was Anna sofort tat, ganz gleich, was draußen für Wetter herrschte. Elis Verhältnis zu den Kindern war äußerlich eher zurückhaltend und kühl, aber immerhin war er der einzige, der geahnt hatte, wen Edward heiraten würde, obwohl dieser versucht hatte, es vor allen geheimzuhalten.

Die immer besser werdenden finanziellen Verhältnisse der Familie erlaubten es Anna, das Frühjahr und den Sommer 1900 mit ihren fünf Kindern in Europa zu verbringen. Sie besuchten Berlin und waren zu Gast bei der Feier des 70. Geburtstags ihrer Schwiegermutter Emmeline Bernays in Hamburg. Anschließend leistete sich Anna eine Kur in Wiesbaden und reiste danach an den Ossiacher See in Kärnten und nach Wien. In Erwartung ihres Besuchs schrieb Sigmund Freud an seinen Freund Wilhelm Fließ: »Meine älteste Schwester Anna ist aus New York [...] angekommen. Ich weiß nicht, was das bedeutet, und ahne nichts Gutes. Ich habe nie ein besonderes Verhältnis zu ihr gehabt wie etwa zu Rosa, und die Heirat mit Eli B. hat es nicht gerade verbessert. Aber von ihren [...] Kindern kenne ich nur eines, und wenn ich nicht der ohnmächtige Bettler wäre, Onkel sein könnte, würde ich meine Kinderkolonie hier um ein paar Kleinigkeiten vergrößern. Ich weiß nicht, was diese Reise bedeutet: schwere Krankheit bei Anna, Reichtum, Leichtsinn oder eine drohende Katastrophe bei ihrem Mann?«[159]

Auch hier zeigt sich wieder Freuds emotionale Distanz

zu Anna und ihrer Familie. In bezug auf Eli beruhte diese Zurückhaltung auf Gegenseitigkeit. Anna hingegen bewahrte sich in rührender Weise ihre positive Einstellung zu allen Familienmitgliedern in Europa – sei es zur Schwiegermutter in Hamburg, sei es zu den eigenen Geschwistern und deren Familien. Das geht auch aus den Briefen hervor, die sie in den späteren Jahren an Sophie Freud, die Frau ihres jüngsten Bruders Alexander, schrieb. Ein besonders enges Verhältnis verband sie mit dem Sohn der beiden, ihrem Neffen Harry, der sie seinerseits liebte und sie regelmäßig in New York für längere Zeit besuchte.

Anna hatte einen einzigen Sohn, Edward, der fast so berühmt wurde wie sein Onkel Sigmund. Allgemein gilt er als der Vater der Public Relations. Er war einer der ersten, der in großem Maßstab versuchte, die öffentliche Meinung zu beeinflussen und das Verhalten der Massen zu verändern. Edward Bernays arbeitete für verschiedene Regierungen sowie im Auftrag großer Unternehmen wie Procter & Gamble, General Electric, General Motors, CBS und NBC.[160] Als Instrumente nutzte er Umfragen und Forschungsergebnisse, die er im Interesse der jeweiligen Produkte einsetzte. Die Zigarettenmarke »Lucky Strike« der Firma American Tobacco verdankte ihm ihren Erfolg. Um Frauen als Zigarettenraucher zu gewinnen, prägte er die Formel von der Zigarette als »Fackel der Freiheit«. Als später klar wurde, daß Rauchen schädlich ist, stellte er seine Fähigkeiten in den Dienst von Anti-Raucher-Kampagnen.

Annas Verhältnis zu Edward scheint enger gewesen zu sein als das zu ihren Töchtern. Noch 1923 redete sie ihn mit »Lieber Bub!« an, und 1945, im Alter von 87 Jahren, schloß sie einen Brief an ihn mit den Worten: »Die alte Mutter ist stolz auf ihren einzigen Sohn, wenn er auch in der vielen Arbeit sie oft vergißt. Es umarmt Dich in alter Liebe die alte Mutter.«[161] In seinen Erinnerungen brachte auch er diese besondere Nähe zum Ausdruck: »Meine

Anna bei einem Radiointerview 1952

Mutter stand mir sehr nahe, und sie behandelte mich sehr zärtlich. Ich kann mich noch an sie erinnern, wie sie in ihren frühen dreißiger Jahren war. Für mich alterte sie nie; immer übte sie einen wohltuenden, alles durchdringenden Einfluß aus. Ich kann ihr Aussehen nur schwer beschreiben. Sie war immer da, wenn ich sie brauchte oder wenn ich sie bei mir haben wollte; sie löste alle meine Probleme.«[162] Edward verdanken wir auch eine Schilderung ihrer äußeren Erscheinung: »Normalerweise trug sie ein enges Korsett, eine saubere weiße Bluse und einen langen schwarzen Mohairrock, die damalige Kleidung einer Frau aus der Mittelklasse. Die Kleider, die sie zum Abendessen trug, glichen Rüstungen, die mehr nach praktischen Gesichtspunkten der Haltbarkeit als nach modischen Erwägungen hergestellt worden waren. Sie war durch die Sorge für fünf kleine Kinder […] viel zu sehr in Anspruch genommen, um sich noch mit ihren eigenen Problemen oder gar ihrer Garderobe beschäftigen zu können. Ich erinnere mich nicht, sie je im Abendkleid gesehen zu haben.«[163]

Nach dem Tod ihres Mannes im Jahre 1923 konzentrierte sich Anna mehr und mehr auf die Kinder und Enkelkinder. Finanziell mußte sie sich nicht einschränken, und erst als sie während der Wirtschaftskrise von 1929 ihr Vermögen weitgehend einbüßte, übernahm der Sohn ihre Lebenshaltungskosten. Im Winter wohnte sie in verschiedenen Hotels in New York, und den Sommer verbrachte sie in der Regel in Elizabethtown in den Adirondacks. Die Feier ihres 80. Geburtstags wurde durch den Umstand beeinträchtigt, daß von Sigmunds Familie kein Glückwunsch eintraf. Doch scheint sich ihre Enttäuschung bis in Freuds Londoner Exil herumgesprochen zu haben, schrieb ihr doch der schwerkranke Bruder wenige Wochen vor seinem Tod: »Wir haben ohne Verabredung das Gratulieren zu Geburtstagen eingestellt, seitdem wir gemerkt haben, daß es kein reines Glück ist, so alt zu werden, sondern ein schweres Schicksal, das getragen werden muß wie alles andere.«[164]

Aus ihren Briefen der letzten Lebensjahre spricht zunehmend auch Verbitterung und Enttäuschung, Enttäuschung über den Verlauf der Weltpolitik, über familiäre Entwicklungen und die persönliche Befindlichkeit. Nach ihrem 90. Geburtstag schrieb sie an ihren Neffen Harry: »Ich bin nicht sehr wohl, wundere mich, daß ich in dieser gestörten Welt noch zu tun habe [...]«[165] Ein Jahr später, im Mai 1950, die Vergewisserung: »Mit meinen 91 Jahren lebe ich noch«[166], und kurz vor Weihnachten noch einmal der Satz: »Ich lebe noch.«[167] Trotzdem gab sie 1952, mit 93 Jahren, noch ein Radiointerview. Am 11. März 1955 starb Anna Freud-Bernays mit fast 97 Jahren in New York. Auch ihre Kinder erreichten ein ungewöhnlich hohes Alter: Edward wurde fast 104, Hella 101, Lucy 96, Judith 92 und Martha 85.

Epilog
Anna und ihre Schwestern

Anna hatte vier jüngere Schwestern: Rosa, Marie, Adolfine, genannt Dolfi, und Paula. Bis auf Dolfi – die ihre Mutter bis zu deren Tod im Jahre 1930 betreute – heirateten alle, und es schien, als würden sie einen ähnlichen Weg gehen wie Anna. Doch was sie erwartete, war unvorstellbares Grauen.

Rosa heiratete den angesehenen Wiener Rechtsanwalt Heinrich Graf. Das Paar hatte zwei Kinder, den Sohn Hermann und die Tochter Cäcilie. Ihr Mann starb nach knapp zwölf Jahren Ehe im Alter von 44 Jahren, der Sohn fiel mit 20 an der italienischen Front im Ersten Weltkrieg, und Cäcilie nahm sich mit 23 Jahren das Leben.[168]

Marie war mit einem entfernten Verwandten, dem Kaufmann Moritz Freud, verheiratet, der 1920 mit 63 Jahren starb. Tragisch war das Schicksal ihrer Kinder: Ein Sohn wurde tot geboren, ein anderer ertrank mit 19, eine Tochter nahm sich im Alter von 37 Jahren das Leben, nachdem ihr Mann – Maries Schwiegersohn – Selbstmord begangen hatte.[169]

Paulas Mann Valentin Winternitz starb nach vier Jahren Ehe mit 41 Jahren (vgl. S. 107 dieses Buches).

Nach dem »Anschluß« Österreichs an Nazideutschland im März 1938 gelang es Sigmund Freud dank der Hilfe reicher Freunde und seiner Beziehungen, nach London zu emigrieren. Auch der Bruder Alexander konnte mit seiner Familie Österreich verlassen. Die vier Schwestern – drei verwitwet und eine unverheiratet – blieben in Wien zurück. Sie wurden von den Nazis gezwungen, zusammen mit zwanzig anderen Frauen in einem Raum zu leben. Im Sommer 1942 wurden sie nach Theresienstadt deportiert, wo Adolfine wenige Wochen nach ihrer Ankunft starb. Rosa, Maria und Paula wurden in Treblinka ermordet.

Dieses tragische Schicksal blieb Anna Freud-Bernays erspart, nicht zuletzt dank eines Ehemannes, dessen private und geschäftliche Jugendsünden ihn das Heil in der Auswanderung nach Amerika suchen ließen.

Zu diesem Band

Zu Beginn der dreißiger Jahre des 20. Jahrhunderts veröffentlichte der Kommissionsverlag der Wiener Buchhandlung Heller unter dem Titel »Erlebtes« die Erinnerungen von Anna Freud-Bernays. Ein Erscheinungsjahr ist nicht angegeben, doch läßt sich aus den geschilderten Ereignissen schließen, daß die Niederschrift nach 1931 erfolgte.

Die Buchhandlung Heller gehörte der zweiten Ehefrau Hugo Hellers, der mit Freud und der Psychoanalyse seit 1902 eng verbunden war.[170] Offenbar bestanden auch nach Hellers Tod im Jahre 1923 noch gute Beziehungen zwischen den Familien Freud und Heller, so daß Anna – wahrscheinlich durch Vermittlung ihres Bruders Sigmund – ihre Erinnerungen dem Hellerschen Verlag anbot.

Die Auflage war offenbar so gering, daß sich in Bibliotheken wie in Antiquariaten kaum mehr ein Exemplar findet. Insofern erschien es uns durchaus sinnvoll, eine Neuausgabe der Erinnerungen vorzulegen: zum einen, weil sie einen interessanten Einblick in die Lebensumstände europäischer Emigranten dieser Zeit bieten, zum anderen, weil es sich um das umfangreichste biographische Dokument eines Freudschen Familienmitglieds dieser Generation handelt.

Die Wiedergabe des Texts folgt der bei Heller erschienenen Fassung. Rechtschreibung und Orthographie wurden den Gepflogenheiten vor der Rechtschreibreform von 1999 angeglichen und offenkundige Fehler berichtigt, charakteristische Eigenheiten hingegen blieben erhalten. Die Kapiteleinteilung wurde übernommen, die Überschriften stammen vom Herausgeber.

Im Anhang werden dem Leser erläuternde Informationen zur Verfügung gestellt und aus den Sigmund Freud Papers und der Edward Bernays Collection der Handschriftenabteilung der Library of Congress in Washington unveröffentlichte Dokumente abgedruckt, die eine direkte Beziehung zu Anna Freud-Bernays Erinnerungen haben.

Bei der Vorbereitung dieser Ausgabe haben mir viele Freunde und Kollegen in entgegenkommender Weise geholfen. Besonders danke ich James Hutson (Leiter der Handschriftenabteilung der Library of Congress), Michael Molnar (Direktor des Freud Museums London), Gerhard Fichtner (Institut für Geschichte der Medizin, Tübingen), Michael Schröter (Herausgeber von Luzifer-Amor), Ernst Sidler (Historischer Verein Küssnacht am Rigi), Alfred Gottwaldt (Leiter der Abteilung Schienenverkehr im Deutschen Technikmuseum Berlin) und meiner Lektorin Magdalena Frank.

Uchtspringe/London, im Herbst 2003
Christfried Tögel

Bildnachweis

Freud Museum London: S. 8, 10, 13, 26, 39, 58, 89, 103, 116, 178, 184, 227, 228

Archiv Christfried Tögel (Vorlagen in der Handschriftenabteilung der Library of Congress, Washington: S. 36, 61, 97, 194, 230, 243, 245, 246

Historischer Verein Küssnacht am Rigi: S. 155

Ansichtskarten: S. 42, 115

Zeittafel

1858	31. Dezember: Anna Freud wird in Freiberg in Mähren (heute Příbor) als drittes Kind von Amalia und Jacob Freud geboren.
1859	Ende Juni/Anfang Juli: Übersiedlung der Familie nach Leipzig. Anna erkrankt an Scharlach.
	16. Oktober: Die Freuds werden aus Sachsen ausgewiesen und lassen sich in Wien nieder.
1860	21. März: Geburt der Schwester Rosa.
1861	22. März: Geburt der Schwester Marie (Mitzi).
1862	23. Juli: Geburt der Schwester Adolfine.
1864	Aufnahme in die Volksschule am Karmeliterplatz.
	3. Mai: Geburt der Schwester Paula.
	Sommer: Aufenthalt in Grinzing bei den Großeltern mütterlicherseits.
1866	19. April: Geburt des Bruders Alexander.
1868	Anna beginnt ein Tagebuch zu schreiben.
um 1869	Sommer: Landaufenthalt mit den Geschwistern in Prinzendorf (im heutigen Tschechien).
1870	Anna verfolgt Gespräche zwischen ihrem Vater und Bruder Sigmund über den Deutsch-Französischen Krieg.
1871	Aufnahme in die Bürgerschule für Mädchen.
1873	Besuch der in Wien stattfindenden Weltausstellung. Anna beschließt, Lehrerin zu werden.
1874	Oktober: Aufnahme in das Lehrerinnenseminar bei den Ursulinerinnen in der Johannesgasse.
1875	Anna beginnt zu unterrichten.
	Ein 43 Jahre älterer Großonkel macht Anna einen Heiratsantrag, Sigmund holt seine Schwester durch ein paar Ohrfeigen in die Realität zurück.
	Sommer: Als Gouvernante in der Nähe Wiens. Erster Opernbesuch (»Die Jüdin« von Halévy).

1877	Sommer: Anna und ihre Schwestern sehen Kronprinz Rudolf in der Kirche.
1878	Schriftliche und mündliche Prüfung für das Lehramt. Sommer: Als Erzieherin der vierzehnjährigen Tochter einer begüterten Familie in Aussee. Herbst: Anstellung an einer Privatschule in Wien.
1879	24. April: Anna sieht den Festumzug anläßlich der Silberhochzeit des Kaisers. Sommer: Aufenthalt in Aussee, Anna betreut die Kinder einer »reichen Familie«.
um 1880	Eduard Silberstein (1856–1925), der Freund Sigmunds, unterrichtet Anna in Stenographie und wird ihre »erste Liebe«.
1881	6. April: Anna lernt ihren späteren Mann Eli Bernays kennen.
1882	22. Dezember: Verlobung mit Eli.
1883	Sommer: Aufenthalt in Weißenbach am Attersee. 14. Oktober: Hochzeit mit Eli.
1884	Eli gründet ein Reisebüro. Mai: Verspätete Hochzeitsreise nach Venedig. Sommer: Anna fährt nach Hamburg, um die Familie ihres Mannes kennenzulernen.
1885	14. Februar: Geburt der Tochter Judith. Frühjahr: Mit Judith Aufenthalt in Rožnau. Sommer: Aufenthalt in Weidlingau bei Wien.
1886	Sommer: Mit Judith Aufenthalt in Pottenstein bei Wien. 25. August: Geburt der Tochter Leah (Lucy).
1887	Sommer: Die Familie nimmt eine Sommerwohnung in Döbling und zieht in eine neue Stadtwohnung in Wien. Anna ist für ein paar Tage im Kurort Rožnau bei ihrer Mutter und der Schwester Marie (Mitzi).
1889	Neue Wohnung im IV. Bezirk in Wien. Sommer: Anna hält sich mit den beiden Töchtern in Rožnau auf, wo sie schwer erkrankt, Besuch Sigmunds. 19. September: Anna wird todkrank nach Wien transportiert. Die bestehende Schwangerschaft muß unterbrochen werden. Mitte November: Mit Hilfe von Josef Breuer, dem angesehenen Arzt und Freund ihres Bruders, wird Anna

wieder gesund, nachdem neun Ärzte sie aufgegeben haben.

1889 Ende des Jahres Bankrott von Elis Firma, Verpfändung der gesamten Wohnungseinrichtung.

1890 April: Eli fährt nach Bulgarien und Rumänien, um sich nach neuen Geschäften umzusehen, kehrt aber unverrichteterdinge zurück.

Mai: Genesungskur in Baden bei Wien.

1891 Sommer: Umzug in eine »entzückende Wohnung« im II. Wiener Bezirk.

22. November: Geburt des Sohnes Edward.

Dezember: Eli fährt ohne Absprache mit seiner Frau nach Amerika.

1892 März: Eli kehrt überraschend zurück.

1. Mai: Umzug nach Baden.

5. Mai: Eli bricht erneut nach Amerika auf, er verläßt Bremerhaven auf der »Aller«.

17. Mai: Eli trifft in New York ein.

Oktober: Eli kehrt aus Amerika zurück.

2. November: Anna, Eli und der einjährige Edward verlassen Europa und schiffen sich auf der »City of Berlin« über Antwerpen und Liverpool nach Amerika ein. Sigmund und Vater Jacob begleiten sie zum Nordwestbahnhof (heute nur noch Frachtbahnhof). Judith bleibt bei den Großeltern Amalia und Jacob Freud und Lucy bei der Familie Sigmund Freuds.

28. November: Ankunft der Familie in New York (Wohnung 84. Straße/Lexington Avenue).

Anfang Dezember: Eli Bernays tritt eine Stelle an der Produce Exchange an.

Dezember: Umzug in die 62. Straße/Lexington Avenue.

1893 14. Januar: Eli schließt sein erstes Geschäft ab.

15. Januar: Geburt der Tochter Hella Felicitas.

August: Umzug nach 743 East, 139. Straße.

2. November: Annas Schwester Paula trifft mit Judith und Lucy in New York ein.

1894 Sommer: Aufenthalt in einem deutschen Boardinghouse in Bath Beach.

1895 13. September: Geburt der Tochter Martha.

1896 16. Juni: Hochzeit von Annas Schwester Paula mit dem gebürtigen Österreicher Valentin Winternitz in New York.

1896 Sommer: Aufenthalt der Familie in Sharon Springs (Staat New York).
September: Anna erkrankt an Malaria.

1897 16. März: Nichte Beatrice Winternitz wird in New York geboren.
Sommer: Wegen ihres Fußleidens ist Anna zur Kur in den Schwefelbädern von Sharon Springs. Dort entwickelt sich eine lebenslange Freundschaft mit dem irischen Pfarrer Armstrong.
Herbst: Die Familie zieht nach 1883, Madison Avenue, 121. Straße.
Dezember: Judith erkankt an Diphtherie.
12. Dezember–13. Januar: Aufenthalt von Eli in London.

1898 September: Die Familie zieht nach 121 West, 119. Straße, Nähe Lenox Avenue, eine ruhigere Gegend im Westen New Yorks.
Kauf eines Backsteinhauses zwischen Lenox und Siebenter Avenue.

1900 13. März–August: Anna fährt mit vier Kindern nach Europa; die älteste Tochter kommt allein nach. Sie besucht Hamburg und Berlin und nimmt an der Feier des 70. Geburtstags ihrer Schwiegermutter Emmeline Bernays teil. Nach einer Kur in Wiesbaden fährt sie an den Ossiacher See in Kärnten und nach Wien.
Herbst: Sohn Edward wird in eine Privatschule aufgenommen.

1901 Umzug in eine neue Wohnung in der 119. Straße.
Sommer: Mit Edward sechswöchige Kur in Wiesbaden mit anschließender Rheinreise über Koblenz, Köln, Mainz und Biberach.
1. August: Eli beordert seine Familie per Telegramm zurück.
8. August: Rückkunft in New York.
Mitte August–Anfang September: Aufenthalt von Anna und den Kindern in den Catskill Mountains (Staat New York) bzw. in Sharon Springs.

1902	Sommer: Anna verbringt die Ferienmonate mit den Kindern in Lake George (Staat New York). Die sechzehnjährige Lucy lernt dort ihren zukünftigen Mann Felix Wiener kennen und verlobt sich mit ihm.
1903	Mai: Aufenthalt in Atlantic City.
	Herbst: Judith beginnt ein Studium am Barnard College in New York.
	Herbst: Edward wechselt von der Privatschule an die DeWitt Clinton High School.
1904	24. November: Lucy heiratet Felix Wiener.
1905	Sommer: Edward ist in einem Summer Camp in Lake Placid.
1906	1. Juni: Geburt des ersten Enkels, Frederick Wiener.
	Sommer: Aufenthalt mit Edward in Lake George.
1907	Frühjahr: Eli verlegt sein Büro nach Chicago, dem Zentrum des Getreidehandels.
	Sommer: Europareise. Anna fährt mit ihrer Schwester Rosa und deren Mann ins Ötztal und Ende August in die Schweiz nach Sils Maria.
	Herbst: Anna fährt für eine Woche zu ihrem Mann nach Chicago.
	29. Oktober: Geburt des zweiten Enkels, Walter Wiener.
1908	Sommer: Anna verbringt mehrere Monate mit Kindern und Enkeln in den Catskill Mountains.
	Sommer: Judith geht nach Paris, um an der Sorbonne Französisch zu studieren.
	Juli: Edward schließt die DeWitt Clinton High School mit Auszeichnung ab.
	September: Edward bezieht die Cornell University in Ithaca (Staat New York).
1909	Hella Felicitas absolviert die Wadleigh High School.
	September: Hella Felicitas bezieht das Radcliffe College an der Harvard University. Anna begleitet sie nach Boston.
	20. September: Sigmund Freud trifft sich mit Anna in New York. Er war zu Vorträgen in Worcester, Massachusetts.
1911	Um Ostern: Anna besucht Edward in der Cornell University in Ithaca. Von dort aus fahren sie gemeinsam zu den Niagarafällen.
	Reise nach Florida, Kuba und auf die Bahamas.

Juli – 23. Oktober: Europareise mit Lucy; Hinfahrt mit der »Martha Washington« über Gibraltar, die Kanarischen Inseln und Triest. Kuraufenthalt in Pistyan (Piešt'any). Weiterreise nach Ischl und Wien. Treffen mit Sigmund Freud auf dem Semmering. Rückfahrt von Antwerpen mit der »Vaderland«.

1912 Februar: Edward verläßt die Cornell University.
Mai: Umzug in die 111. Straße zwischen Westend und Riverside Drive.
Juli: Edward geht für einige Monate nach Paris.
August–10. November: Europareise; in Wiesbaden trifft sich Anna mit Edward.

1913 Juni: Hella Felicitas schließt das Radcliffe College ab.
Sommer: Europareise mit den Töchtern Hella und Martha: Ankunft in Antwerpen, Radiumkur in Joachimsthal. Von dort aus besucht Anna ihren Bruder Sigmund, der in Marienbad zur Kur ist. In Karlsbad trifft sie sich mit Edward, der aus Paris gekommen ist. Rückreise über Goisern, Berlin, Dresden und Antwerpen nach New York.
September: Hella Felicitas bezieht das Barnard College in New York.
Herbst: Umzug in eine größere Wohnung mit 18 Zimmern und 6 Badezimmern (im selben Haus).

1914 Anna veranstaltet in New York eine Sammlung für das Wiener Blindeninstitut.
Juli –16. Oktober: Europareise mit Tochter Martha von Antwerpen über Köln, Krefeld, Luzern, Rigi, Freiburg und Brüssel.
25. Oktober: Rückkehr mit der »Rotterdam«.
Winter: Urlaub auf Kuba mit Judith und Lucy.

1915 Sommer: Längerer Aufenthalt auf Long Island (Staat New York).

1916 Juni: Anna besucht Lucy in Colorado.
Juli–August: Kur mit Eli in Watkins Glen und in den Catskill Mountains.
Winter: Längere Reise durch Kalifornien, u. a. mit den Stationen Riverside, Pasadena, Delmonte und San Francisco.

1917 19. August: Hella Felicitas heiratet den Rechtsanwalt

	Maurice Cohen, der seinen Namen offiziell in Murray Bernays ändert.
	24. Oktober: Tochter Martha heiratet Arthur Leve.
1918	November: Edward fährt zur Friedenskonferenz nach Paris.
1919	März: Edward kehrt nach New York zurück.
	Lucy übersiedelt mit ihrer Familie nach Europa.
	Sommer: Aufenthalt in den Catskill Mountains.
1920	Sommer: Anna hört Enrico Caruso in der Oper »Die »Jüdin« von Halévy.
	Eli fährt im Auftrag Roosevelts nach Europa.
1922	Murray Bernays trennt sich von Hella.
	26. Juni: Judith heiratet Victor Heller.
	Sommer: Anna erfährt aus der Zeitung, daß ihr Mann in Quaker Ridge in New Rochelle (Staat New York) einen »großartigen Besitz« gekauft hat.
	16. September: Edward heiratet Doris Fleischmann.
	14. Oktober: Zum 39. Hochzeitstag Einzug in das neue Haus (14 Zimmer, 5 Badezimmer).
1923	Sommer: Aufenthalt in Atlantic City.
	1. Oktober: Eli macht sein Testament.
	8. Oktober: Eli stirbt im 63. Lebensjahr, eine Woche vor dem 40. Hochzeitstag.
1925	Sommer: Europareise mit allen Kindern aus Anlaß des 90. Geburtstags der Mutter, der in Ischl gefeiert wird.
1926	Sommer: Europareise.
1927	Frühjahr: Anna setzt ein Testament auf.
	Sommer: Europareise.
1930	16. Januar: Tod des Schwiegersohns Felix Wiener in New York.
1931	30. Mai: Anna ändert ihr Testament, da die Wirtschaftskrise ihr Einkommen um ein Drittel reduziert hat.
1931/32	Anna verfaßt ihre Erinnerungen.
1938	31. Dezember: Anna feiert ihren 80. Geburtstag.
1942	Februar: Lucy ist für drei Wochen aus Europa gekommen.
1945	Sommer: Anna verbringt mehrere Wochen in Elizabethville in den Adirondacks.
1952	Anna gibt ein Radiointerview.
1955	11. März: Anna Freud-Bernays stirbt in New York.

Stammbaum der Familie Freud-Bernays

Jacob Freud (1815–1896) verh. mit Sally Kanner (????–1852)
- Emanuel Freud (1833–1914) verh. mit Maria Rokach (1834–1923)
  - Johann (John) Freud (1855–1896)
  - Pauline Freud (1856–1944)
  - Bertha Freud (1859–1940)
  - Sam Freud (1860–1945)
  - Matilda Freud (1862–1868)
  - Emily Freud (1865–1868)
  - Henrietta Freud (1866–1866)
- Philip Freud (1834–1911) verh. mit Matilda Frankel (1839–1925)
  - Pauline Marie Freud (1873–1951)
  - Morris Herbert Freud (1876–1938)

Jacob Freud (1815–1896) verh. mit Amalia Nathansohn (1835–1930)
- Sigmund Freud (1856–1939) verh. mit Martha Bernays (1861–1951)
- Julius Freud (1857–1858)
- Anna Freud (1858–1955) verh. mit Eli Bernays (1860–1923)
  - Judith Bernays (1885–1977) verh. mit Victor Heller (1873–1947)
  - Lucy (Leah) Bernays (1886–1980) verh. mit Felix Wiener (1873–1930)
    - Frederick Wiener (1906–1996) verh. mit Esther Green (1911–1956)
      - Thomas Wiener (1935–)
        - Mary Wiener (1963–)
      - Frederick R. Wiener (1939–)
    - Walter Wiener (1907–2000) verh. mit Frances Farnham (1907–)
      - Diane Wiener (1936–)
      - Susan Wiener (1936–)
      - Janet Wiener (1941–)
  - Edward Bernays (1891–1995) verh. mit Doris Fleischmann (1892–1980)

Doris Bernays (1928–) verh. mit Richard Held (1922–)
Lucas Held (1957–)
Julia Held (1959–)
Andrew Held (1961–)
Anne Bernays (1930–) verh. mit Justin Kaplan (1925–)
Susanna Kaplan (1957–)
Hester Kaplan (1959–)
Polly Kaplan (1962–)
Hella Felicitas Bernays (1893–1994) verh. mit Maurice Cohen (1894–1970)
Peter Bernays (1918–) verh. mit Marie Rasmusson (1918–)
Linda Bernays (1950–)
Michael Bernays (1955–)
Sally Bernays (1955–)
Martha Bernays (1894–1979) verh. mit Arthur Leve (1890–)
Nancy Leve (1919–) verh. mit Ronald Mulligan (????)
Sharon Mulligan (1946–)
Patricia Mulligan (1950–)
Deborah Mulligan (1954–)
Martha Bernays (1894–1979) verh. mit Bruno W. Randolph (1891–1977)
Steven Randolph (1926–) verh. mit Muriel Lipschek (????–)
Mark Randolph (1958–)
Lindsay Randolph (1960–)
Regina Debora (Rosa) Freud (1860–1943) verh. mit Heinrich Graf (1852–1908)
Cäcilie Graf (1899–1922)
Hermann Graf (1897–1917)
Maria (Mitzi) Freud (1861–1942) verh. mit Moritz Freud (1857–1920)
Margarete Freud (1887–1984) verh. mit Erwin Magnus (1881–1947)
Max Magnus (1924–) verh. mit Tove Andersen (1928–)
Elizabeth Magnus (1951–)
Beatrice Magnus (1952–)
Jakob Magnus (1956–)

Anna Magnus (1960–   )
Lilly Freud (1888–1970) verh. mit Arnold Marlé (1887–1970)
Omri Marlé (1919–1978) verh. mit Fanny Herzberg (1921–   )
Lilian Marlé (1943–   )
Yvonne Marlé (1948–   )
Benjamin Marlé (1921–1921)
Martha Gertraude (Tom) Freud (1892–1930) verh. mit Jakob Seidmann (1892–1929)
Angela (Awiwa) Seidmann (1922–   ) verh. mit Eleasar Harari (1917–   )
Amnon Harari (1951–   )
Ayala Harari (1953–   )
Osnath Harari (1955 –   )
Theodor Freud (1904–1923)
Georg Freud (1904 totgeboren)
Adolfine (Dolfi) Freud (1862–1942)
Pauline (Paula) Freud (1864–1942) verh. mit Valentin Winternitz (1859–1900)
Beatrice (Rose) Winternitz (1897–1969) verh. mit Ernst Waldinger (1896–1970)
Hermann Waldinger (1923–   ) verh. mit Renée Kessler (1927–   )
Roger Waldinger (1953–   )
Ellen Waldinger (1956–   )
Ruth Waldinger (1926–   )
Alexander Freud (1866–1943) verh. mit Sophie Schreiber (1878–1970)
Harry Freud (1909–1968) verh. mit Leli Horn (1920–   )
Ulrich von Felsenbrunn (1940–   )
Johannes von Felsenbrunn (1941–   )

Anna Freud-Bernays
Mein Bruder Sigmund Freud[171]

Am 23. September 1939 hörte ich um 11 Uhr nachts am Radio in Larchmont, wo ich während der Sommermonate geweilt hatte, daß mein ältester Bruder im Exil gestorben war. Am Vortage hatte ich einen Brief aus London erhalten, in dem mir mitgeteilt wurde, wie ernst sein Zustand war und daß man das Schlimmste befürchten mußte. Er war sein ganzes Leben lang nie ernsthaft krank gewesen, bis auf die letzten 16 Jahre, in denen er an Krebs des Unterkiefers gelitten hatte. Aber bis zur letzten Minute hat er unermüdlich gearbeitet und geschrieben, und seine ganzen Werke hat er seiner Tochter Anna Freud hinterlassen.

Meine Erinnerungen an meinen Bruder Sigi gehen bis auf das Jahr 1864 zurück, als er acht Jahre alt war. Ich war nicht ganz drei Jahre jünger als Sigi, und wir lebten damals in einer großen Wohnung in der Glockengasse in Wien;[172] als Sigi drei Jahre alt gewesen war, war unser Vater von Freiberg in Mähren, wo er eine Textilfabrik gehabt hatte,[173] nach Wien übersiedelt. Sigis Geburtshaus, in dem auch ich zu Welt gekommen bin, ist von der Tschechoslowakei mit einer Erinnerungsplakette versehen worden.

Meine Mutter hat mir erzählt, daß Sigi gleich nach dem Umzug in die neue Wohnung einen Schmutzfleck auf einen Sessel machte und dann zu ihr sagte: »Kränk dich nicht, Mutter, ich werde ein großer Mann, und dann werde ich Dir einen neuen Stuhl kaufen.« Meine Mutter erzählte mir auch, daß, als Sigi 5 Jahre alt war, sie an einem Winternachmittag mit ihm ausging. Es war sehr kalt, und sie nahm ihn mit in eine Konditorei, um sich bei einer Tasse heißen

Kaffee aufzuwärmen. Sigi war am Tisch eingeschlafen, und sein kleiner Kopf mit den prachtvollen schwarzen Haaren (von denen seine englischen Halbbrüder später schrieben, sie seien »schwarz as ink«) ruhte auf seinen Händen. Als Mutter mit dem Kaffe fertig war und aufstand, um sich ihren Mantel anzuziehen, kam eine andere Besucherin der Konditorei auf sie zu und sagte: »Gnädige Frau, Sie haben Ihren Muff vergessen!« Ganz entrüstet entgegnete die Mutter: »Sie irren sich, das ist mein kleiner Sohn!«, und dann weckte sie ihn auf. Als die Frau das Kind sah, wandte sie sich nochmals an Mutter und sagte: »Oh, Sie glückliche Mutter! Von diesem Menschenkind wird einmal die Welt sprechen.« Meine Mutter behielt diese Weissagung lange Zeit für sich, aber insgeheim glaubte sie daran, daß ihr ältester Sohn einmal eine große Sendung zu erfüllen haben werde.

Übrigens ist Sigi noch bei einer anderen Gelegenheit eine große Zukunft geweissagt worden. Er war damals schon ein paar Jahre älter, und die Eltern waren mit uns, was sie häufig taten, in ein Gartenlokal im Prater gegangen, wo Vater sein Glas Bier zu trinken pflegte und wir Kinder im Garten spazierengingen oder spielten. Für ein paar Kreuzer konnte man sich dort von einem Stegreifdichter besingen lassen, und einmal forderte Vater den »Dichter« auf, seine Kunst zum besten zu geben und Verse auf uns zu machen. Als der Mann in seiner Beschreibung bis zu Sigi gekommen war, sagte er: »Dieser Bub wird einmal etwas ganz Großes, vielleicht sogar ein Minister.« Im alten Österreich galten Minister ungefähr als das Bedeutendste, was ein Mann werden konnte, jedenfalls mehr als ein Professor oder ein Millionär.

Vielleicht hat Mutters Glaube an Sigis große Zukunft seine Erziehung beeinflußt. Unsere Wohnungen waren stets geräumig, wenn wir hineinzogen, aber später, wenn immer mehr Kinder ankamen, wurden sie im Verhältnis immer kleiner, so daß wir ausziehen und wieder eine größere Wohnung nehmen mußten, und ganz zuletzt mußte ich als das älteste Mädchen sogar bei meiner Großmutter schlafen, die gleich nebenan wohnte. Vater war 36 Jahre und Mutter 18, als sie heirateten,[174] und als Mutter 14 Jahre verheiratet war, hatte sie schon 7 Kinder. Aus einer früheren Ehe hatte Vater übrigens 2 Söhne, die aber in Manchester lebten, und bei seiner zweiten Heirat war er schon Großvater, während Sigi bei seiner Geburt schon Onkel war.[175] Aber so bevölkert unsere Wohnungen auch waren, so hatte Sigi doch von Anfang an immer sein eigenes Zimmer für sich allein gehabt. Wir hatten zuletzt ein sogenanntes »gutes Zimmer« (den »Salon«), ein Speisezimmer, drei Schlafzimmer und das sogenannte Kabinett, das zwar zur Wohnung gehörte und von der Eingangshalle abging, aber abseits von den übrigen Räumen lag und einen eigenen, getrennten Eingang hatte. Dieses Kabinett, das lang und schmal war und ein Fenster hatte, das auf die Straße ging, gehörte Sigi, und es war in allen unseren Wohnungen stets das Kabinett, in dem er wohnte, auch während seiner Universitätsstudien, so lange, bis er als Arzt ans Allgemeine Krankenhaus kam. In dem Raum stand ein Bücherschrank, ein Schreibtisch und zwei Sessel; später kamen dann immer mehr Bücherregale hinzu. Er war in dem Kabinett immer allein, während wir Mädchen zusammen wohnten.

Bevor Kinder aufs Gymnasium kamen, mußten sie vom 6. bis zum 10. Jahre die Volksschule besuchen. Aber Sigi ist niemals auf eine Volksschule gegangen; Vater beschloß, ihn privat zu unterrichten, und als Sigi zehn Jahre alt war, kam er gleich ins humanistische Gymnasium in der Sperlgasse, wo er acht Jahre hindurch immer der Erste in seiner Klasse war. Das Kabinett wurde so sehr zu Sigis Welt, daß er später nicht einmal an den allgemeinen Abendmahlzeiten teilnahm, sondern gleich nach der Schule, um 4 oder 5 Uhr, wenn er nach Hause kam, auf sein Zimmer ging, wo er entweder allein oder mit einem seiner Freunde arbeitete.

Er saß immer über seinen Büchern, und auch seine Freunde waren nicht Spiel-, sondern Studienfreunde, auch schon während seiner Schulzeit. Sportliche Betätigung im heutigen Sinne war damals ganz unbekannt, sowohl innerhalb der Schule als außerhalb, aber Sigi war ein begeisterter Spaziergänger und Naturfreund, und von seinen ausgedehnten Wanderungen brachte er häufig schöne Exemplare von Pflanzen und Blumen mit nach Hause, die er in den Wäldern und Feldern der Umgebung Wiens fand.

Seine ausgezeichneten Leistungen in der Schule brachten ihm regelmäßig Prämien ein. Ich besinne mich noch darauf, wie er als Elfjähriger, also nach seinem ersten Schuljahre, bei der Schul-Schlußfeier Brehms Tierleben als Geschenk erhielt. Mutter hatte mich zu der Feier mitgenommen, und ich sehe noch deutlich vor mir, mit welcher Bescheidenheit er sich bedankte und das dicke Buch in Empfang nahm. Vielleicht hat ihn der »Brehm« veranlaßt, sich so sehr für Naturwissenschaften zu interessieren, daß er später die Forschung auf diesem Gebiet zu seinem Beruf machen wollte.

In meiner Schule sprach ich mit meinen Freundinnen immer von Sigi, und die anderen kleinen Mädchen fragten mich auch immer nach ihm und baten mich ständig: »Anna Freud, erzähl uns doch von deinem großen gescheiten Bruder.« Ich bin diesem Wunsch stets gerne nachgekommen.

Das siebente Kind, ein Junge, kam am 19. April 1866 zur Welt. Ich besinne mich noch darauf, wie Sigi sagte: »Jetzt ist unsere Familie wie ein Buch.« Vater war erstaunt und fragte Sigi, was er damit meinte. Sigi erklärte: »Die starken Einbanddeckel bei dem Buch sind bei uns die beiden Männer« – damit meinte er sich selbst, der gerade zehn Jahre alt war, und den Neugeborenen –, »und dazwischen liegen die losen Blätter, die fünf Frauen«,was sich auf mich und meine vier Schwestern Rosa, Marie, Adolphine und Paula bezog.

Auf meinen Vater machten diese Worte einen solchen Eindruck, daß er sie in eine Bibel eintrug und davor schrieb: »Ausspruch meines ältesten Sohnes.« Als Vater 1901, im Alter von 82 Jahren starb,[176] schickte man mir die Bibel, und ich habe sie noch heute in meinem Besitz.

Unser Vater war ein liberaler Mann, so liberal, daß seine demokratischen Ansichten und die Erziehung, die er uns gab, unseren Verwandten nicht zusagten und wir deshalb mit ihnen kaum zusammenkamen. Wir hatten ganz andere Ideen als sie. Gewöhnlich hatte damals, um die Mitte des vorigen Jahrhunderts, in der Familie nur der Vater etwas zu sagen, während alle anderen sich seinem Willen unterwerfen mußten. Bei uns war das anders; unsere Erziehung war weitaus moderner. Damals standen die Schulen unter klerikaler Oberaufsicht, aber den jüdischen Schülern war es freigestellt, am Samstag dem Unterricht fernzubleiben. Wir sind jedoch immer am Samstag und zu den jüdischen Feiertagen zur Schule gegangen. Wenn Vater sich mit uns über Religion unterhielt, pflegte er zu sagen: »Die Religion ist sittlich Denken und moralisch Handeln«, und nach diesem Grundsatz erzog er uns. So kam es, daß ich niemals in die Religionsstunde ging und Sigi auch nicht, obwohl Mutter religiös war. Sigi wurde auch niemals religiös im gewöhnlichen Sinne des Wortes, aber als er 42 Jahre alt war und man ihm eine Professur unter der Bedingung anbot, daß er zum Katholizismus überträte, lehnte er das Angebot ab.[177]

Vater war Autodidakt und besaß eine außerordentlich hohe Intelligenz; er pflegte mit uns viele Probleme gemeinsam durchzusprechen, besonders mit Sigi, auch als dieser noch ein Kind war. Wir nannten diese Aussprachen immer den »Familienrat«. Und als das neugeborene Baby einen Namen bekommen sollte, nahm Vater den Sigi am Abend beiseite, und sie berieten sich über die Namensgebung. Ich hörte zu, wie Sigi mit Begeisterung den Namen Alexander wählte. Er begründete dies auch und sagte, Alexander der

Große wäre ein so bedeutender Feldherr und so gut zu den Juden gewesen, und dabei erzählte Sigi dem Vater die ganze Geschichte Alexanders des Großen. »Alexander der Große, geboren 356 v. Chr., König von Mazedonien, unterwarf Kleinasien, Palästina und Ägypten und gründete Alexandria«, zitierte Sigi, wie er es im Geschichtsbuch gelesen und gelernt hatte. Vater war mit dieser Wahl einverstanden.

Damals war es üblich, daß Kinder noch zwei weitere Vornamen bekamen, und auch diese schlug Sigi vor. Er sagte, man solle das Baby auch noch Gotthold Ephraim nennen, nach den Vornamen des Dichters Lessing. Sigi gab auch hierfür eine Begründung. Er sagte, Lessing habe in seinem Werk »Nathan der Weise« gezeigt, daß er die Juden liebte. Mit zehn Jahren kannte Sigi schon Lessings Werke, die in unserer Familie gelesen wurden, und mit dem Inhalt von »Nathan dem Weisen« war er durchaus vertraut. Vater gefielen diese Vorschläge so gut, daß der jüngere Bruder tatsächlich die Namen Alexander Ephraim Gotthold erhielt.

So jung Sigi damals war, so ernst wurde von uns allen der Rat genommen, den er gab, und so sehr wurde auch auf seine Wünsche Rücksicht genommen. Als ich acht Jahre alt war, beschloß meine sehr musikalische Mutter, mir Klavierunterricht geben zu lassen. Damals bestand der Unterricht hauptsächlich in endlosen Wiederholungen von Fingerfertigkeitsübungen, und ich übte fleißig auf einem gemieteten Piano. Aber obwohl Sigi sein Zimmer für sich allein hatte, machten ihn die Übungen so nervös, daß er eines Abends zur Mutter ging und sie bat, das Klavier zu entfernen; das Üben hindere ihn am Arbeiten, und wenn das Klavierspiel nicht aufhörte, müßte er ausziehen. Tatsächlich war das Piano am nächsten Tage wieder verschwunden. Aber dabei war Sigi keineswegs verwöhnt; er war überaus bescheiden in seinen Ansprüchen, soweit es sich um Kleider oder Unterhaltung handelte; er war mit dem einfachsten Essen zufrieden und sagte keinen Ton, wenn es tagelang hintereinander nur Butterbrote zum Abendessen gab. Er wollte nur seine Bücher haben und Ruhe, um daraus lernen zu können. Viel später, als er schon selber Kinder hatte, hatte keines von ihnen ein Klavier oder übte in Hörweite von ihm; der Wunsch nach Ruhe während der Arbeit hat ihn sein ganzes Leben beherrscht.

Sigi las nicht nur selbst sehr viel, sondern übte auch eine Kontrolle über meine Lektüre aus. Wenn ich ein Buch hatte, das er für unpassend für ein Mädchen in meinem Alter hielt (ich war damals vielleicht 14 oder 15 Jahre alt), sagte er immer: »Anna, das darfst du noch nicht lesen.« Er wollte nicht, daß ich mich mit Balzac oder Dumas beschäftigte, und da ich die Bücher doch lesen wollte, mußte ich sie vor ihm unter Wäsche verstecken. Andererseits half er mir manchmal bei meinen Aufgaben. Ich besinne mich noch darauf, wie ich einen Aufsatz bekam, der so schwer war, daß die Mutter sagte: »Hilf ihr doch, Sigi.« Das Thema war irgendein Sprichwort über Reichtum, das wir erklären sollten, und Sigi sagte: »Reichtum an sich bedeutet gar nichts. Man ist reich, wenn man das Gefühl hat, daß man die Natur gerne hat. Reichtum bedeutet nur, daß man anderen helfen kann.« Diese Worte Sigis spiegelten durchaus die Ansichten unseres Vaters wider. Und der Wunsch, anderen zu helfen, war bei Sigi so stark, daß er später auch seiner ursprünglichen Absicht, Naturwissenschaftler zu werden, untreu wurde.[178] Er war so weich, daß er kein Blut sehen mochte, aber er machte sich klar, daß er seinen Widerstand überwinden müßte, um leidenden Menschen Hilfe bringen zu können.

1866, als Sigi zehn Jahre alt war, war der Krieg zwischen Österreich und Preußen. In diesem Kriege verlor Österreich Venedig, und man fürchtete, daß die Preußen bis nach Wien kommen würden. Ständig trafen am Nordbahnhof Züge mit verwundeten Soldaten ein, und Vater nahm Sigi oft zum Bahnhof mit, wenn die Soldaten ankamen und dann auf Leiterwagen, die mit Stroh bedeckt waren, in die Krankenhäuser gebracht wurden. Sterilisierte Watte gab es damals noch nicht; als Verbandmaterial wurde »Charpie« verwendet, zerzupftes, altes, weiches Leinen. Auch in den Mädchenschulen wurde »Charpie« gezupft. Wenn Sigi mit dem Vater von einem seiner Besuche am Nordbahnhof zurückkam, war er tief erschüttert durch den Anblick der Verwundeten, und er bat Mutter um alles alte Leinen, das sie hatte. Sigi wandte sich auch an seinen Lehrer im Gymnasium und bat ihn, den Schülern zu erlauben, für die Verwundeten Charpie zu zupfen.

Früher war es üblich, gelegentlich einen Maler aufzufordern, ins Haus zu kommen und die Familie zu malen, namentlich dann, wenn man etwas Geld hatte. Als Vater 1868 ein großes Geschäft gemacht hatte und zufällig die Bekanntschaft eines Malers machte, gab er ihm den Auftrag, uns sieben Kinder zu porträtieren. Der Maler kam zu uns, wir wurden im Salon in einer Gruppe arrangiert. Es war wohl nicht ganz einfach, uns zum Stillhalten zu bewegen; Sigi war mit zwölf Jahren das älteste von uns Kindern; der zweijährige Alexander war der jüngste, und dazwischen gruppierten sich die Mädchen in allen Größen und Altersklassen. Der Maler brauchte auch mehrere Sitzungen, bevor er sein Bild vollendete. Er beschäftigte die kleinsten Kinder, indem er ihnen Spielzeuge in die Hand gab; ich bekam einen Blumenstrauß, denn schon damals habe ich Blumen ebenso leidenschaftlich gern gehabt wie mein ganzes späteres Leben lang. Sigi verwickelte den Maler in Unterhaltungen über Kunst. Einmal sagte er zu dem Mann: »Kunst hängt mit der Natur zusammen. Besonders die Malerei, aber auch die Musik spiegeln die Gedanken und Bewegungen der Menschen wider. Wenn ein Mensch zuviel liebt, so ist das wie ein Gedicht, und wenn er zuviel trauert, so ist das wie eine Tragödie.«

Diese Aussprüche eines Kindes setzten den Maler in Erstaunen, und er bestand darauf, daß Sigi mit einem Buch in der Hand gemalt wurde. Aber die vielen Kinder auf dem einen Bild scheinen den Maler doch etwas verwirrt zu haben. Als Vater das Bild nach seiner Fertigstellung genau ansah, bemerkte er, daß zwar die Gesichter, Körper und Hände sorgfältig ausgeführt waren, daß aber wir sieben Kinder zusammen nur dreizehn Füße bekommen hatten. Wohl oder übel mußte der arme Maler noch einen Fuß dazumalen und dort einfügen, wo es am besten zu passen schien. Das Bild dürfte übrigens noch heute existieren; es ist irgendwo in Wien, zusammen mit den übrigen noch nicht freigegebenen Einrichtungsgegenständen meines jüngeren Bruders.

Während des deutsch-französischen Krieges 1870–71 hatte Sigi auf seinem Schreibtisch eine große Landkarte, auf der die Stellungen der feindlichen Armeen eingezeichnet und mit Fähnchen markiert waren. Wenn Nachrichten vom Kriegsschauplatz eintrafen, versetzte Sigi die Fähnchen und hielt mir und meiner Schwester Rosa große Vorträge über die allgemeine Kriegslage und über die strategische Bedeutung der Positionsveränderungen; er war damals 14 oder 15 Jahre alt. Als wir die Nachricht erhielten, daß Napoleon in Chislehurst in England gefangengehalten werde, war ich so bewegt, daß ich in Tränen ausbrach, während Sigi uns ausführliche Berichte über die Lage in Paris gab, wo die Commune ihre Schreckensherrschaft angetreten hatte.

Mutter ging jedes Jahr im Sommer mit einem oder zweien von uns jüngeren Kindern aufs Land, gewöhnlich mit denen, die gesundheitlich nicht ganz auf der Höhe waren. Alle zusammen konnten nicht gehen, da die finanziellen Verhältnisse unserer Familie nicht besonders üppig waren, und so kam Sigi niemals mit. Endlich, im Jahre 1875, also als Sigi 17 Jahre alt war, schien es, als ob wir alle miteinander aufs Land gehen könnten. 1873 wurde in Wien die große Weltausstellung abgehalten, und man erwartete Besucher als allen Ländern. Es hieß damals, daß die Einwohner von Wien ihre Wohnungen an die auswärtigen und ausländischen Gäste vermieten sollten, und da wir eine große Wohnung hatten, beschloß Vater, sie zu vermieten und während der Ausstellungszeit die ganze Familie aufs Land zu schicken. Er gab deshalb ein Inserat in der »Neuen Freien Presse« auf. Ich erinnere mich noch daran, wie irgendein orientalischer Potentat zu uns kam, die Wohnung besichtigte und von ihrer Sauberkeit so begeistert war, daß er sie zu mieten beschloß. Aber dann trat eine Katastrophe ein: Eine Cholera-Epidemie brach aus, und der erwartete Massenbesuch der Fremden blieb aus. Wir konnten die Wohnung nicht vermieten, und da das Reisen wegen der großen Ansteckungsgefahr in den Zügen auch gefährlich war, blieben wir alle in Wien. Wir selbst wurden von der Epidemie verschont, aber ich besinne mich noch darauf, daß Tag für Tag die Leichenwagen durch die Straßen fuhren. Oft hörte ich von Leuten, die gestern noch gesund gewesen waren, am Morgen erkrankten und am Abend schon zur Beerdigung oder Verbrennung fortgeschafft worden waren. Unter unseren Freunden und Bekannten forderte die Cholera übrigens keine Opfer.

Trotzdem die Weltausstellung infolge der Epidemie zu einem Fiasko wurde und obwohl eine allgemeine geschäftliche Krise ausbrach, ließen wir uns nicht davon abhalten, die Ausstellung immer wieder zu besichtigen; im ganzen sind wir wohl zehn Mal dort gewesen. Wir sahen zum ersten Male Kakaobohnen und wie sie zu Schokolade verarbeitet wurden; dies gefiel uns allen am besten. Wir sahen, wie die Kakaobohnen in eine Maschine kamen, wie sie in Pulver verwandelt wurden und wie dann Butter und Vanille hinzugesetzt wurden. Zuletzt kamen aus der Maschine kleine Täfelchen heraus, und wir bekamen Kostproben.

Einer der Besuche steht mir noch besonders deutlich vor Augen. Wir besuchten zusammen den französischen und den amerikanischen Pavillon, und beim amerikanischen sahen wir voll Begeisterung das Modell einer amerikanischen Schule und daß in Amerika jedes Schulkind sein eigenes Pult hatte. In unseren österreichischen Schulen mußten wir Kinder gemeinsam zu sechsen auf einer hölzernen Bank vor einem langen Pult sitzen. Gerade diese Einzelheit machte auf mich so großen Eindruck, daß sie wohl mitbestimmend dafür wurde, daß ich beschloß, Lehrerin zu werden; ich hoffte, daß, wenn ich soweit war, auch bei uns die Schulbänke so wie die amerikanischen aussehen würden. Sigi interessierte sich am meisten für die Briefe von Lincoln und die Rede von Gettysburg, die in Glaskästen ausgestellt waren. Man darf nicht vergessen, daß wir damals in einer Monarchie mit sehr wenigen Freiheiten lebten und daß die amerikanischen Dokumente und vor allem die Unabhängigkeitserklärung von 1776 auf einen in einem liberalen Hause erzogenen jungen Mann großen Eindruck machen mußten. Sigi konnte damals schon Englisch, teils von der Schule her, teils aus eigenen Studien und teils aus der Korrespondenz mit seinen englischen Halbbrüdern. Er hatte die Dokumente in seinen Büchern oder besorgte sie sich aus der Bibliothek, und die Gettysburg-Rede lernte er auswendig. Von der Unabhängigkeitserklärung war er so begeistert, daß er ein Exemplar aus der Bibliothek nach Hause brachte und uns älteren Schwestern im Salon vorlas, wobei er uns ihren Inhalt und ihre Bedeutung erklärte, ob wir nun zuhören wollten oder nicht. Ich war ja damals erst 14 Jahre alt, und die anderen Schwestern, die sein Auditorium bildeten, waren entsprechend jünger.

Eine Folge der Weltausstellung war übrigens, daß in unserem Speisezimmer die Öllampe durch eine moderne Petroleumlampe ersetzt wurde, die man herunterziehen konnte. Sie war die erste ihrer Art in Wien, und in Sigis Zimmer blieb die Ölbeleuchtung noch lange Zeit. Es war immer die Aufgabe von uns Schwestern, die rauchenden Dochte mit der Schere zu putzen. Aber als ein Verwandter von uns auf der Ausstellung rumänisches Petroleum gezeigt hatte, stand für Vater der Entschluß fest, eine Petroleumlampe anzuschaffen. In den übrigen Zimmern blieben die Öllampen und Kerzen noch lange Zeit.

Mit heutigen Augen gesehen, erscheinen die Wohnverhältnisse zu der Zeit, von der ich erzähle, wirklich primitiv, aber wir empfanden sie nicht so. So groß unsere Wohnungen auch waren, so hatte doch keine von ihnen ein Badezimmer oder auch nur eine Badewanne. Statt dessen kam die Badeanstalt zu uns ins Haus. Alle acht oder vierzehn Tage erschienen ein paar starke Männer von einer der Badeanstalten und brachten große hölzerne Badewannen und Fässer mit heißem und kaltem Wasser, die in der Küche aufgestellt wurden. Solange wir klein waren, wurden wir der Reihe nach abgeseift und gebadet; am nächsten Tage kamen dann die starken Männer zurück und holten die Wannen und Fässer wieder ab. Als wir etwas älter waren, etwa acht oder zehn Jahre, waren wir schon groß genug für eine andere Art von Vergnügen. Dann ging Mutter mit uns in die Badeanstalt, etwa ins Dianabad, und verlangte, worauf wir sehr stolz waren, eine Kabine mit zwei Wannen. Für ein paar Kreuzer mehr wurde dann der Ofen in der Kabine angesteckt, so daß es während des Badens auch warm war. Mutter nahm immer ein paar Äpfel mit ins Bad, und die ließ sie im Ofen braten. Es war unser größtes Vergnügen, nach dem Baden gemütlich die Äpfel zu essen, die inzwischen fertig geworden waren. Auch als wir schon unsere neue Petroleumlampe besaßen, hatten wir noch immer keine eigenes Badezimmer.

Abgesehen von der Unabhängigkeitserklärung und von Lincoln wußte Sigi auch sonst viel von Amerika und amerikanischen Schriftstellern. Sein Liebling war Mark Twain, und wenn er abends studierte und wir in sein Zimmer kamen, hörten wir ihn manchmal laut auflachen. Er erklärte uns dann, er habe gerade an einen der Streiche von Huckleberry Finn denken müssen. Aber auch die Wiener Volkslieder kannte er, und wenn er arbeitete, summte er ihre Melodien vor sich hin. Obwohl ich schon vor 48 Jahren die USA zu meiner Heimat machte, klingt mir noch heute in den Ohren, wie Sigi die Wiener Liedchen sang, zum Beispiel: »Das hat kan Goethe g'schrieben, das hat kan Schiller g'dicht'«, oder: »Um was ich dich bitt', lieber Herrgott, schick mir a Fufziger, ich brauch a klan's Geld.«

Mit 18 Jahren bestand Sigi seine Reifeprüfung im Gymnasium mit »summa cum laude«; er war die ganzen acht Jahre seiner Schulzeit hindurch der Beste in der Klasse gewesen. Es war damals üblich, daß die Eltern die erfolgreichen Maturanten eine längere Reise machen ließen, bevor sie auf die Universität kamen oder ins Gesellschaftsleben eintraten. Sigis Reise führte nach Manchester in England, wo die beiden Söhne aus Vaters erster Ehe lebten. Der ältere der beiden, Emanuel, schrieb dann an uns begeisterte Briefe über Sigi, Briefe, die abends im Familienkreise vorgelesen wurden und an die ich mich auch heute, nach 66 Jahren, noch ganz deutlich erinnere. Die Briefe waren in einer belustigenden Mischung von Deutsch und Englisch geschrieben (der Ausdruck »schwarz as ink« ist bezeichnend für ihren Stil), und in einem von ihnen hieß es: »Lieber Vater! Du hast uns eine Riesenfreude gemacht, Sigmund zu uns zu schicken. Er ist ein feines Exemplar eines edlen Menschen, und hätte ich die Feder eines Dickens, welch Held würde er sein.« In einem anderen Briefe hieß es: »Alle Deine Beschreibungen haben keinen Wert gehabt; erst jetzt, wo er hier ist, sehen wir, wie er wirklich ist.«

Sigi scheint jedenfalls auf seine Halbbrüder, die so viel älter als er selbst waren, großen Eindruck gemacht zu haben. Er selbst entschied sich während seines englischen Aufenthalts dafür, Medizin zu studieren, und als er im Herbst von England nach Wien zurückkam, teilte er Vater diesen Entschluß mit. Vater war erst nicht damit einverstanden und machte Einwendungen: »Du bist viel zu weichherzig«, sagte er zu Sigi. Tatsächlich hatte Sigi niemals Blut sehen können, wenn eine von uns wilden Schwestern sich einmal in den Finger geschnitten hatte. Aber Sigis Entschluß stand fest, auch wenn er anfangs daran gedacht hatte, nur theoretische Studien zu betreiben und medizinische Forschungen durchzuführen. »Ich will allen leidenden Menschen helfen«, erwiderte er dem Vater. Und dabei blieb es; Sigi wurde Student der Medizin.

Im Frühjahr 1878 erhielt Sigi wegen seiner ausgezeichneten Leistungen auf der Universität ein Stipendium, das ihm ermöglichte, während der Sommerferien nach Triest zu gehen und dort zu studieren. Triest war der einzige Meereshafen Österreichs, und es besaß eine biologische Anstalt, die wegen der Reichhaltigkeit ihres Materials an marinem Tier- und Pflanzenleben einen Namen hatte. Sigi, dessen Hauptinteresse schon seit der Zeit, als er den »Brehm« geschenkt bekommen und er Wanderungen in Wiens Umgebung gemacht hatte, der Biologie gehört hatte, vertiefte sich den ganzen Sommer über in biologische Studien und schien damals mehr als je entschlossen, theoretische Naturwissenschaften zu seinem Berufe zu machen. Als er indessen nach Wien zurückkam, erhielt er sein Doktordiplom, ging ans Allgemeine Krankenhaus und arbeitete dort als Sekundararzt unter Professor Ernst Brücke. Von dieser Zeit an war er in ständigem Kontakt mit angewandter Medizin, und damit war seine rein theoretisch-biologische Laufbahn eigentlich für immer abgeschlossen.

Bis zu diesem Zeitpunkt hatte Sigi immer bei uns gewohnt; als er ans Krankenhaus kam, wohnte er dort und kam nur über das Wochenende, wenn er seinen freien Tag hatte, in sein Kabinett zurück, das stets für ihn reserviert war. Häufig waren Freunde bei ihm, und viele von ihnen sind später ebenfalls berühmt geworden. Man hätte eigentlich erwarten sollen, daß wenigstens einige von ihnen Sigis

Existenz nur als Vorwand betrachteten, um die eine oder andere von uns fünf Schwestern zu besuchen; indessen kümmerten sich die jungen Leute kaum um uns und schienen glücklich, wenn sie mit Sigi im Kabinett verschwinden und dort wissenschaftliche Fragen diskutieren konnten; ebenso waren wir Mädchen viel zu scheu, um uns von uns aus mit den studierten Herren in Gespräche einzulassen.

Einer von diesen Freunden war der spätere praktische Arzt Dr. Breuer, mit dem zusammen Sigi sein erstes Buch herausgegeben hatte und dessen Beobachtung eines Hysterie-Falls mit dazu beitrug, Sigi zu veranlassen, die bisherigen Lehren über die Ursachen von Hysterien anzuzweifeln. Dieser Dr. Breuer hat mir übrigens das Leben gerettet. Ich war schwer erkrankt, und als mein Zustand immer bedenklicher wurde, zogen meine Eltern schließlich die berühmtesten Ärzte Wiens hinzu. Trotzdem wurde ich immer schwächer, und endlich erklärten die Ärzte meinen Fall als hoffnungslos. Dr. Breuer wollte jedoch nicht glauben, daß mein Leben nicht gerettet werden konnte. Er machte einen letzten Versuch und setzte mir am Nacken – Blutegel an. So primitiv dieses Mittel war und so abfällig sich die anderen Ärzte darüber äußerten, so wirksam war es auch; innerhalb weniger Tage ward ich gerettet.

Österreich hatte damals allgemeine Wehrpflicht, und im Jahre 1879 trat das Unvermeidliche ein: Mein Bruder war 23 Jahre alt, und damit war für ihn der Zeitpunkt gekommen, sein Jahr als sogenannter Einjähriger-Freiwilliger abzudienen. Aber es war wenig Freiwilliges an seinem Militärdienst, und Sigi war mehr als glücklich, als seine Militärlaufbahn nach der vorgeschriebenen Zeit ihr Ende fand.

Das nächste Jahr gehörte wieder der Routine der Krankenhausarbeit, bis, im Frühjahr 1881, durch mein Hinzutun eine grundlegende Veränderung eintrat. In einem Hause, in dem ich Unterricht gab, hatte ich einen jungen Mann kennengelernt, der mit seiner Schwester von Hamburg nach

Wien gekommen war. Wir älteren Geschwister waren damals zufällig allein in Wien; Vater befand sich auf einer Geschäftsreise in Rußland, während Mutter mit den jüngeren Geschwistern in die Umgebung Wiens aufs Land gefahren war. Auch Sigi lernte meine neuen Bekannten kennen, und bald entwickelte sich zwischen uns allen eine solche Freundschaft, daß wir jeden Tag nach der Arbeit zusammenkamen. Ich besinne mich noch, wie wir alle miteinander einmal zu Mutter gefahren waren. Wir brachten den Tag in einem Garten zu, und mein Bruder zupfte die Blüte eines Mandelbäumchens auseinander und sagte: »Aus dieser Blüte wird einmal ein Vielliebchen.« Als Naturwissenschaftler mußte er das ja wissen, obwohl für uns die Blüte wie jede andere aussah; das Mädchen, dem er die Vielliebchenblüte zeigte, hat die Anspielung jedenfalls verstanden und ihm geglaubt. (»Vielliebchen«, eine Doppelfrucht, wird von Liebenden gegessen.) Das Idyll dauerte bis zum 27. Juni; dann gingen wir vier in alle Himmelsrichtungen auseinander.

Sigis Ferien waren gekommen, und er teilte uns mit, daß er eine Reise in die Sächsische Schweiz unternehmen wollte. Tatsächlich kaufte er sich auch eine Bergsteigerausrüstung einschließlich eines starken Gebirgsstocks. Nach einigen Wochen war er wieder zurück, und mir fiel auf, daß der Bergstock trotz der Dauer des Ausflugs noch ungebraucht aussah. Ich hütete mich aber, einen Verdacht zu äußern, und Sigi sagte auch nichts. Aber ein paar Monate später kam doch heraus, daß er nicht in der Sächsischen Schweiz, sondern in Hamburg gewesen war, wo das Mädchen, dem er die Vielliebchenblüte gezeigt hatte, wohnte. Auch in Hamburg hatte niemand von seiner Anwesenheit gewußt, abgesehen von eben diesem Mädchen. Wenn später nicht einige Photographien zum Vorschein gekommen wären, auf denen beide gemeinsam abgebildet waren, und wenn eben nicht der unbenutzte Bersteigerstock als Indiz vorhanden gewesen wäre, so wäre das Hamburger Intermezzo unbeweisbar geblieben. Am Silvesterabend, meinem Geburtstage, fand dann die Verlobung statt,[179] die übrigens eine Doppelverlobung war, da ich mich am gleichen Abend mit dem Bruder des Mädchens, das später Sigi heiraten sollte, verlobte. Damit war Sigi einem Versprechen untreu geworden, das er mehrere Jahre hindurch wiederholt hatte: Er hatte erklärt, daß er niemals heiraten werde. Da unsere Schwester Rosa ebenfalls gesagt hatte, sie würde unverehelicht bleiben, hatten beide schon Pläne gemacht, für ihr ganzes Leben zusammenzubleiben. Indessen hat auch Rosa, wenn auch wesentlich später, ihre Ansichten geändert.

Wenige Wochen vor der Doppelverlobung, am 8. Dezember 1881, ereignete sich in Wien eine furchtbare Katastrophe: der Brand des Ringtheaters. Auch wir wollten ursprünglich zur Vorstellung von »Hoffmanns Erzählungen« gehen, und Mutter hatte auch schon die Karten gekauft, aber da wir für den gleichen Abend eine andere Einladung hatten, ließen wir dann die Karten verfallen. (Später hat Mutter die Karten einrahmen und unter Glas setzen lassen.) Am Nachmittag traf ich auch noch eine Freundin, die mich zu überreden suchte, doch zur Vorstellung zu gehen. Als wir aber von unserem Besuch zurückkamen und auf dem Nachhausewege über die Donaubrücke gingen, sahen wir auf einmal, daß der Himmel ganz rot war. Ich fragte einen Herrn, der uns entgegenkam, was denn passiert sei. Er sagte: »Das Ringtheater brennt.« Sigi und ich eilten dann zur Ringstraße am Schottenring, wo schon Tausende von Leuten standen. Man sah das Ringtheater, das vollständig in Flammen eingehüllt war, doch sagten die Leute, daß alle Theaterbesucher gerettet worden wären. Wir blieben dort bis Mitternacht, als unter gewaltigem Lärm das Dach des Theaters einstürzte, und wir wußten, daß das Gebäude verloren war, aber keiner von uns ahnte das wahre Ausmaß der

Katastrophe. Erst am nächsten Morgen lasen wir in den Extrablättern, daß das Theater zur Zeit des Brandes vollständig besetzt gewesen war und daß mehr als sechshundert Menschen in den Flammen umgekommen waren. Auf dem Wege zur Schule – ich war damals schon Lehrerin – hörte ich von allen Seiten Wehklagen und Jammern; in meiner Klasse waren zwei Mädchen, die ihre Eltern bei dem Unglück verloren hatten, und mehrere unserer Freunde und Bekannten waren ebenfalls ums Leben gekommen.

Geld und Liebesgaben für die Brandopfer und die Hinterbliebenen trafen aus der ganzen Welt ein.[180] Indessen war dies nicht nötig, da sich die öffentliche Wohlfahrt der Hinterbliebenen annahm. Der Kaiser leitete die Hilfsaktion und ordnete an, auf den Ruinen des Ringtheaters ein großes Wohnhaus zu errichten, das er »Sühnhaus« nannte. Nach der Straßenfront wurde eine Kapelle gebaut, in der jedes Jahr am 8. Dezember eine Messe für die Seelen der Verbrannten gelesen wurde; die Mieteinnahmen aus dem Hause sollten den Hinterbliebenen zugute kommen. Indessen dauerte es einige Jahre, bis der große Bau vollendet war, und inzwischen ging Sigi nach Paris, wo er unter Professor Charcot weiterarbeitete, und darauf nach Nancy.[181] Ich hatte während dieser Zeit schon geheiratet; Sigi heiratete am 16. September 1886,[182] nachdem er aus Frankreich zurückgekommen war. Gerade damals war das »Sühnhaus« fertiggestellt worden, aber es fanden sich wenig Mieter, da jedermann fürchtete, an einem Platz zu wohnen, wo so viele Menschen ein schreckliches Ende gefunden hatten. Aber Sigi teilte den allgemeinen Aberglauben nicht. Im Oktober 1886 war er mit seiner jungen Frau einer der ersten, die in das neue Haus einzogen, und als die anderen sahen, daß ein junges Ehepaar sich nicht scheute, sein Leben im Unglückshaus zu beginnen, war der Bann gebrochen und das Gebäude in kürzester Zeit mit Mietern gefüllt. In der Geschichte des »Sühnhauses« spielte mein Bruder noch einmal eine Rolle: Am 1. Oktober 1887 kam sein ältestes Kind als das erste zur Welt, das im »Sühnhaus« geboren wurde. Der Kaiser nahm den Vorfall zum Anlaß, Sigi durch eine Deputation eine wertvolle Vase der Wiener Porzellanmanufaktur als Geschenk überreichen zu lassen, um den symbolischen Vorgang zu feiern, daß an der Stätte des Todes nunmehr neues Leben blühte.

Sigmund Freud, 1885

Und bald darauf endete die Phase im Leben meines Bruders, in der er nur Privatmensch war, und er wurde der Begründer der Lehre der Psychoanalyse, die der Welt gehörte. Aber das Kind, das als erstes im »Sühnhaus« geboren wurde, war nicht sein letztes; Sigi hat drei Söhne und drei Töchter gehabt. Während des Weltkrieges haben alle drei Söhne und zwei seiner Schwiegersöhne an der Front gestanden und sind heil und gesund zurückgekehrt; als aber dann seine Tochter Sophie während der schweren Influenza-Epidemie, die dem Weltkrieg folgte, starb, faßte Sigi dies als eine Art Buße auf und sagte: »Jeder hat in dieser schweren Zeit etwas hergeben müssen. Andere gaben ihre Söhne; ich gab meine Tochter.«

Ich kam schon 1892 nach Amerika, aber ich habe meinen Bruder inzwischen noch viele Male gesehen. Die letzte private Erinnerung, die ich an ihn habe, datiert aus einer Zeit, die mehr als ein halbes Jahrhundert nach seiner Hochzeit liegt. Es ist ein Brief vom 14. Mai 1939 – sein letzter an mich –, den ich von ihm aus seinem englischen Exil kurz nach seinem 83. Geburtstage erhielt. Der Brief lautet:

»Liebe Schwester. Wir haben ohne Verabredung das Gratulieren zu Geburtstagen eingestellt, seitdem wir gemerkt haben, daß es kein reines Glück ist, so alt zu werden, sondern ein schweres Schicksal, das getragen werden muß wie alles andere.

Doch freut es mich sehr, zu hören, daß Du so gern Urgroßmutter bist, und ich hoffe, Du wirst an den Kindern und ihren Kindern noch viel Gutes erleben.

Herzlich Dein alter Sigi.«

Sigmund Freud, 1931

Aus den Erinnerungen von Edward Bernays[183]

Meine frühesten Jugenderinnerungen reichen zurück zu dem bescheidenen Elternhaus mit dem engen Hinterhof, der aus einem viereckigen Rasen bestand. Dieser wurde von einem Gehweg umgeben und an drei Stellen von einem Grasstreifen begrenzt. Das Anwesen befand sich in einer Reihe neuer Ziegelhäuser, die zwischen den weit verstreuten Landsitzen an der New Yorker 139. East Street errichtet worden waren. Im Jahre 1895 war das Leben dort beinahe noch ländlich; die Untergrundbahn, die die Menschen täglich in die City hinein- und wieder herauspumpt, gab es noch nicht.

Genauso erinnere ich mich auch an das graue Steingebäude mit dem freundlichen Garten in der Nachbarschaft, wo ich den Kindergarten besuchte. In meinem kurzen, blauen Matrosenanzug mit der großen roten Krawatte über der weißen Bluse, in langen schwarzen Strümpfen und Schnürschuhen durfte ich hier mit wohlerzogenen Kindern spielen. Unser Kindergartenfräulein stellte uns – den Längsten an die Spitze – der Größe nach auf und setzte sich ans Klavier; nach dem Rhythmus der Musik marschierten wir dann auf ihr Signal hin draußen im Garten herum. Mir gefiel es, daß ich wegen meiner Größe an zweiter Stelle ging, und wünschte nur, ein wenig größer zu sein, um die Prozession anführen zu können. Ich wollte dadurch größer werden, daß ich den Gang des Jungen vor mir imitierte. Jedesmal, wenn er sich auf seinem rechten Fuß nach vorn bewegte, stellte er sich elegant auf seine Zehen; das tat ich auch und fühlte mich dabei ganz großartig. Unter großen schattigen Bäumen, auf weiträumigen Rasenflächen, die später durch Mietskasernen und noch später durch Siedlungen verdrängt wurden, saßen wir auf kleinen Stühlen in einem großen Kreis und klatschten im Rhythmus der Musik in die Hände, webten Matten und setzten kleine gefärbte Holzkugeln zu sternförmigen Mosaiken zusammen.

Das Spiel mit den anderen Jungen und Mädchen gab mir ein warmes Gefühl der Kameradschaft und Zusammengehörigkeit. Nur drei Jahre vorher, im Jahre 1892, waren meine Eltern von Wien nach New York ausgewandert. Mein erster Geburtstag war auf der Überfahrt gefeiert worden. Mit typischer Vorsorge hatte mein Vater auf einer voraufgegangenen Reise die Geschäftsaussichten in New York sondiert und eine Stelle an der New Yorker Warenbörse gefunden. Wir lebten in Pensionen in Manhattan, bis Vater als Getreideexporteur an der Börse etabliert war. Dann kaufte er das Haus an der 139. Straße und ließ auch meine zwei

Edward Bernays
1936

älteren Schwestern Lucy und Judith nachkommen, die bei meinem Onkel Sigmund Freud und meinem Großvater Jacob Freud geblieben waren. Meine beiden jüngeren Schwestern Hella und Martha wurden in New York geboren.

Mein Vater hatte mehr als zehn Jahre in Wien gelebt. Die Familie Bernays aus Hamburg, ursprünglich spanischer Herkunft, hatte sich im jüdischen Kulturleben hervorgetan. Mein Urgroßvater Isaak Bernays, zu Beginn des neunzehnten Jahrhunderts Oberrabbiner (Hakaam) von Hamburg, hatte die deutsche Sprache in den Gottesdienst eingeführt. Er war mit dem Dichter Heinrich Heine verwandt. Zwei seiner Söhne, Michael und Jacob Bernays, wurden bekannte Professoren; ersterer wirkte als Literaturhistoriker an der Universität München. Er trat zum Christentum über, wurde Berater des bayerischen Königs Ludwig und schrieb unter anderem ein bedeutendes Buch über Goethe, *Über Kritik und Geschichte des Goetheschen Textes*. Jacob Bernays lehrte Latein und Griechisch an der Universität Heidelberg. Der dritte Sohn Isaak Bernays', der Kaufmann Berman, war mein Großvater. Er siedelte mit seiner Familie 1869 nach Wien über und wurde Sekretär des bekannten Nationalökonomen Lorenz von Stein. Als Berman nach einem Herzanfall 1879 auf der Straße starb, nahm mein damals neunzehn Jahre alter Vater Eli die Stelle seines Vaters als Sekretär des Nationalökonomen ein. Diesen Posten behielt er mehrere Jahre. In Wien traf er Anna Freud, verliebte sich in sie und heiratete sie im Jahre 1893. Drei Jahre später heiratete seine jüngere Schwester Martha Annas Bruder Sigmund, einen jungen Arzt, der gerade seine Praxis aufbaute.

Meine Mutter Anna Freud war eines der sechs Kinder von Jacob und Amalia Freud. Meine Mutter sprach oft von der Toleranz und Großzügigkeit ihres Vaters. Als sich die Mode wieder einmal plötzlich änderte und Jacobs Söhne aus früherer Ehe ihr ganzes in Straußenfarmen in Südafrika investiertes Geld verloren, verkaufte er freiwillig seine Fabrik, um ihre Schulden zu tilgen, obwohl er dazu rechtlich überhaupt nicht verpflichtet gewesen wäre.

Ich erinnere mich noch an den Tag – ich war damals noch ein kleiner Junge –, an dem ein Telegramm aus Wien für meine Mutter ankam. Es brachte die Nachricht vom Tode ihres Vaters. Niemals zuvor hatte ich sie weinen sehen. Jetzt nahmen ihre Tränen kein Ende. Ich war nicht traurig, weil ich den Grund für ihr Weinen nicht verstand. Ich war niemals bei einem Begräbnis gewesen, und noch nie hatte ich einen Friedhof besucht. Trotzdem zwang mich mein uralter Impuls schon als kleiner Junge, meine eingegangenen Goldfische und Kanarienvögel im Hinterhof in einer Schuhschachtel zu begraben und ihre Gräber mit einer halben Sicherheitsnadel zu kennzeichnen. Heute interessiere ich mich nicht mehr für Begräbnisse; ich sehe in einer Beerdigung einen unhygienischen und primitiven Ritus. Ich habe angeordnet, daß mein Körper für wissenschaftliche Forschungen verwendet wird.

Meine Mutter stand mir sehr nahe, und sie behandelte mich sehr zärtlich. Ich kann mich noch an sie erinnern, wie sie in ihren frühen dreißiger Jahren war. Für mich alterte sie nie; immer übte sie einen wohltuenden, alles durchdringenden Einfluß aus. Ich kann ihr Aussehen nur sehr schwer beschreiben. Sie war immer da, wenn ich sie brauchte oder wenn ich sie bei mir haben wollte; sie löste alle meine Probleme. Ihr Aussehen war ebenso unwichtig wie ihr Alter.

Sie behauptete, wie eine Freud auszusehen – eher klein, gedrungen, mit regelmäßigen Gesichtszügen und einer breiten Nase. Normalerweise trug sie ein enges Korsett, eine saubere weiße Bluse und einen langen schwarzen Mohairrock, die damalige Kleidung einer Frau aus der Mittelklasse. Die Kleider, die sie zum Abendessen trug, glichen Rüstungen, die mehr nach praktischen Gesichtspunkten der Haltbarkeit als nach modischen Erwägungen hergestellt worden waren. Sie war durch die Sorge für fünf kleine Kinder und einen peinlich genauen, launischen Ehemann viel zu sehr in Anspruch genommen, um sich noch mit ihren eigenen Problemen oder gar ihrer Garderobe beschäftigen zu können. Ich erinnere mich nicht, sie je im Abendkleid gesehen zu haben.

Ihr Leben spielte sich ganz in der Familie ab. An Ereignissen, die darüber hinausgingen, nahm sie nur geistig teil. Sie las die *Staats-Zeitung*, eine deutschsprachige Tageszeitung, die jeden Morgen zusammen mit der *New York Times* und der *New York Sun*, der Lektüre meines Vaters, geliefert wurde. Mutter las begeistert deutsche Literatur und liebte es, Schiller und Goethe zu zitieren. Innen- und Außenpolitik, Finanzwesen und Wirtschaft überließ sie meinem Vater. Die Vereinigten Staaten wuchsen ihr besonders ans Herz. Als sie Europa besuchte, wurde sie zu einer beredten und begeisterten Anhängerin ihrer zweiten Heimat und hob ihren Freunden und Verwandten gegenüber Amerika in den Himmel. Zu Hause war sie dem Land gegenüber oft sehr kritisch eingestellt; Schaukelstühle, das amerikanische Frühstück, Kaugummi, käufliche Presse, Tammany Hall und die schmutzigen Straßen gefielen ihr überhaupt nicht. Sie lehnte es ab, sich der englischen Sprache zu bedienen, obwohl sie sie ausgezeichnet lesen und, wenn nötig, auch sprechen konnte. Mit uns redete sie Deutsch, das zu unserer zweiten Sprache wurde.

Während des Tages bildete Mutter den Mittelpunkt des häuslichen Lebens. An den Abenden, an Feier- und Sonntagen beherrschte mein Vater alles und jeden; uns alle verängstigte er durch sein unberechenbares Temperament. Meine früheste Erinnerung an ihn ist die an einen gedrungenen Mann, der an jedem Wochentag und an jedem Samstag am Morgen das Haus verließ, um an einen Ort namens »downtown« zu fahren, wo er unseren Lebensunterhalt verdiente. Seine Augen waren hell, er hatte eine Adlernase, sein schwarzer Spitzbart war sorgfältig gepflegt. Wer ihn einmal traf, vergaß ihn nicht so leicht wieder.

Bei Themen, die ihn nicht gefühlsmäßig ansprachen, war mein Vater eisern logisch. Fällte er Entscheidungen über ein Projekt im Getreidehandel, so erwog er alle Argumente dafür und dagegen, einem Computer so ähnlich, wie das für ein menschliches Gehirn überhaupt nur möglich ist. War er jedoch gefühlsmäßig engagiert, so wurde er sehr oft unlogisch. Als ich heranreifte, wurde ich ohne bewußte Analyse unzweifelhaft von den logischen und unlogischen Einstellungen meines Vaters beeinflußt. Ich entschloß mich, so sehr ich nur eben konnte, logisch zu denken. Damals erkannte ich, daß ich nur dann komplizierte und verwickelte Situationen meistern konnte, wenn ich objektiv blieb. Launen und Stimmungen waren anstrengend, verschwenderisch und unproduktiv.

Mein Vater besaß große Willenskraft. Er wollte und konnte keine Kompromisse schließen. Das hinderte ihn daran, sich als Persönlichkeit vollständig zu entwickeln und jene Rolle einzunehmen, die ihm sein scharfer Intellekt und seine starke Persönlichkeit erlaubt hätten. Ich lehne ebenfalls Kompromisse bei Prinzipien ab, die sich mit Werten wie Gerechtigkeit und Ehre befassen. In einer demokratischen Gesellschaft kann Führung jedoch nur dann funktionieren, wenn man sich anderen in einem gewissen Ausmaß anpaßt, wenn es ein Geben und Nehmen in nicht fundamentalen Fragen gibt. Mein Vater wehrte sich dagegen, trat aus Klubs aus und stieß Freunde zurück, weil sie irgend etwas, was immer es gewesen sein mochte, nicht so regelten, wie er es nun einmal gewollt hätte.

Da er schon in jungen Jahren zum einzigen Ernährer seiner Familie geworden war, hatte mein Vater keine Universitätsausbildung genossen; sein Wissen war jedoch umfassend und tief. Während seines ganzen Lebens blieb er geistig rege. Außergewöhnlich belesen war er in der deutschen und der englischen Literatur. Er las zeitgenössische Biographien, historische Werke, außenpolitische Schriften, die *North American Review* und *The Nation* und zitierte dabei genauso wie meine Mutter bei jeder nur denkbaren Gelegenheit Schiller und Goethe.

Er suchte in seiner umfangreichen Geschäftstätigkeit geistige Anregungen. Das nervenaufreibende Geschäft des Getreideexports machte ihm Spaß; es gab ihm die Möglichkeit, sein Wissen einzusetzen, seinen Ahnungen zu folgen und Selbstbewußtsein zu gewinnen, da er sehr oft recht behielt. Als Sproß einer intellektuellen Familie war er daran gewöhnt, sich mit komplizierten Ideen auseinanderzusetzen. Auf der Getreidebörse kaufte und verkaufte er Getreidesorten, die beispielsweise mit »Winterhartweizen Nummer 2« klassifiziert wurden. Er sah das Getreide niemals, nicht einmal Stichproben. Er beurteilte und berechnete Faktoren der Zukunft wie Devisenkurse, Frachtkosten, Wetter, Konkurrenz, die Aussichten auf gute Ernten oder Mißernten in weit entfernten Ländern. Sowohl seine Integrität als auch sein Urteil wurden von seinen Kollegen völlig respektiert.

Anna Freud-Bernays
Ansprache zum 80. Geburtstag[184]

Gesprochen von Frau Anna Bernays,
anläßlich ihres 80ten Geburtstags,
den 31ten Dezember 1938, New York City

Der Durchschnitt des Lebens ist 60 Jahre. Wenn aber ein Mensch das Glück hat, dasselbe bis 80 Jahre auszudehnen, muß er ein großer Optimist sein, und daß ich einer bin, habe ich schon durch meine Geburt bewiesen; denn nur eine halbe Stunde hätte ich warten müssen, so wäre ich ein Jahr jünger und all Ihr, meine Lieben, die heute mit mir feiern, müßten noch ein ganzes Jahr warten.

Ein Produkt zweier Hemisphären, hatte ich das Glück, als gereifte Frau USA zu meiner Heimat zu machen. Fünf Kinder, zwei hier, drei in der alten Heimat geboren, wurden uns in glücklicher 40jähriger Ehe geschenkt. Als Gattin und Mutter erzog ich unsere Schar zu brauchbaren Bürgern dieses freien, demokratischen Landes.

Mit dem Leitmotiv »Moralisch zu denken und sittlich zu handeln« habe ich 40 Jahre den Kampf des Lebens redlich mit meinem Manne geteilt. Ich schätze mich glücklich, daß trotz der gegenwärtigen Wirrnisse in dieser Welt meine Kinder, Enkel und Urenkel froh in die Zukunft blicken dürfen.

Sie alle kennen ohne Zweifel meinen Lieblingsausspruch: »Man erlebt sich etwas, bevor man alt wird«, und Sie werden begreifen, daß es sich verlohnt, die Mühen und Sorgen eines so langen Lebens auf sich zu nehmen, wenn man an seinem 80ten Geburtstag von seinen Lieben und solchen Freunden umgeben ist.

Als Optimist erhebe ich mein Glas mit dem Rufe: »Es lebe das Leben, und Frieden auf Erden, und ein glückliches Neues Jahr 1939.«

Anna Freud-Bernays

Testament[185]

Als ich vor meiner Europareise 1927 bei Albert Hirst mein Testament machte, war USA noch nicht in die Depression des Geschäfts hereingezogen. Da ich bei dem Tode meines Mannes am 8. Oktober 1923 im Besitz eines Jahresbetrags von $ 36.000 kam, gab ich meinen Kindern und meiner Familie jährliche Zuschüsse. Ich glaubte jedes Jahr etwas zu ersparen, und das eingebildete Ersparnis hatte ich in meinem Testament im Jahre 1927 hinterlegt. Heute aber, 1931, sind die Verhältnisse auch in Amerika sehr schlecht, und mein Einkommen ist auf ein Drittel reduziert. Mit schwerem Herzen und traurigem Gefühl beschlossen meine Trustees die Gelder von meinen Kindern Lucy und Hella vollständig einzuziehen und Judith in Wien zu kürzen. Die europäische Familie, der es nach dem unseligen Krieg schlechtgeht, muß sich mit geringeren Beträgen begnügen. Und da leider bis jetzt nichts erspart wurde, muß ich mein Testament, das bei Albert Hirst liegt, *ungiltig* erklären.

Mein Besitz im Quaker Ridge Haus an Hausartikeln, Kunstgegenständen, Möbel, Silber, Auto und dergleichen gehört, nach den Bestimmungen meines Mannes in seinem Testament von 1923, mir – und da ich nur gutes Andenken zurücklassen will und keinen Streit, so soll mein Besitz so wie folgt an meine Kinder verteilt werden:

SCHMUCK:

Judith, die in Wien an Dr. Viktor Heller verheiratet ist und der ich meinen Emerald Schmuck als Hochzeitsgeschenk seinerzeit gegeben habe, soll meine Amethystkette mit den Perlen, die schwarze Crystalkette, die zwei Amethyst-Brochen und die Cameobroche erhalten.

Lucy soll die goldene Kette mit den grünen Steinen haben und die japanische Amethystkette, die ich bei ihr gekauft habe.

Hella, die nie Diamanten gehabt hat, soll meine einzige Diamanten-Broche haben. Noch eine goldene Kette an Hella.

Martha, die bereits eine schöne Broche mit grünem Stein und eine Cameo von mir hat, soll die goldene Kette, die ich immer trug, haben.

Lucy soll ferner das Platin-Lorgnon mit den Diamanten haben.

Die echten Perlen gehören *Nancy*, meiner ältesten Enkelin, die neun Jahre auch die einzige war.

***

Alle WÄSCHE sollen *Judith* und *Hella* bekommen, da Lucy und Martha genügend besitzen.

Auch das Elfenbein-Set, das ich zum 30. Hochzeitstag von meinem lieben Mann erhielt, soll *Judith* haben.

***

TEPPICHE – Von den Teppichen soll Judith haben 5 Baccara, den schönen großen und 4 kleine. Nie war mein Wunsch nach Schmuck gerichtet. Ich liebte Teppiche mehr, und ich besaß 150 Stück, von denen mein *Sohn* den großen vom Wohnzimmer und einen schönen kleineren bereits hat. *Edward* soll ferner den langen echten von der Hall und 2 kleinere haben. Den großen vom Speisezimmer für *Martha*. *Hella* hat zehn Stück bei Lebzeiten bereits benutzt. Sie soll diese behalten. Auch den langen in der oberen Hall. *Lucy* bekommt den großen, der jetzt im oberen Stock liegt. Ein echter geht an *Frau Wilson*; Frau Wilson bekommt auch die Bronze Wiener Figur mit Elfenbein, und $ 500 als Dank für die große und treue Fürsorge, die sie mir angetan.

Von den BRONZE-KUNSTGEGENSTÄNDEN, wo *Edward* bereits die Venus hat, bekommt er noch den Merkur und die große italienische Figur, die auf Marmorsockel sitzt.

Die vielen Bronzen sowie die große italienische Vase, den Krug, die große Glocke, den großen Kübel, das schöne Feuerzeug bei dem Kamin im Wohnzimmer, wenn nicht gebraucht, soll verkauft werden und der Erlös an die Schwestern in Wien.

Die große BIBLIOTHEK soll nach Wunsch der 5 Kinder verteilt werden. *Bruno Randolph* soll auch an der Verteilung teilnehmen. Die Nadelman KUNSTSTÜCKE (mit Ausnahme der Holzfigur), wenn sie niemand von den Kindern haben will, bitte verkaufen und den Erlös den armen *Schwestern* nach Wien schicken. Auch meine PERSÖNLICHEN SACHEN, wie Wäsche, Strümpfe, Kleider, Mäntel, sollen verpackt nach Wien den *Schwestern* geschickt werden.

DIE VERSCHIEDENEN SHAWLS. Der weiße, ein Erbstück, an *Judith*. Der schwarzweiße, ein Geschenk von Edward und Doris, jetzt als Abendmantel, an *Doris*. *Doris* bekommt auch den schönen SPITZENFÄCHER. Die ANDEREN SHAWLS verteilen nach eigenem Verlangen.

Enkel *Frederick Bernays Wiener* bekommt die Bronze von Augustus und den Kopf von Dante. Er soll auch das alte feine Kästchen haben. Seine Liebe für [die] Familie brachte ihm schon zu meinen Lebzeiten den Stammbaum der Schwiegermutter Bernays.

BILDER – die meisten Familienbilder an Frederick, mit Ausnahme von dem Ölgemälde meines Mannes, das in den Besitz meines einzigen Sohnes *Edward Bernays* kommen soll, wenn er es in seinem Haus behütet. Die feinen englischen Stiche an *Frederick* und *Walter*, wenn sie ihr eigen Heim haben.

Meine WIENER BILDER VON CASIMIR. Stefansturm

soll *Hella* behalten. Klosterneuburg und Hofburg an *Lucy*. Die runden Spiegel gehen in das Wiener Zimmer, das eventuell an *Judith* geht, wenn sie die Beförderungskosten nach Wien nicht scheut. Sonst an *Martha*, wenn sie wieder USA als Heim betrachtet.

Das SILBER, das seinerzeit für $ 5.000 geschätzt war, soll an die *5 Kinder* verteilt werden; eine große Gemüseschüssel wurde bereits Lucy an ihrem 25. Hochzeitstag am 24. November 1929 verschenkt; es liegt aber noch in der Bank, sie hat es noch nicht genommen. Das zurückgebliebene FLATSILVER soll an *Judith* und *Hella* verteilt werden. Die anderen haben genug.

Von den vielen Schätzen an PORZELLAN, eine Liebe von mir, die großen Teller, die das Speisezimmer schmücken, sollen verteilt werden an die *5 Kinder*. *Ditha* bekommt das kleine französische Set. Die 12 alten Meißner Teller an *Doris*; die 5 blauen Meißner an *Hella*. Von den feinen kleinen Tassen 4 an *Judith*; 4 an *Lucy*, 4 an *Hella*. Martha hatte noch zu Vaters Lebzeiten vom Vater 6 bekommen. *Judith* bekommt die 9 roten WIENER TELLER, die 47 Jahre in meinem Besitz sind. *Nancy* soll von den DRESDNER FIGUREN den Wahlpfand haben. DRESDNER LEUCHTER an *Doris*. Die feinen grünen PARFUMFLASCHEN an Martha. Die 2 kurzen MEISSNER VASEN für *Hella*. Wiener Porzellan-MALEREI-TELLER 2 an *Ditha*, 1 an *Lucy*, die auch Onkel Sigis MEDAILLE bekommen soll. Die SAMMLUNGEN der vielen alten Krüge und Prozellansachen und böhmischen Glas sollen an die *5 Kinder* verteilt werden. Dresdner SCHÜSSEL MIT 2 VASEN an *Hella*.

Die Sammlung der verschiedenen TASSEN, 72 Stück, an jedes *Kind* 12. Die Duplikate an Freunde. Die feine SEVRES, die 40 Jahre im Besitz von Thekla war, an mein kleines Enkel *Anny*, mit 6 silbereingelegten Pitscher. Die große Sèvres-Tasse mit 4 Kupfer-Pitscher und alten englischen Teekannen für klein Enkel *Doris*.

Das Speisezimmer von Vater an *Edward Bernays* und auch die große PUNCH-BOWLE aus böhmischem Glas an *Edward*. Die andere Sammlung von den alten BÖHMISCHEN SACHEN soll an die 5 *Kinder* verteilt werden.

Von den vielen MÖBELN sollen sich die *Kinder* jedes nehmen, was er am meisten braucht; nur mein alter SCHREIBTISCH mit dem großen Stahlstich der Kühe gehört meinem Enkel *Walter Wiener*, und der große SCHREIBTISCH, den mein lieber Mann für sich machen ließ, soll an *Frederick Bernays Wiener*, mit der roten VASE VON TIFFANY und den 2 ENGLISCHEN BILDERN – für sein Office als Advokat.

Das alte MÖBELSTÜCK MIT 1743 und das alte Stück mit den Laden an *Hella* und *Peter*.

Die 4 Wiener MINIATUREN an die 4 *Töchter*. Das Marmor-Schreibzeug übergab ich am 22. November 1923 meinem Sohn als Geburtstagsgeschenk; es war Vaters, aber ich habe es niemals wiedergesehen. Die 6 japanischen VASEN und die 2 großen blauen BLUMENvasen an *Edward* für sein großes Haus.

KLAVIER mit Decke, Stuhl und gesticktem Polster an *Peter Michael* Bernays, wenn er weiter Klavier studiert.

Von den KÜCHENSACHEN soll sich *Frau Wilson* nehmen, was sie oder ihre Kinder brauchen können.

Mein TYPEWRITER an *Peter*. Mein japanisches TINTENFASS an *Viktor*. Mein lila TINTENFASS an *Nancy*; AMETHYSTSTEIN, ein Geschenk von Thekla Bernays, an *Hella*, die auch die Schreibmappe von Italien haben soll. Die 2 alten Meißner LAMPEN an *Frederick Wiener*. Die HOLZFRAUENFIGUR von Nadelman an *Judith*. SCHACHSPIEL an *Bruno*, der auch an der Verteilung der Bibliothek teilnehmen soll.

Das AUTO soll verkauft werden; der Erlös für die *Schwestern*.

Was es noch an Teppichen gibt, sollen die Kinder haben,

jeder, was er braucht. 3 chinesische VASEN, die man als Lampen benützen kann, 1 an *Bruno*; 1 an *Viktor*, 1 an *Walter*. Feine Marmoruhr an Judith. Tiffany-Uhr, die meinem Mann gehört hat, an mein Enkel Stephen Bernays Randolph. Feine rote Kassette, wo Vaters Kondolenzbriefe liegen, an Ditha, die dann auch dort meine Briefe aufbewahren soll. Hohe und Bronze-Lampe, wo der Schirm gebrochen ist, an *Hella*.

[Handschriftlich:]
Anna Bernays Mutter von fünfen –
in voller Geisteskraft
30. Mai 1931

Familienbriefe

Die folgende kleine Briefauswahl soll einen Eindruck von den Beziehungen zwischen Anna und ihrer Familie vermitteln. Der Brief ihres Vaters ist eines der wenigen erhaltenen Schriftstücke von seiner Hand. Von Annas eigenen Briefen ist ein relativ zusammenhängendes Konvolut ausgewählt worden, nämlich die Briefe an ihren vierzehnjährigen Sohn Edward, der zum erstenmal länger von zu Hause weg ist. Orthographie und Interpunktion wurden modernisiert und die Abkürzung u für und aufgelöst.

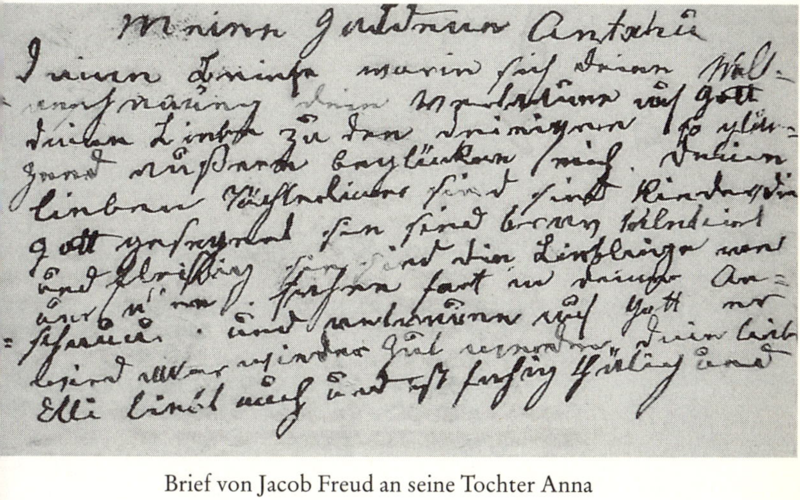

Brief von Jacob Freud an seine Tochter Anna

20. Februar 1895
JACOB FREUD
AN SEINE TOCHTER ANNA
Auf Jacob Freuds Briefpapier
IX. Grünethorgasse 14

Meine goldene Antschu

Deine Briefe, worin sich Deine Weltanschauung, Dein Vertrauen auf Gott, Deine Liebe zu den Deinigen so glänzend äußern, beglücken mich. Deine lieben Töchterleins sind Kinder, die Gott gesegnet, sie sind brav, talentiert und fleißig; sie sind die Lieblinge von uns allen. Fahre fort in Deiner Anschauung und vertraue auf Gott, es wird alles wieder gut werden. Dein lieb Elli liebt Euch und ist fähig, tätig und strebsam. Die Photographie vom lieben Buben trag ich bei mir, und sein liebes Bild erfreut mich täglich 3mal. Tausend Grüße und Küsse sendet Euch allen Euer Euch liebender Papa und Großpapa

20t Feber 95

Die folgenden Briefe sind an Edward gerichtet, der sich in einem Sommercamp aufhält. In seinem Erinnerungsband heißt es dazu: »Eines Sommers schickten mich meine Eltern in eines jener Ferienlager, die damals gerade aufkamen. Da die Zeiten der Grenzer vorbei waren, sorgten sich die Stadtbewohner, daß ihre Söhne verweichlicht werden könnten. Fünfzehn Jahre lang hatte ich unter fünf weiblichen Familienmitgliedern gelebt. Sie glaubten, daß mich der tägliche vierundzwanzigstündige Umgang mit anderen Jungen meines Alters abhärten würde. So wählten sie das Natural Science Camp am Keuka-See, einem der ›Fingerseen‹ im Staate New York aus.«[186]

2. Juli 1905
ANNA AN EDWARD BERNAYS
Briefkopf: The Homestead/Lake Placid. New York/
A. Behrens, Prop.

2/7 905

Geliebter Sohn! Wir sind auch im Schlafwagen gefahren, und ich mußte immer an Dich denken, wie Du mit so vielen neuen Jungen gefühlt hast. Jetzt sind es wieder 2 Tage, und hoffentlich [hast] Du Dir einen netten Buben ausgewählt, und Ihr habt Ordnung und Zufriedenheit im Zelt. Wir erwarten ausführliche Berichte, alles, alles, was Du tust, wies Dir gefällt, wie es Dir schmeckt, wie die Gegend aussieht. Du weißt ja, wie die Mutter neugierig ist.

Von uns muß ich Dir sagen, daß Lake Placid im argen Regenwetter schon schön ist, wir uns freuen, wenn die Sonne kommt, Papa wird bis 5 mit uns bleiben, und dann kommt Ditha; die beiden Mädchen sind gestern noch weggegangen. Ella hat das Haus übernommen. Hoffentlich wird Papa gut versorgt sein. Felix und Lucy waren mit uns an 125 La-Station und Felix war so lustig, daß der Abschied leichter wurde, wir werden sie ja erst im November sehn.

Wenn Dir noch etwas fehlen sollte, bitte schreibe Lucy 124 10 114 La. Sie wird Dir alles versorgen. Wünschen tue ich nur schönes Wetter, damit Du Deine Ferien ordentlich ausnützen kannst, bleib wohl, gesund, schreib viel an

Muttern

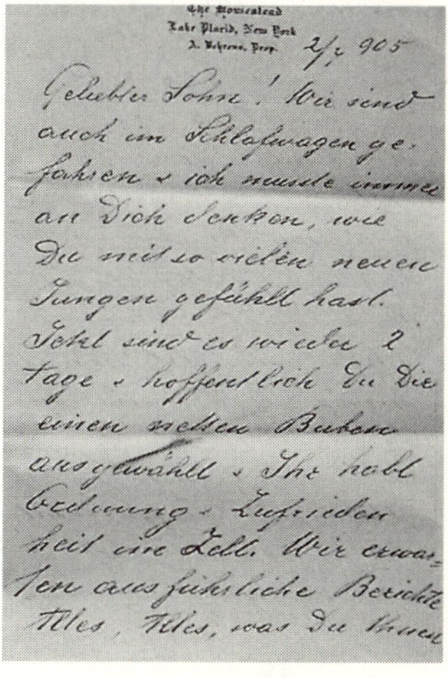
The Homestead
Lake Placid, New York
A. Behrens, Prop. 2/7 905
Geliebter Sohn! Wir sind auch im Schlafwagen gefahren & ich musste immer an Dich denken, wie Du mit so vielen neuen Jungen gefühlt hast. Jetzt sind es wieder 2 Tage & hoffentlich Du Dir einen netten Buben ausgewählt & Ihr habt Ordnung & Zufriedenheit im Zelt. Wir erwarten ausführliche Berichte Alles, Alles, was Du thust

Anna an Edward

2. Juli 1905
ELI AN EDWARD BERNAYS
Briefkopf: The Homestead/Lake Placid. New York/
A. Behrens, Prop.

Sonntag vormittag, July 2, 1905

Mein lieber Sohn! Wir sind Freitag abend alle sehr vergnügt nach Hause gekommen, weil wir glauben, daß meistens sehr nette Buben mit Dir gefahren sind und Du sehr gute Gesellschaft dort haben wirst. Heute früh sind Mutter und ich mit Hella und Martha hier in Lake Placid angekommen, und unser erster Gedanke und unsere erste Beschäftigung ist, Dir zu schreiben, damit Du weißt, daß wir hier sind. Es regnet hier in Strömen, wahrscheinlich auch bei Dir, und da muß das Leben im Zelt gerade nicht sehr angenehm sein. Aber nach Regen kommt immer Sonnenschein, und wenn das Wetter erst warm wird und Ihr lange Ausflüge zu Fuß und zu Pferd machen könnt, wird es Dir ganz sicher gut gefallen.

Schreibe uns nur alles oft und ausführlich, Du weißt, wie die Mutter sich sonst um Dich ängstigt.

Leb wohl, bleib brav und gesund, unterhalte Dich gut.

Dein Vater

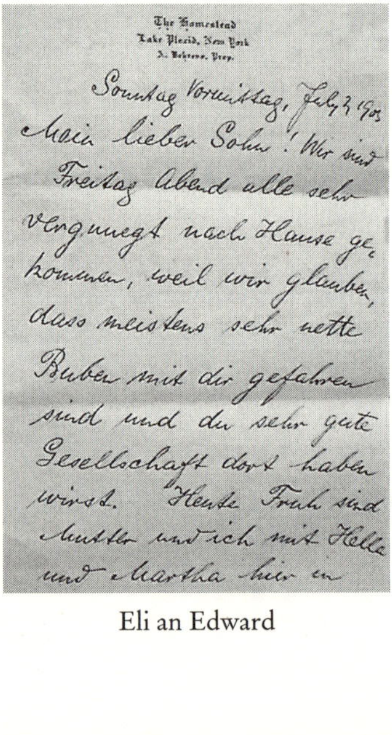
The Homestead
Lake Placid, New York
A. Behrens, Prop.

Sonntag Vormittag, July 2 1905
Mein lieber Sohn! Wir sind
Freitag Abend alle sehr
vergnuegt nach Hause ge-
kommen, weil wir glauben,
dass meistens sehr nette
Buben mit dir gefahren
sind und du sehr gute
Gesellschaft dort haben
wirst. Heute Frueh sind
Mutter und ich mit Hella
und Martha hier in

Eli an Edward

5. Juli 1905
ANNA AN EDWARD BERNAYS
Briefkopf: Adirondacks./Lake Placid. N. Y.

5/7 905

Geliebter Sohn! Gestern 4 Uhr abend ist Papa wieder nach New York gefahren und hat uns zurückgelassen, und um nicht zu traurig zu werden, sind wir ins Stefanshotel gegangen und haben das prachtvolle Feuerwerk bewundert, wie von Arion am Lake George. Alles am See ganz wunderschön. Es gefällt uns ausgezeichnet, alles, das Haus, das Essen, die schöne Gegend mit den 2 Seen. Aber am meisten freut es mich, daß es Dir so gut gefällt, bist Du schon auf dem Pferd gesessen und hast Dich als Mann gefühlt? Am Wasser waren wir noch [nicht], da ich mir nicht zutraue zu rudern, da warten wir, bis Ditha kommt, die es doch versteht; die Boote sind viel schöner wie am Lake George, überall gibt es Boothäuser, wo man sie mieten kann; heute habe ich die Kinder am See warten lassen, wenn es warm wird, sollen sie morgen baden. Im Hause haben sie kleine Mädchen, wo sie Ball spielen, aber meistens gehe ich mit ihnen aus, Du weißt ja, wie ich den Wald liebe; heute habe ich ein ganzes Bouquet mountain laurel gepflückt mit den schönen roten Blüten, gibt es die auch bei Euch? Beschäftigst Du Dich mit Botanik, oder vergeht die Zeit mit Schwimmen, Reiten, Spielen, Rudern? Brauchst Du irgend etwas, so schreibe an Lucy. Sie besorgt Dir gerne alles.

Sie schreiben brav, und wenn Ditha kommt, weiß ich alles.

Dein Brief und Karte habe ich erhalten und hoffe nur, daß Du gesund und munter bleibst und brav schreibst

1000 Küsse

Mutter

8. Juli 1905
ANNA AN EDWARD BERNAYS
Briefkopf: Adirondacks./Lake Placid. N. Y.

8/7 905

Geliebter Sohn! Du schreibst wirklich sehr brav, und wir können uns [ein] vollständiges Bild machen, wie es im Camp zugeht, auf den kleinen Fritz Hirschback kann ich mich sehr gut erinnern, er war ein lieber Bub und ist gewiß jetzt ein lieber Freund. Gestern erst ist Ditha hier angekommen und findet es prachtvoll.

Wir haben unsere Zimmer getauscht. Jetzt ist Hella mit Ditha und ich mit Martha, sie sind wirklich brav und ärgern Muttern nicht. Gestern 4 Uhr nachmittags haben sie in unsrem Lake gebadet, mitten im Wald, und niemand ist vorbeigegangen, wie wir sie ausgezogen. Es war großer Spaß. Heute sind [wir] zum großen Boothaus gewandert mit dem Blick auf Lake Placid, mitten drin kam große schwarze Wolke und ein Riesenregen, aber wir wurden nicht naß, da Haus gedeckt war, der Rückweg durch duftenden Wald war wunderschön, und wir fanden viel Erdbeeren.

Von Papa hatte ich heute Brief, daß er nach Minneapolis reist, hoffentlich gibt es Geschäfte. Es ist heute der 3te Brief, den ich Dir schreibe, und ich hoffe, daß Du sie auch erhalten hast, und die Adresse war wohl richtig. Wegen der Leggins für Reiten werde ich Lucy schreiben, die wird es Dir versorgen; Papa wird bis 14. August bei Lucy wohnen, und da ist [er] auch besser versorgt. Schade, daß wir alle getrennt sind, aber desto mehr wird uns das Zusammensein freuen. Schreib wieder brav, es küßt Dich

Muttern und Geschwistern

9. Juli 1905
ANNA AN EDWARD BERNAYS
Briefkopf: The Homestead/Lake Placid. New York/
A. Behrens, Prop.

9/7 905

Geliebter Sohn! Bist doch ein braver Jung, daß Du so schön und oft schreibst! Wir haben es wirklich sehr gut getroffen, die Zimmer sind ganz schön, die Aussicht wunderbar, das Essen sehr gut, und so geht die Zeit schnell, als wir wünschen; früh 8 Uhr frühstücken wir, und dann geht es in Wald, ganz nahe von uns am See; die Kinder waten, ich lese; um 1 Uhr essen, dann schreiben, dann hinter dem Haus im Wald nach Essen. 4 Uhr sind wir meist am Golfplatz und bewundern Sonnenuntergang und die prachtvolle Aussicht auf die beiden Seen. Samstag abends hatte ich meine alten Zahnschmerzen, und Sonntag früh erwachte ich mit geschwollenem Gesicht, Du hättest Mutter gar nicht gekannt, so arg sah sie aus; ich hatte arge Schmerzen und 2mal den Dr. und mußte das Geschwür schneiden lassen gestern nachmittag. Heute ist es besser, ich bin unten, wenn noch verbunden, da die Lippe geschwollen ist. Am Wasser war ich noch nicht, die Boote sind nicht so teuer, 50 cent den ganzen Vormittag, aber Ditha hat nicht den Mut, für 3 zu rudern. Das Haus ist eine Familie und bis jetzt für uns nicht interessant, Du weißt ja, ich stehe nicht für Gesellschaft, mir genügt Natur, und die ist hier zu finden. Heute schrieb Frau Schwarze, sie will kommen, dann wird es lustig. In New York soll es sehr heiß sein, aber Lucy schrieb nur einmal, Papa ist in Minneapolis, gehört haben wir noch nicht von dort. Die Kinder sind sehr brav, und Ditha freut sich, wenn die Gesellschaft kommt, dann wird es für sie auch lustig werden. Ich bin froh, daß Du so schöne Abwechslung hast. In 2 Monaten sind wir alle bei-

sammen, dann können wir uns genug erzählen. Schreib nur brav, es küßt Dich
Muttern

14. Juli 1905
ANNA AN EDWARD BERNAYS
Briefkopf: The Homestead/Lake Placid. New York/
A. Behrens, Prop.

14/7 905

Geliebter Sohn! Gestern hatten wir wieder Gewitter, gerade als ich zur Kirche gehen wollte, in unserer Nähe liegt auf dem Berg ein schönes rotes Haus mit prachtvollem Lawn und allerlei Blumen in Fässern, Booten und so hübsch gepflegt; natürlich habe ich mich erkundigt und fand, daß ein Minister Dike alles selber besorgt und das rote Haus eine Baptist Church ist; ich schicke Dir das Bild. Heute früh sind wir 6 Damen und ein Herr ausgegangen durch den Wald, um White Face Inn zu besuchen, allein wir hatten nur Irrfahrten im Wald durch dick und dünn, bis zum Knie im Wasser und kamen zu einem Camp am Placid an, wo uns der freundliche Besitzer mit seiner Launch heimbrachte; es war wirklich sehr nett.

2 Minuten später kam wieder Gewitter, aber wir waren safely heim mit riesigem Hunger zu Tisch.

Von Papa haben wir keine Zeile gehabt, wahrscheinlich ist er schon zu Hause und hat schöne Geschäfte gemacht.

Hast Du von ihm gehört? Lucy schrieb den Kindern, daß es heiß ist, daß sie in New York auch viel Gewitter haben; wir haben keine Zeitung, ich nasche nur von Herald, wenn er liegenbleibt.

Gib nur acht beim Rudern, man liest so viel, wo es

nicht gut geht, wenn man zu leichtsinnig ist, aber Du bist vernünftig und hältst Dich froh und munter und gesund.

Ich bin wieder allright, nur kann ich meine untere Platte nicht tragen, und ein Zahn [ist] locker; aber hoffentlich heilt die Wunde, dann bin ich so schön wie früher.

Sehr lieb, daß Du so brav schreibst, aber ich danke es Dir auch in langen Briefen. Bleib wohl und heiter und küßt

Muttern

18. Juli 1905

Anna an Edward Bernays

Briefkopf: Adirondacks./Lake Placid. N. Y.

18/7

Geliebter Sohn! Gestern war ein langer Sonntag, aber sehr lieben Brief von Papa, er hat in Duluth[187] schönes Geschäft gemacht und hofft, da die Ernte gut wird, auf große Geschäfte, dann Brief von Felix und Lucy, die schon Vorbereitung zur Europareise machen, und dann von Dir.

Bei uns alles allright, mein Gesicht in Ordnung, das Essen schmeckt gut, und wie es nur geht, sind wir aus; gestern war ich mit den Kleinen in der Kirche, mir lieber, als mit den Damen zu sitzen und Gossip[188] zu treiben.

Es war schöner Gesang, und die Zeit verlief angenehm. Wir haben täglich Regen, aber meist nachts, und so kann man immer gehen, und der Wald ist wunderschön; heute fand ich einen kleinen Zweig Tanne mit 10 Zapfen; ich bring ihn nach Hause. Die kleine Einlage wirst Du brauchen können, ich fand die Karte, schicke es Dir.

Kinder grüßen, viel Küsse von

Muttern

28. Juli 1905
ANNA AN EDWARD BERNAYS
Briefkopf: The Homestead/Lake Placid. New York/
A. Behrens, Prop.

28/7

Geliebter Sohn! Heute früh kamen 2 Karten und der Brief, und ich bin vollständig beruhigt, wahrscheinlich ist die Karte von 26/7 zu spät weggeschickt worden. Unterdessen hatte ich gestern von Papa nur den Tee für die Woche und keine einzelne Zeile, war wirklich böse und habe gleich geschrieben, ob das recht ist, uns die ganze Woche ohne Brief zu lassen, nicht einmal wissend, wo er ist. –

1/4 Stunde Zeit findet man immer, seiner Familie zu schreiben; das darfst Du nie tun, das kränkt, und die Mutter soll man nicht kränken.

Frau Schwarz schrieb, daß sie nicht kommt, dafür soll Frau Mittler, die Bekannte von Frau Marckwald, heute abend kommen, ist nicht viel Verkehr, aber wir brauchen sie nicht; heute früh haben wir viel Heidelbeeren und Himbeeren gepflückt, dann waren wir hinter unserem Haus im Wald, dann haben die Kinder im See gebadet. Ditha hat sie mit einem Herrn gerudert, jetzt warten wir aufs Essen mit Riesenhunger.

Ich habe Papa gebeten, für 1. August Geld an die Bank zu geben, dann schicke ich, ich konnte nicht lesen, wie groß ist Dein Vermögen!? Hoffentlich hat Papa gute Geschäfte gemacht, wir können es gebrauchen. Wir haben jetzt schönes Wetter, nachdem es täglich geregnet hat. Die kleine Edith Rosenblatt will hier reiten lernen, 2 Dollar die Stunde. Du hast es so schön, mein Reitersmann, das Bild ist ganz schön, lauter camps, aber mit Glas konnt ich Dich nicht finden.

Auf Reiterbild bin ich neugierig, schicke es bald, schreib täglich, mit All's well bin ich zufrieden.

In einem Monat gibt es Wiedersehen, und wir sind wieder alle zusammen. Bleib heiter und gesund, Kinder küssen, Muttern denkt Deiner

Etwa Anfang August 1905
ANNA AN EDWARD BERNAYS
Briefkopf: The Homestead/Lake Placid. New York / A. Behrens, Prop.

Geliebter Sohn! Gestern war ich in Ausable Chasm[189], wie mein gestriger angefangener Brief Dir zeigte, ich mußte aufhören, weil wir durch die Schluchten gingen, 2 Meilen auf und ab ganz steil durch Felswände und mittendrin das schäumende Wasser, das einige Wasserfälle bildet, dann geht man in ein Boot mit rapids[190] und steigt aus in herrlichem Wald. Die Fahrt mit der Bahn war 6 Stunden hin und zurück, und 9.20 waren wir zu Hause, es war wirklich sehenswert. Wie Lucy schrieb, ist Papa seit Montag in N. Y., sieht sehr gut aus und hat gute Geschäfte gemacht, ist vergnügt, wer verlangt mehr?

Felix schreibt heute, Du sollst an Felix 68 Broad Street den Geburtstagsbrief von Lucy schreiben, aber rechtzeitig, er will alle Briefe am 25. August Lucy am Schiff geben. Lucy erwartet am Steamer »Moltke« auch Brief von Dir. Adresse Mrs. F. Wiener, I Classe Passagier Steamer »Moltke«, Hoboken. Du mußt Dienstag 15/8 schreiben, damit sie es Donnerstag früh an Bord hat.

Ich will die Kinder fotografieren lassen und Papa bitten, daß er von uns Alten ihr Geld gibt, daß sie sich in Berlin etwas kaufen kann.

Heute ist es heißer, aber ich in kühlen Wald, Hella auf der »Doris«, Boot, das herum Lake Placid fährt.

Von Papa kein Brief, aber ich bin beruhigt, weil ich weiß, daß allright ist.

Du mußt ja lustige Tage verleben, wann ist die goldene Zeit der Freiheit vorbei? Nütze es nur aus, dann gibt es neue Kraft für die Arbeit.

Alles grüßt, Mutter
küßt den alten Sohn

Anmerkungen

1 Landstrich, wo Mähren und das ehemalige Österreichisch-Schlesien zusammentreffen. Hauptstadt und geistiger Mittelpunkt war Neutitschein (Nový Jičín).

2 Der Schlosser Johann Zajíc.

3 Anna war zu diesem Zeitpunkt reichlich sechs Monate alt; vgl. Tögel & Schröter (2004).

4 Die Eltern von Annas Mutter Amalia, Jacob Nathansohn (1805 bis 1865) und Sara Nathansohn, geb. Wilenz (Lebensdaten unbekannt).

5 Nordwestlich von Wien im Wienerwald, 483 m.

6 Rosa Freud.

7 Das Reichsvolksschulgesetz von 1869 führte die Bürgerschule als dreiklassige Schule ein, die im Anschluß an die fünfklassige Volksschule besucht werden konnte. Schulpflicht bestand bis zum 14. Lebensjahr.

8 Prinzendorf liegt in Niederösterreich, etwa 15 km südwestlich von Lundenburg, dem heutigen Břeclav (Tschechien).

9 Am 18. Januar war Kaiser Wilhelm I. im Spiegelsaal von Schloß Versailles zum deutschen Kaiser gekrönt worden. Die formelle Kapitulation der Stadt Paris erfolgte am 28. Januar 1871; der Vorfriede von Versailles wurde am 26. Februar unterzeichnet.

10 Fast 3000 Menschen fielen der Epidemie zum Opfer.

11 Simon Heller (1843–1922) wurde 1873 Direktor des Israelitischen Blindeninstituts auf der Hohen Warte im IX. Wiener Bezirk. Es war 1872 gegründet worden und galt bis zur Besetzung Österreichs 1938 als Zentrum der jüdischen Blindenbildung in Europa.

12 Von Angela von Merici 1535 gegründeter Orden für die christliche Erziehung von Mädchen, dessen Schutzpatronin die Heilige Ursula war.

13 Die Familie von Annas Großmutter Sara Nathansohn, geb. Wilenz, lebte in Odessa. Der erwähnte Onkel wurde 1815 geboren, war also 43 Jahre älter als Anna.

14 Quelle am Abhang des Saazerkogels im Raabtal (Steiermark). Viele Leute hofften, im Wasser Zahlen zu entdecken, die sie in der Lotterie setzen könnten.

15 Wahrscheinlich handelt es sich um Anton Millemoth (1839–1913). Er wurde in Slowenien geboren und arbeitete von 1867 bis 1873 für die Südbahn in Ungarn, ab 1874 in Österreich. 1882 wechselte er zu den k. k. Staatsbahnen, für die er in Istrien, Kärnten und am Arlberg Strecken baute. Von 1905 bis 1909 war er Baudirektor und vollendete drei Alpenbahnen; vgl. Dietrich (1993), S. 28.

16 Anna war schon einmal mit der Eisenbahn gefahren, allerdings im Alter von sechs Monaten, als die Familie 1859 von Freiberg nach Leipzig und von dort nach Wien übersiedelte.

17 Ludwig Barnay (1842–1924), Gründer der Genossenschaft Deutscher Bühnenangehöriger und Mitbegründer des Deutschen Theaters Berlin.

18 Thomas Macaulay (1800–1859), englischer Schriftsteller und Historiker. Sigmund Freud hatte einige seiner Werke bis zu viermal gelesen und sicher das Interesse seiner Schwester angeregt.

19 Sándor Petőfi (1823–1849), ungarischer Schriftsteller und Nationalheld.

20 1864 gegründete großbürgerlich-liberale Wiener Tageszeitung, die sich Anfang des 20. Jahrhunderts zu einer der wichtigsten Zeitungen der Welt entwickelte.

21 Reichlich 4 km.

22 Heinrich Laube (1806–1884) Schriftsteller, Dramaturg und Theaterleiter. 1849–1867 war er Direktor des Wiener Burgtheaters, und von 1875 bis 1880 leitete er das von ihm gegründete Wiener Stadttheater.

23 Adolf von Sonnenthal (1834–1909), seit 1856 Schauspieler am Wiener Burgtheater. – Charlotte Wolter (1834–1897), berühmteste Tragödin des 19. Jahrhunderts. – Friedrich Krastel (1839–1908), Heldendarsteller am Burgtheater und Publikumsliebling. – Wahrscheinlich der Schauspieler Emerich Robert (1847–1899), der besonders durch seine Darstellung des Ödipus bekannt wurde. – Ludwig (1828–1896) und Zerline Gabillon (1835–1892) waren von 1853 bis 1893 Schauspieler am Burgtheater.

24 Zar Alexander II. (1818–1881) fiel am 1. März 1881 in St. Petersburg einem Attentat der Gruppe »Volkswille« zum Opfer.

25 Am 18. Mai 1647 hatte Kaiser Ferdinand III. zum Dank für die Errettung Wiens aus den Gefahren des Dreißigjährigen Krieges die Mariensäule in Wien auf dem Platz »Am Hof« errichten lassen und den 8. Dezember als Feiertag eingeführt. Die Katholiken feiern an diesem Tag Mariä Empfängnis.

26 Am 8. Dezember 1881 war wenige Minuten vor der Premiere von »Hoffmanns Erzählungen« von Jacques Offenbach ein Feuer ausgebrochen und hatte das Wiener Ringtheater zerstört. Mindestens

386 Menschen kamen dabei ums Leben. Es war zu einer Panik gekommen, weil u. a. das Licht erlosch und die Türen sich nur nach innen öffnen ließen. Der Wiener Bürgermeister trat daraufhin zurück und wurde neben dem Direktor des Theaters im sogenannten Ringtheaterprozeß angeklagt.

27 Sigmund Freud mietete die Wohnung in der Maria-Theresia-Straße 8 Anfang Juli 1886, zog aber erst nach seiner Rückkehr von der Hochzeitsreise im Oktober dort ein.

28 Mathilde Freud, verheiratete Hollitscher.

29 Vorort von Wien.

30 Höchstwahrscheinlich Eduard Silberstein (1856–1925). In Sigmund Freuds Briefwechsel mit ihm wird Anna mehrfach erwähnt; vgl. Freud (1989a).

31 Georg Scherer (1824–1909). Er hatte 1853 die Lyrikanthologie »Deutscher Dichterwald« herausgegeben, die ausgesprochen populär war und Mitte der achtziger Jahre bereits mehr als zehn Auflagen erlebt hatte.

32 Annas späterer Ehemann Eli Bernays (1860–1923).

33 Vgl. dazu auch Behling (2002).

34 Lied des Harfners aus Goethes Roman »Wilhelm Meisters Lehrjahre«: »Wer nie sein Brot mit Tränen aß, / Wer nie die kummervollen Nächte / Auf seinem Bette weinend saß, / Der kennt euch nicht, ihr himmlischen Mächte.«

35 Kaiser Wilhelm I. traf am 9. August 1883 in Ischl ein und wohnte mit seiner Begleitung und Dienerschaft im »Hotel Elisabeth«.

36 Im II. Wiener Bezirk, Rembrandtgasse 3.

37 Endlich allein.

38 Der gesetzliche Feiertag anläßlich der Unabhängigkeit Italiens seit der Einnahme Roms und dem Ende des Kirchenstaates am 20. September 1870 war der 2. Juni. Offensichtlich fanden schon am Vorabend Feierlichkeiten statt.

39 Das Bayreuther Festspielhaus war am 13. August 1876 mit Richard Wagners »Rheingold« eingeweiht worden. Die nächsten Festspiele fanden erst 1882 statt.

40 Ungebräuchlichere Bezeichnung für »Jung Wien«,eine Gruppe junger Autoren, die die österreichische literarische Moderne begründete. Zu ihr gehörten u. a. Hermann Bahr, Hugo von Hofmannsthal, Arthur Schnitzler, Felix Salten, Karl Kraus und Peter Altenberg. Sie trafen sich bevorzugt im Wiener »Café Griensteidl«.

41 Rosa Freud heiratete den Wiener Rechtsanwalt Heinrich Graf.

42 Möglicherweise die Frau von Annas Onkel mütterlicherseits.

43 Fromental Halévy (1799–1862), erfolgreicher französischer Opernkomponist, dessen Hauptwerk »Die Jüdin« ist.

44 Der höchste Feier- und Fasttag im jüdischen Kalender.

45 Lorenz von Stein (1815–1890), Begründer der modernen Finanzwissenschaft.

46 Alois Pokorny (1826–1898), bekannter Schulbuchautor, u. a. Direktor des »Leopoldstädter Communal-Real- und Obergymnasiums«, das Annas Bruder Sigmund besucht hatte. Die »Illustrierte Naturgeschichte des Tierreiches« erlebte noch zu Pokornys Lebzeiten über zwanzig Auflagen.

47 Kleiner Ort, etwa 30 km südwestlich von Wien.

48 Marie (Mitzi) Freuds Tochter Margarete wurde am 4. August 1887 geboren.

49 Erzherzog Rudolf (1858–1889), einziger Sohn des Kaisers Franz Joseph I. und seiner Gemahlin Elisabeth, genannt »Sissi«, war mit Stephanie von Belgien verheiratet. Am 30. Januar 1889 beging er zusammen mit seiner Geliebten Mary von Vetsera Selbstmord.

50 Muß heißen: 1891.

51 Die Stadt Wien hatte den Maler Hans Makart beauftragt, den für den 24. April 1879 geplanten Festzug zu gestalten. Als Vorbild diente ihm Dürers Bild »Triumphzug Kaiser Maximilians I.«.

52 Josef Breuer (1842–1925), österreichischer Physiologe und Internist, veröffentlichte 1895 gemeinsam mit Freud die »Studien über Hysterie«.

53 Von Amerika aus überwies Eli monatlich ca. 100 Gulden an Anna. Sollte sich seine Hoffnung auf ein größeres Geschäft erfüllen, wollte er seine Frau im Herbst nachholen, wenn nicht, strebte er einen Posten in Europa an; vgl. Sigmund Freud – Martha Freud, 18. Juli 1892 (Handschriftenabteilung der Library of Congress, im folgenden LoC).

54 Zu Amalia und Jacob Freud, die damals in der Grünenthorgasse wohnten.

55 Mathilde, Martin und Oliver.

56 Am 23. Oktober 1896.

57 Die »City of Berlin« wurde 1906 in San Francisco durch ein Feuer beschädigt und 1921 verschrottet.

58 Frances Wilson (1854–1935), amerikanischer Schaupieler und Verfasser von Bühnenstücken.

59 Die »City of Chicago« war wenige Monate vorher vor der Südküste Irlands gesunken, nachdem alle Passagiere gerettet werden konnten.

60 In diesem Restaurant in der Nähe des Union Square verkehrte zur selben Zeit auch Antonín Dvořák.

61 Die New Yorker »Staatszeitung«, am 24. Dezember 1834 von Deutschen gegründet, stieg in wenigen Jahren zur führenden deut-

schen Zeitung auf. In den 90er Jahren war sie mit einer Auflage von 60 000 Exemplaren die drittgrößte Tageszeitung der Stadt. Sie existiert noch heute, u. a. mit einer Internetausgabe.

62 Die New York Produce Exchange wurde 1862 gegründet, um die Versorgung des Unionsheers im amerikanischen Bürgerkrieg zu sichern. Sie war in einem eindrucksvollen Gebäude am südlichen Ende des Broadways untergebracht; nicht zu verwechseln mit der New York Stock Exchange.

63 Cornelius Vanderbilt (1794–1877) erwarb mehrere Eisenbahnlinien in den USA und wurde durch Börsenspekulationen zum reichsten Mann seiner Zeit.

64 Hella Felicitas. Anna nannte ihre Tochter immer Felicitas, die Wiener Familie hingegen Hella. Im Mai 1897 berichtet Freud seinem Freund Wilhelm Fließ einen Traum, in dem der Name seiner Nichte eine Rolle spielt; vgl. Freud (1985c), S. 266.

65 Nationalfeiertag der USA.

66 Goethe, »Den Vereinigten Staaten«: »Amerika, du hast es besser / Als unser Kontinent, das alte, / Hast keine verfallene Schlösser / Und keine Basalte. / Dich stört nicht im Innern / Zu lebendiger Zeit / Unnützes Erinnern / Und vergeblicher Streit.« (»Zahme Xenien«)

67 »Der Kleine«, Edward, erinnert sich: »Meine frühesten Jugenderinnerungen reichen zurück zu dem bescheidenen Elternhaus mit dem engen Hinterhof, der aus einem viereckigen Rasen bestand. Dieser wurde von einem Gehweg umgeben und an drei Stellen von einem Grasstreifen begrenzt. Das Anwesen befand sich in einer Reihe neuer Ziegelhäuser, die zwischen den weit verstreuten Landsitzen an der New Yorker 139. East Street errichtet worden waren. Im Jahre 1895 war das Leben dort beinahe noch ländlich; die Untergrundbahn, die die Menschen täglich in die City hinein- und wieder hinauspumpt, gab es noch nicht.« Vgl. Bernays (1967), S. 21.

68 Rosa Freud.

69 Paula Freud.

70 Nathan Straus (1848–1931), der Eigentümer von Macy's, dem größten Kaufhaus New Yorks, ließ während der Depression 1892 in New York Verpflegung und Kohle an bedürftige Einwohner verteilen und gründete 1909 in New Jersey die erste Tuberkuloseheilstätte für Kinder.

71 Paula blieb bis zum Tod ihres Mannes in New York und kehrte mit ihrer Tochter Beatrice im Mai 1900 nach Wien zurück.

72 Lenau, »An die Entfernte«: »Nie soll weiter sich ins Land / Lieb von Liebe wagen, / Als sich blühend in der Hand / Läßt die Rose tragen; // Oder als die Nachtigall / Halme bringt zum Neste, / Oder als ihr süßer Schall / Wandert mit dem Weste.«

73 Edward.
74 Martha.
75 Paula Winternitz, geb. Freud.
76 Beatrice Winternitz, verh. Waldinger.
77 Kleiner Ort 300 km nördlich von New York.
78 1868, drei Jahre nach dem Ende des amerikanischen Bürgerkrieges, erließ General John Logan die Order, daß an jedem 30. Mai die Gräber der Gefallenen mit Blumen zu schmücken seien.
79 Johann Heinrich Voß (1751–1826), Dichter und Übersetzer, wurde vor allem mit seinen »Idyllen« bekannt.
80 Richard Mansfield (1854–1907), in Berlin geborener amerikanischer Schauspieler.
81 »The Devil's Disciple« (1897) brachte George Bernard Shaw internationale Anerkennung als Dramatiker.
82 William McKinley (1843–1901), von 1897 bis 1901 25. Präsident der Vereinigten Staaten. Am 6. September 1901 wurde er von dem Anarchisten Leon Czolgosz durch zwei Schüsse verletzt und starb wenige Tage später am 14. September.
83 William Sloan (1833–1893) hatte alle auf der Weltausstellung 1876 in Philadelphia gezeigten Perserteppiche aufgekauft, eine Ladenkette gegründet und handelte seitdem in den USA mit Orientteppichen.
84 Das Wort »Unermuedet« ist die Telegrammadresse von Eli Bernays.
85 In Tysmenitz, heute in der Ukraine.
86 Jacob Freud heiratet Amalia Nathansohn 1855 in Wien.
87 Es gib Vermutungen, daß Amalia die dritte Frau Jacobs war, der nach dem Tod von Sally Kanner kurz mit einer Rebekka verheiratet gewesen sei.
88 Jacob Freud war Wollhändler, besaß aber keine Fabrik.
89 Dafür gibt es keinen Anhaltspunkt; vgl. auch Tögel & Schröter (2004).
90 Nathan und Hermann Nathansohn; Amalia hatte noch zwei weitere Brüder, Adolf und Julius.
91 Kriegsminister General Theodor Graf Baillet von Latour wollte ein Wiener Bataillon gegen aufständische Ungarn schicken und war deshalb von Studenten am 6. Oktober 1848 gelyncht worden.
92 Hermann hatte zwei Söhne, Jakob und Simon.
93 Jascha Nathansohn.
94 Mit demselben Dampfer kehrte Sigmund Freud 1909 von einem Amerika-Aufenthalt nach Europa zurück; vgl. Freud (2002), S. 272–318.
95 Emmeline Bernays wurde am 13. Mai 1900 siebzig Jahre alt; vielleicht wurde der Geburtstag erst eine Woche später gefeiert.

96 Eleonora Duse (1858–1924), italienische Schauspielerin, die auch von Sigmund Freud bewundert wurde.

97 Victorien Sardou (1831–1908), französischer Dramatiker.

98 Isaac ben Jacob Bernays (1792–1849).

99 Goethe, »Faust«, Erster Teil, Nacht.

100 Valentin Winternitz, der Mann von Annas Schwester Paula, war am 5. Mai 1900 im Alter von vierzig Jahren gestorben.

101 Wahrscheinlich eine Verwechslung: Zu dieser Zeit war Oskar II. König von Schweden. Anna meint wohl Christian IX., der von 1863 bis 1906 König von Dänemark war. Der Ehemann der Freud-Schülerin Marie Bonaparte, Prinz Georg von Griechenland, war ein Neffe von Christians Sohn Waldemar.

102 Rosa Graf.

103 Hermann und Cäcilie.

104 Heinrich Graf.

105 Vgl. Freud (2002), S. 123.

106 Lucy heiratete am 24. November 1904 Felix Wiener.

107 Mittelgebirge 200 km nördlich von New York.

108 Leslie Carter (1862–1937), Schauspielerin, galt als die amerikanische Sarah Bernhardt.

109 Friedrich Delitsch (1850–1922), Assyriologe; seine Vorträge über »Babel und Bibel« führten zu lebhaften Auseinandersetzungen.

110 1889 in New York gegründetes College, das als eines der ersten Frauen die gleiche Universitätsbildung wie Männern ermöglichte. Es stand in enger Kooperation mit der Columbia University.

111 Ort am Südende des gleichnamigen Sees, etwa 350 km nördlich von New York.

112 Sigmund Freud lernte Felix Wiener 1909, während seines Aufenthalts in Amerika, kennen. An seine frischverheiratete Tochter Mathilde Hollitscher schrieb er: »Mein Schwiegersohn hat durch den Vergleich mit ihrem sehr gewonnen …«; vgl. Sigmund Freud – Mathilde Hollitscher, 23. 9. 1909 [LoC].

113 Es war der 43. Geburtstag im Jahre 1903.

114 Sollte der Dirigent Theodor Thomas (1835–1905) gemeint sein, muß ihn Anna früher gehört haben, da er 1907 bereits tot war.

115 Zu Freuds Amerika-Aufenthalt vgl. Freud (2002), S. 273–318, Rosenzweig (1992).

116 Martin (1889–1967), Oliver (1891–1969), Ernst (1892–1970) und Mathilde (1887–1978), Sophie (1893–1920), Anna (1895–1982).

117 Carl Gustav Jung war damals Freuds »Kronprinz« und Sándor Ferenczi ein bedeutender Schüler aus Budapest. William James und Edward Titchener waren amerikanischen Psychologen. Auf dem Foto sind neben anderen Teilnehmern der Konferenz in Worcester

auch Franz Boas, James Cattell, Abraham Brill, James Baldwin, William Stern, Leo Burgerstein, Stanley Hall und Ernest Jones zu sehen.

118 Edward verließ die Cornell University 1912, also können seit dem Treffen mit ihrem Bruder und dem Besuch ihres Sohnes höchstens drei Jahre vergangen sein.

119 Abraham Brill war der erste Psychoanalytiker in den USA. Er lebte in New York und bereitete Freuds Aufenthalt in den USA vor.

120 Gemeint ist wohl das Hotel »Badrutt«.

121 Fritz Kreisler (1875–1962), berühmter österreichischer Geiger. Sein Vater Samuel war in den 1880er Jahren Hausarzt der Familie Freud gewesen.

122 Max (Maurice) Halperson (geb. 1862), amerikanischer Musikkritiker.

123 Agatha Barsescu (1861–1939), rumänische Schauspielerin am Wiener Burgtheater und am Hamburger Stadttheater.

124 Eduard Hanslick (1825–1904), österreichischer Musikschriftsteller und -kritiker.

125 Dichtername der Königin Elisabeth von Rumänien (1843–1916).

126 Karl II. von Rumänien (1893–1953) war der Großneffe von Elisabeth. Er errichtete in den 30er Jahren ein autoritäres Regime.

127 Edward sah das etwas anders: »Meine Eltern beschlossen, mich auf die Hochschule für Landwirtschaft der Cornell-Universität in Ithaca zu senden. Präsident Roosevelts rege Anteilnahme am Landleben hatte meinen Vater davon überzeugt, daß die große Zukunft für junge Männer in der Landwirtschaft liegen müsse. Heute frage ich mich, warum mich mein Vater auf ein Landwirtschafts-College schickte. Er wollte mich zu einem Farmer machen, weil er glaubte, daß die Zukunft Amerikas von der Entwicklung seiner ländlichen Gebiete abhinge; andererseits glaube ich nicht, daß er von mir erwartete, ich sollte ein Farmer werden. Er hoffte aber, daß ich an der Getreidebörse in seine Fußstapfen treten würde. Und meine Mutter, die auf keinen Fall Einwände erhoben hätte, war von der Idee schon deshalb begeistert, weil sie das Land so sehr liebte.« Vgl. Bernays (1967), S. 30.

128 Albert Faust (1870–1951) beschäftigte sich besonders mit der Emigration aus der Schweiz in die Vereinigten Staaten im 18. Jahrhundert.

129 Edward VII. (1841–1910) war am 6. Mai 1910 gestorben, und sein Sohn George V. (1865–1936) hatte dessen Nachfolge angetreten. Die Krönungszeremonie fand am 22. Juni 1911 in der Westminster Abbey statt.

130 Heute Chomutov, ca. 50 km nordöstlich von Karlsbad.

131 Katharina Schratt (1853–1940), österreichische Schauspielerin am Wiener Stadttheater, danach am Burgtheater, ab 1887 Hofschauspielerin. Sie war seit 1883 eng mit Kaiser Franz Joseph I. befreundet.

132 Edward und sein Freund Fred Robinson fungierten 1913 als Herausgeber zweier Zeitschriften, die Freds Vater gehörten, der »Medical Review of Reviews« und der »Dietetic and Hygiene Gazette«.

133 Annas Bruder Sigmund hat später zusammen mit William Bullitt eine Wilson-Biographie verfaßt; vgl. Freud & Bullitt (1966). Bullitt war Mitarbeiter Wilsons und später Botschafter der USA in Moskau und Paris.

134 Chamisso, »Das Schloß Boncourt«: »Ich träum' als Kind mich zurücke, / Und schüttle mein greises Haupt; / Wie sucht ihr mich heim, ihr Bilder, / Die lang ich vergessen geglaubt?«

135 95 Grad Fahrenheit entspricht 35 Grad Celsius.

136 Die von Sergej Djagilew (1872–1929) begründeten »Ballets russes«.

137 Maria Barrientos (1883–1946), spanische Sopranistin. Sie debütierte am 31. Januar 1916 an der Metropolitan Opera in Donizettis »Lucia di Lammermoor«.

138 Marc Klaw und Abraham Erlanger hatten eine Künstleragentur gegründet, die junge Talente und berühmte Künstler nach Amerika holte.

139 Präsident Wilson rief 1917, kurz nach der Kriegserklärung an Deutschland, das »Committee of Public Information« ins Leben. Das Komitee, dessen Vorsitzender George Creel (1876–1953) war, hatte im Prinzip die Aufgabe, in den USA den Krieg gegen Deutschland zu »verkaufen«. In Paris bereiteten auf amerikanischer Seite Wilson, Creel, Edward Bernays u. a. den Versailler Vertrag vor.

140 1872 von Lyman und Joseph Bloomingdale in New York gegründete Warenhauskette.

141 Hermann, der Sohn von Annas Schwester Rosa, war Ende Juni 1917 gefallen.

142 Cäcilie, die Tochter von Annas Schwester Rosa, hatte sich am 18. August 1922 mit einer Überdosis Veronal das Leben genommen, vermutlich aus unglücklicher Liebe und wegen einer ungewollten Schwangerschaft.

143 Mitte der 20er Jahre begann Edward für die Beechnut Packing Company, die American Tobacco Company und andere große Firmen zu arbeiten.

144 Die Frauenrechtlerin Doris Fleischmann. Sie behielt auch nach der Hochzeit ihren Mädchennamen – der erste Fall dieser Art in den USA, über den viele Zeitungen berichteten.

145 Die Tochter von Martha wurde 1919 geboren.

146 Peter, der 1918 geborene Sohn von Hella Felicitas.

147 Judith hatte 1922 Victor Heller geheiratet, einen gebürtigen Österreicher. Er arbeitete als Wirtschaftswissenschaftler für die amerikanische Regierung.

148 Seebad an der Atlantikküste im Bundesstaat New Jersey.

149 Der 90. Geburtstag von Amalia Freud war am 18. August 1925, der 70. Geburtstag von Sigmund am 6. Mai 1926. Es muß sich also um einen späteren Geburtstag gehandelt haben.

150 Doris (geb. 1928) und Anne (geb. 1930).

151 Der 75. Geburtstag Sigmund Freuds war am 6. Mai 1931; die Gedenktafel wurde am 25. Oktober 1931 in Freiberg im Beisein von Freuds Tochter Anna enthüllt.

152 Hermann Sudermann (1857–1927), deutscher Dramatiker und Erzähler, hatte 1902 ein Stück mit diesem Titel veröffentlicht.

153 Zu dieser Episode vgl. Tögel & Schröter (2004).

154 Young-Bruehl (1995), S. 41, aufgrund der Briefe von Ernest Jones an Anna Freud: vom 23. April, 18. und 26. November 1952.

155 Sturmberger (1960), S. 11.

156 Reichs-Gesetz-Blatt, Nr. 142.

157 Meixner (1991), S. 19 f.

158 Sigmund Freud – Martha Freud, 20. 6. 1893 [LoC].

159 Freud (1985c), S. 445.

160 Tye (2001).

161 Anna Freud-Bernays – Edward Bernays, 21. 4. 1945 [LoC].

162 Bernays (1967), S. 24.

163 Bernays (1967), S. 23 f.

164 Sigmund Freud – Anna Freud-Bernays, 14. 5. 1939 [LoC]; vgl. auch den vollständigen Text S. 228 dieses Bandes.

165 Anna Freud-Bernays – Harry Freud, 7. 1. 1949 [LoC].

166 Anna Freud-Bernays – Harry Freud, 18. 5. 1950 [LoC].

167 Anna Freud-Bernays – Harry Freud, 20. 12. 1950 [LoC].

168 Vgl. Tögel (1990).

169 Vgl. Tögel (2004).

170 Hugo Heller war 1894 noch als Buchhandlungsgehilfe von Stuttgart nach Wien gekommen und arbeitete in der neugegründeten »Ersten Wiener Volksbuchhandlung, Ignaz Brand«. 1902 schied er bei Brand aus und gründete im September 1905 die »Hugo Heller & Co. Buch- und Kunsthandlung. Wiener Dürerhaus«. Er führte auch einen eigenen Salon, in dem sich Künstler und Intellektuelle trafen. Schon seit 1902 hatte er Kontakt zu Freud und wurde Mitglied der Wiener Psychoanalytischen Vereinigung. In seinem Verlag erschienen zahlreiche Schriften von Freud und seinen Schülern, darunter »Totem und Tabu«, die »Vorlesungen zur Einführung in die Psychoanalyse«

sowie die Zeitschriften »Imago«, »Internationale Zeitschrift für Psychoanalyse« und »Schriften zur angewandten Seelenkunde«.

171 Es handelt sich um ein Typoskript, das in der Edward Bernays Collection der Library of Congress aufbewahrt wird. Dieser Text bildete offenbar die Grundlage für Annas Artikel »My Brother, Sigmund Freud«, der im November 1940 im »American Mercury« erschien; vgl. Freud-Bernays (1940). Die bisher veröffentlichte deutsche Fassung ist eine Rückübersetzung dieses englischen Artikels; vgl. Freud-Bernays (1989).

172 Die Familie zog zunächst nach Leipzig und im Oktober 1859 nach Wien, in die Weißgärberstraße. Erst im Frühjahr 1866 bezogen die Freuds eine Wohnung in der Glockengasse; vgl. Tögel (1996).

173 Einzige Quelle, die das behauptet.

174 Zur Zeit ihrer Hochzeit war Jacob Freud 40 und Amalia 20.

175 Als Anna geboren wurde, lebten die beiden Halbbrüder Emanuel und Philipp noch in Freiberg. Sie gingen erst 1859 oder 1860 nach Manchester.

176 Jacob Freud starb 1896 im 81. Lebensjahr.

177 Von Freud selbst gibt es keinen Hinweis auf einen solchen Konvertierungsdruck im Zusammenhang mit der Professur.

178 Auf eine naturwissenschaftliche Laufbahn verzichtete Freud vor allem aus finanziellen Gründen, brauchte er doch für die Gründung einer Familie ein Einkommen, das er an der Universität nicht erhalten hätte. Aus diesem Grund ließ er sich im Frühjahr 1886 als Arzt nieder.

179 Sigmund und Martha hatten sich bereits im Juni 1882 verlobt, aber die Verlobung erst im Dezember den Eltern mitgeteilt.

180 Hier folgte der später durchgestrichene Satz: »Sigi meldete sich sofort bei der Polizei und bat, ihm Kinder zuzuweisen, deren Eltern bei dem Brand umgekommen waren; er wollte die Waisen unterrichten«, auf den sich die folgende Feststellung bezieht.

181 In Paris war Freud vom Oktober 1885 bis Februar 1886; Nancy besuchte er Ende Juli/Anfang August 1889.

182 Die Ziviltrauung fand am 13., die jüdische Trauung am 14. September 1886 statt.

183 Bernays (1967), S. 21–26.

184 Edward Bernays Collection, LoC.

185 Nach dem Originaltyposkript in der Library of Congress.

186 Bernays (1967), S. 29.

187 Am Oberen See, ca. 180 km nördlich von Minneapolis.

188 D. h. Klatsch.

189 Kleiner Ort am Lake Champlain im Staat New York.

190 Stromschnellen.

Literaturverzeichnis

Behling, Katja. 2002 Martha Freud. Die Frau des Genies. Berlin: Aufbau Taschenbuch Verlag.

Bernays, Edward. 1967 Biographie einer Idee. Die Hohe Schule der PR. Lebenserinnerungen von Edward L. Bernays. Düsseldorf/Wien: Econ Verlag.

Dietrich, Herbert. 1993 Personen aus Österreichs Eisenbahngeschichte. Wien: Bohmann.

Freud, Sigmund. 1985c Briefe an Wilhelm Fließ 1887–1904. Hrsg. von Jeffrey Masson, Bearbeitung der deutschen Fassung von Michael Schröter. Frankfurt am Main: S. Fischer.

Freud, Sigmund. 1989a Sigmund Freud, Jugendbriefe an Eduard Silberstein, 1871–1881. Hrsg. von Walter Boehlich. Frankfurt am Main: S. Fischer.

Freud, Sigmund. 2002 Sigmund Freud. Unser Herz zeigt nach dem Süden. Reisebriefe 1895–1923. Hrsg. von Christfried Tögel unter Mitarbeit von Michael Molnar. Berlin: Aufbau-Verlag.

Freud, Sigmund & Bullitt, William. 1966 Thomas Woodrow Wilson, Twenty-eighth President of the United States. A Psychological Study. London: Weidenfeld & Nicolson.

Freud-Bernays, Anna. 1940 My Brother, Sigmund Freud. In: American Mercury (Nov.), 335–342.

Freud-Bernays, Anna. 1989 Mein Bruder Sigmund Freud (1940). In: Luzifer-Amor, 2 (3), 139–145.

Meixner, Wolfgang. 1991 Die Österreichische Auswanderung von 1948 bis zur Gegenwart. Wien: Wirtschaftsuniversität (Diplomarbeit).

Rosenzweig, Saul. 1992 Freud, Jung, and Hall the Kingmaker. The historic expedition to America (1909). Seattle/Toronto/Bern/Göttingen: Hogrefe & Huber.

Sturmberger, Hans. 1960 Die Amerika-Auswanderung aus Oberösterreich zur Zeit des Neo-Absolutismus. Mitteilungen des Oberösterreichischen Landesarchivs, 7, 5–53.

Tögel, Christfried. 1990 Bahnstation Treblinka. Zum Schicksal von Sigmund Freuds Schwester Rosa Graf. In: Psyche, 44, 1019–1024.

Tögel, Christfried. 1996 Freuds Wien. Eine biographische Skizze nach Schauplätzen. Wien: Turia und Kant.

Tögel, Christfried. 2004 Freuds Schwester Maria (Mitzi) und deren Familie. In: Luzifer-Amor.

Tögel, Christfried & Schröter, Michael. 2004 Jacob Freud und seine Familie in Leipzig (1859). In: Luzifer-Amor.

Tye, Larry. 2001 Edward L. Bernays and the Birth of Public Relations. New York: Henry Holt and Company.

Young-Bruehl, Elisabeth. 1995 Anna Freud. Eine Biographie. 1. Teil: Die Wiener Jahre. Wien: Wiener Frauenverlag.

Personen- und Ortsregister

Das Register bezieht sich auf die Erinnerungen von Anna Freud-Bernays und ihren Beitrag »Mein Bruder Sigmund Freud« (S. 209–228)